普通高等教育"十三五"规划教材

画法几何与机械制图

周佳新　孙　军　主编

刘　鹏　王铮铮　潘苏蓉　副主编

邓学雄　主审

化学工业出版社

·北京·

本书是依据教育部高等学校工程图学课程教学指导委员会批准印发的《普通高等院校工程图学课程教学基本要求》和近年来国家质量技术监督总局发布的全新标准，充分考虑了机械及相关专业的教学特点，并根据当前画法几何与机械制图教学改革的发展，结合编者多年从事工程实践及画法几何与机械制图课程教学的经验而编写的。

本书共分十章：重点介绍制图的基本知识，点、直线和平面的投影，立体的投影，立体表面的交线，轴测投影，组合体，机件的表达方法，标准件与常用件，零件图，装配图等内容。

本书可作为机械类及近机类各专业本科、专科学生的教学用书，也可供相关工程技术人员参考。

与本书配套的《画法几何与机械制图习题及解答》（周佳新主编）（ISBN 978-7-122-29723-5）同时出版，欢迎选用。

教材和习题解答均有配套的 PPT 课件，需要者可登录 www.cipedu.com.cn 免费下载。

图书在版编目（CIP）数据

画法几何与机械制图/周佳新，孙军主编. —北京：
化学工业出版社，2017.8（2021.1重印）
普通高等教育"十三五"规划教材
ISBN 978-7-122-29856-0

Ⅰ.①画… Ⅱ.①周… ②孙… Ⅲ.①画法几何-高
等学校-教材②机械制图-高等学校-教材 Ⅳ.①TH126

中国版本图书馆 CIP 数据核字（2017）第 149344 号

责任编辑：满悦芝 石 磊　　　　　　　文字编辑：陈 喆
责任校对：宋 夏　　　　　　　　　　　装帧设计：关 飞

出版发行：化学工业出版社（北京市东城区青年湖南街 13 号　邮政编码 100011）
印　　装：三河市延风印装有限公司
787mm×1092mm　1/16　印张 21　字数 527 千字　2021 年 1 月北京第 1 版第 5 次印刷

购书咨询：010-64518888　　　　　　　售后服务：010-64518899
网　　址：http://www.cip.com.cn
凡购买本书，如有缺损质量问题，本社销售中心负责调换。

定　　价：49.80 元

前　言

　　画法几何与机械制图是机械类及相关各专业必修的技术基础课程之一，是表现工程技术人员设计思想的理论基础。本书是在综合机械类各专业的教学特点，依据教育部批准印发的《普通高等院校工程图学课程教学基本要求》，并根据当前画法几何与机械制图教学改革的发展，结合编者多年从事工程实践及画法几何与机械制图教学的经验而编写的。

　　本书遵循认知规律，以新规范为指导，通过实例、图文结合、循序渐进地介绍了画法几何与机械制图的基本知识、读图的思路、方法和技巧，精选内容，强调实用性和可读性。教材的体系及内容编排具有科学性、启发性和实用性。

　　全书共分十章，在内容的编排顺序上进行了优化，主要讲授机械制图的基本知识，点、直线和平面的投影，立体的投影，立体表面的交线，轴测投影，组合体，机件的表达方法，标准件与常用件，零件图，装配图等内容。着重培养学生的空间想象、空间分析、空间表达问题的能力，为后续课程打基础。

　　与本书配套的《画法几何与机械制图习题及解答》（周佳新主编）（ISBN 978-7-122-29723-5）同时出版，欢迎选用。

　　教材和习题解答均有配套的PPT课件，需要者可与出版社联系。

　　本书由周佳新、孙军主编，刘鹏、王铮铮、潘苏蓉任副主编。在图书的编写工作中沈阳建筑大学的周佳新、孙军、刘鹏、王铮铮、姜英硕、王志勇、沈丽萍、李鹏、张楠、张喆、牛彦；辽宁科技学院的韦杰；沈阳城市建设学院的王娜、赵欣、李琪、陈璐、宋小艳、李丽；沈阳大学的潘苏蓉；河南科技大学的潘为民等均作了大量的工作。

　　本书承蒙邓学雄教授审阅，提出了许多宝贵的意见和建议，在此特表示衷心的感谢！

　　由于水平所限，书中难免存在不足之处，敬请各位读者批评指正。

编　者

2017 年 7 月

目　　录

绪　论

一、课程的性质和目的

本课程是机械类及其相关专业必修的技术基础课。主要研究绘制和阅读机械图样的基本理论和方法。通过本课程的学习，使学生具有图示和图解机械图样的能力、空间思维的能力、工程意识和创新意识，为后续课程打基础。

图样被喻为"工程界的语言"，它是工程技术人员表达技术思想的重要工具，是工程技术部门交流技术经验的重要资料。图是有别于文字、声音的另一种人类思想活动的交流工具。所谓的"图"通常是指绘制在画纸、图纸上的二维平面图形、图案、图样等。我们生活在三维的空间里，要用二维的平面图形去表达三维的形体。如何用二维图形准确地表达三维的形体，以及如何准确地理解二维图形所表达的三维形体，就是画法几何与机械制图课程要研究的主要问题。

工程是一切与生产、制造、建设、设备等相关的重大的工作门类的总称，如机械工程、建筑工程、化学工程等。每个行业都有其自身的专业体系和专业规范，相应的有机械图、建筑图、化工图等之分。然而，这些工程图样也有其共性之处，主要体现在几何形体的构成及表达、图样的投影原理、工程图通用规范的应用以及工程问题的分析方法上。本课程重点介绍机械制图。

二、课程的内容和研究对象

画法几何与机械制图的主要内容有两部分：画法几何学和机械制图。其中：

画法几何学包括：点、直线和平面的投影，立体的投影，立体表面的交线，轴测投影，组合体等，是图学的理论基础，着重培养学生空间思维和创新能力。

机械制图包括：国家标准《技术制图》和《机械制图》的基本知识、机件的表达方法，标准件与常用件，零件图和装配图等，是学习机械制图课程的主要渠道，着重培养学生绘制和阅读机械图的能力。

三、课程的任务和学习方法

课程的任务是：

① 研究用正投影法并遵照国家标准的规定绘制机械图样，以表达机器、部件和零件。

② 培养学生具有工程图学思维方式、提高学生的工程图学素质，使学生具有看图能力、空间想象能力和空间构思能力，为创新能力的培养打下坚实的基础。

③ 学习与图样有关的机械设计和机械制造工艺方面的基本知识。

④ 掌握尺规绘图、徒手绘图的方法，培养学生具有耐心细致的工作作风和严肃认真的工作态度。

课程的学习方法：

① 正确使用制图工具和仪器，按照正确的工作方法和步骤来画图，使所绘制的图样内容正确、图面整洁。

② 认真听课，按时完成作业，弄懂基本原理和基本方法。

③ 注意画图和看图相结合，物体与图样相结合。要多看、多画、多想，注意培养空间想象能力和空间构思能力。

④ 严格遵守有关制图等国家标准的规定，学会查阅并使用标准和有关资料的方法。

总之，本课程的学习有一个鲜明的特点，就是用图来表达设计思想。首先，听课是学习课程内容的重要手段。课程中各章节的概念和难点，通过教师在课堂上形象地讲授，容易理解和接受；其次，必须认真地解题读图，及时完成一定数量的作业，这样就有了一个量的积累。读图和画图的过程是实现空间思维分析的过程，也是培养空间逻辑思维和想象能力的过程。只有通过实践，才能检验是否真正地掌握了课堂上所学的内容。为以后的课程学习和工作打下坚实的基础。

四、课程的发展概述

画法几何学是几何学的一个分支，研究用投影法图示和图解空间几何问题的理论和方法。是机械制图的理论基础。通过本部分的学习，使学生具有图示和图解空间几何问题的能力，为后续课程打基础。

在近代工业革命的发展进程中，随着生产的社会化，十八世纪的1795年，法国著名学者加斯帕·蒙日（G. Monge 1746～1818），如图0-1所示，系统地提出了以投影几何为主线的画法几何学，使工程图的表达与绘制得以高度的规范化、唯一化，从而使画法几何学成为工程图的"语法"，工程图成为工程界的"语言"。蒙日于1795年1月起在巴黎高等专科学校讲授画法几何学，初期是保密的。1798年保密令解除，公开出版画法几何学。从此，画法几何学传遍世界。1920年清华大学的萨本栋教授（物理科学家，留美学习电工，厦门大学校长，教画法几何）翻译美国安东尼·阿什利的《画法几何学》（*Descriptive Geometry*），此书由商务印书馆出版，蔡元培（清末进士，留学德国、法国，曾任教育总长，中央研究院院长，北大校长）作序，如图0-2、图0-3所示。后来我国工程图学学者、华中理工大学赵学田教授简捷通俗地总结了三视图的投影规律为"长对正、高平齐、宽相等"，从而使得画法几何和工程制图知识易学、易懂。为此他5次受到毛主席的接见，成为我国第一任图学理事长（1999年在北京去世）。

中国是具有几千年历史的文明古国，图形的历史由来已久，原始人在洞穴的石壁上刻画的就是最早的图形。考古发现早在4600多年前就出现了可以称为工程图样的图形，即刻在古尔迪亚泥板上的一张神庙地图。我国春秋时代的技术著作《周礼·考工记》中记载了规矩、绳墨、悬垂等绘图测量工具的运用情况。"规"（即圆规）、"矩"（即直尺）、"绳墨"（即墨斗）、"悬"（即铅垂线）、"水"（即水平线）。古代数学名著《周髀算经》对直角三角形三条边的内在性质已经有较深刻的认识。湖南长沙马王堆出土的一份地图显示，在当时（约公元前168年）测量工具比较简陋的情况下，中国的地图就已经绘制得十分精美。

1977年，在河北省平山县出土了战国时期的铜板——"兆域图"，如图0-4所示。"兆"是中国古代对墓域的称谓，该图是按1∶500绘制的中山王陵的规划设计平面图，是迄今世界上罕见的早期建筑图样。专家考证，这块铜板制成于公元前四世纪，并曾据以施工，在世

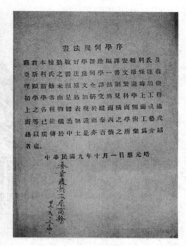

图 0-1　蒙日像　　　　　图 0-2　萨本栋译的《画法几何学》　　　　　图 0-3　蔡元培的序

界范围内实属罕见的古代图样遗物。它有力地证明，早在两千多年前我国就已经能在施工之前进行设计和绘制图样。

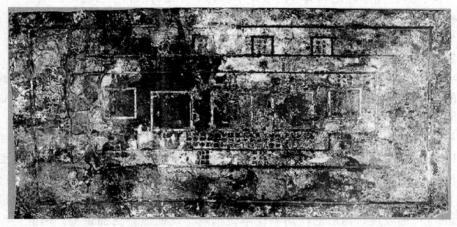

图 0-4　"兆域图"

　　1100 年前后北宋时期的李诫，总结了我国两千多年的建筑技术和成就，写下了《营造法式》的经典著作。书中有图样一千多幅，其中包括了当今仍然在应用的用投影法绘制的平面图、立面图、剖面图、大样图等，如图 0-5 所示的是大木作殿堂结构示意图。《营造法式》是世界上最早的建筑规范巨著，充分反映了近千年前中国工程制图技术的先进和高超。

　　随着生产技术的不断发展，农业、交通、军事等器械日趋复杂和完善，图样的形式和内容也日益接近现代工程图样。如清代程大位所著《算法统筹》一书的插图中，就有丈量步车的装配图和零件图。

　　1956 年原机械工业部颁布了第一个部颁标准《机械制图》，1959 年国家科学技术委员会颁布了第一个国家标准《机械制图》，随后又颁布了国家标准《建筑制图》，使全国工程图样标准得到了统一，标志着我国工程图学进入了一个崭新的阶段。

　　随着科学技术的发展和工业水平的提高，技术规定不断修改和完善，国家先后于 1970 年、1974 年、1984 年、1993 年、1998 年修订了国家标准《机械制图》，并颁布了一系列

图 0-5 《营造法式》大木作殿堂结构示意图

《技术制图》与《机械制图》新标准。除一些旧项目逐步被修改替代外，在改进制图工具和图样复制方法、研究图学理论和编写出版图学教材等方面都取得了可喜的成绩。

计算机应用技术的日臻成熟，极大地促进了图学的发展，计算机图形学的兴起开创了图学应用和发展的新纪元。以计算机图形学为基础的计算机辅助设计（CAD）技术，推动了几乎所有领域的设计革命。设计者可以在计算机所提供的虚拟空间中进行构思设计，设计的"形"与生产的"物"之间，是以计算机的"数"进行交换的，亦即以计算机中的数据取代了图纸中的图样，这种三维的设计理念对传统的二维设计方法带来了强烈的冲击，也是今后工程应用发展的方向。

值得一提的有两点：一是计算机的广泛应用，并不意味着其可以取代人的作用；二是CAD/CAPP/CAM 一体化，实现无纸生产，并不等于无图生产，而是对图提出了更高的要求。计算机的广泛应用，CAD/CAPP/CAM 一体化，技术人员可以用更多的时间进行创造性的设计工作，而创造性的设计离不开运用图形工具进行表达、构思和交流。所以，随着CAD 和无纸生产的发展，图形的作用不仅不会削弱，反而显得更加重要。因此，作为从事机械工程的技术人员，掌握工程图学的知识是必不可少的。

第一章　制图的基本知识

根据投影原理、标准或有关规定，表示工程对象，并有必要的技术说明的图称为图样。图样被喻为工程界的语言，是工程技术人员用来表达设计思想，进行技术交流的重要工具。为便于绘制、阅读和管理工程图样，国家标准管理机构依据国际标准化组织制定的国际标准，制定并颁布了各种工程图样的制图国家标准，简称"国标"，它包括强制性国家标准，代号"GB"；推荐性国家标准，代号"GB/T"；国家标准化指导性技术文件，代号"GB/Z"。其中，技术制图标准适用于工程界各种专业技术图样，机械制图还应遵守《机械制图》国家标准的相应规定。工程技术人员应熟悉并严格遵守国家标准的有关规定。

第一节　制图标准的基本规定

一、图纸幅面和图框格式

1. 图纸幅面

图纸幅面简称图幅，即图纸幅面的大小，图纸的幅面是指图纸宽度与长度组成的图面。为了使用和管理图纸方便、规整，所有的设计图纸的幅面必须符合国家标准（GB/T 14689—2008）的规定，见表1-1。

表 1-1　图纸幅面及图框尺寸　　　　　　　　　　　　　　　　　　　mm

幅面代号	A0	A1	A2	A3	A4
尺寸($b×l$)	841×1189	594×841	420×594	297×420	210×297
c			10		5
a			25		

必要时允许选用规定的加长幅面，图纸的短边一般不应加长，长边可以加长，但应符合表1-2所示的规定。

表 1-2　图纸长边加长尺寸　　　　　　　　　　　　　　　　　　　mm

幅面尺寸	长边尺寸	长边加长后尺寸								
A0	1189	1486	1635	1783	1932	2080	2230	2378		
A1	841	1051	1261	1471	1682	1892	2102			
A2	594	743	891	1041	1189	1338	1486	1635	1783	1932	2080
A3	420	630	841	1051	1261	1471	1682	1892		

注：有特殊需要的图纸，可采用$b×l$为841×891与1189×1261的幅面。

2. 图框格式

图框是图纸上限定绘图区域的线框，是图纸上绘图区域的边界线。图框分为不留装订边和留有装订边两种，但同一产品的图样只能采用一种格式。图纸有横式和立式两种，以短边作为垂直边称为横式，以短边作为水平边称为立式，如图 1-1 所示。

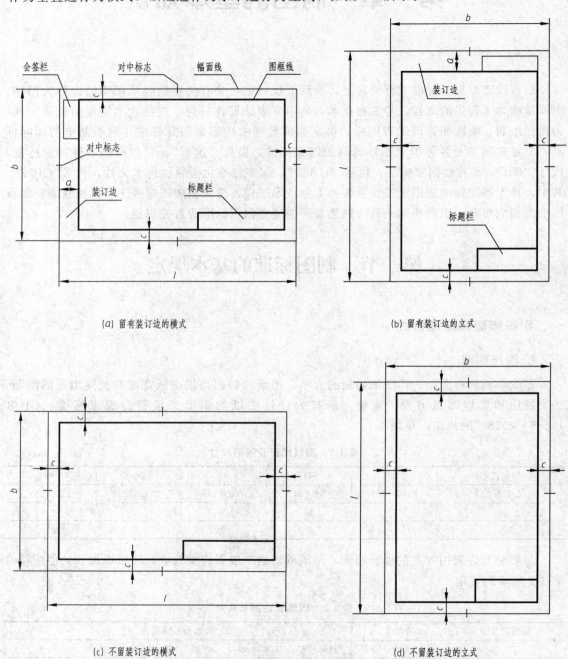

(a) 留有装订边的横式   (b) 留有装订边的立式

(c) 不留装订边的横式   (d) 不留装订边的立式

图 1-1 图纸幅面和图框格式

一般 A0～A3 图纸宜横式使用，必要时也可立式使用。在绘制图样时应优先选用表 1-1 所示中所规定的图纸幅面和图框尺寸，必要时允许按国标有关规定加长图纸长边，短边一般不加长，加长详细尺寸可查阅表 1-2。

3. 标题栏

由名称及代号区、签字区、更改区和其他区组成的栏目称为标题栏。标题栏是用来标明设计单位、工程名称、图名、设计人员签名和图号等内容的，必须画在图框内右下角，标题栏中的文字方向代表看图方向，其格式和尺寸应符合 GB/T 10609.1—2008 规定，如图 1-2 所示。涉外工程的标题栏内，各项主要内容的中文下方应附有译文，设计单位的上方或左方应加注"中华人民共和国"字样。

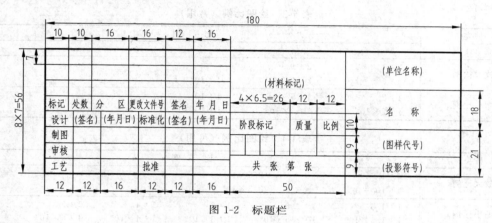

图 1-2 标题栏

4. 明细栏

明细栏一般放在标题栏上方并与标题栏对齐，用于填写组成零件的序号、代号、名称、数量、材料、质量以及标准件规格等。明细栏与标题栏的分界线是粗实线，明细栏的外框也是粗实线，填写零件的横线为细实线，如图 1-3 所示。明细栏的尺寸及格式应符合 GB/T 10609.2—2009 规定。

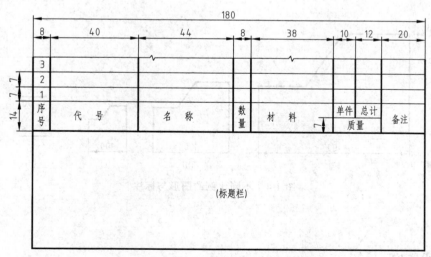

图 1-3 明细栏

5. 对中标志

需要缩微复制的图纸，可采用对中标志。对中标志应画在图纸各边长的中点处，线宽应为 0.35mm，伸入框区内应为 5mm，如图 1-1 所示。

二、比例

图样中图形与实物相应要素的线性尺寸之比称为比例（GB/T 14690—1993）。绘图所选用的比例是根据图样的用途和被绘对象的复杂程度来确定的，一般尽量采用 1：1 的比例，可直接从图样上看出机件的真实大小。图样一般应选用表 1-3 所示的常用比例，特殊情况下也可选用表 1-4 所示可用比例。

表 1-3　绘图比例（常用）

种类	比　　　例		
原值比例	1：1		
放大比例	5：1 5×10^n：1	2：1 2×10^n：1	1×10^n：1
缩小比例	1：2 1：2×10^n	1：5 1：5×10^n	1：10 1：1×10^n

表 1-4　绘图比例（可用）

种类	比　　　例				
放大比例	4：1 4×10^n：1	2.5：1 2.5×10^n：1			
缩小比例	1：1.5 1：1.5×10^n	1：2.5 1：2.5×10^n	1：3 1：3×10^n	1：4 1：4×10^n	1：6 1：6×10^n

比例分为原值比例、放大比例和缩小比例三种。原值比例即比值为 1：1 的比例，如图 1-4（b）所示；放大比例即为比值大于 1 的比例，如 2：1，如图 1-4（a）所示；缩小比例即为比值小于 1 的比例，如 1：2，如图 1-4（c）所示。比例必须采用阿拉伯数字表示，比例一般应标注在标题栏中的"比例"栏内，如 1：2 或 2：1 等，必要时，也可在视图名称的下方或右侧标注比例，如图 1-4（d）所示。无论采用何种比例，图样上标注的尺寸一律按实际大小。

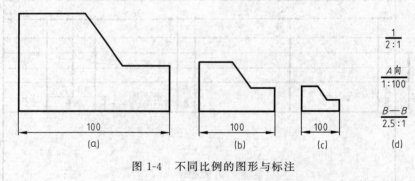

图 1-4　不同比例的图形与标注

三、图线

1. 图线宽度

图线宽度应根据图样的类型、尺寸、比例以及缩微复制等要求，在下列数系中选择：2、1.4、1、0.7、0.5、0.35、0.25、0.18、0.13。粗细线宽比为 2：1，粗线优先选用 0.5 或 0.7，如表 1-5 所示（GB/T 17450—1998、GB/T 4457.4—2002）。

表 1-5　线宽组
　　　　　　　　　　　　　　　　　　　　　　　　　　　　　　　　　　　mm

线宽	线宽组							
粗	2.0	1.4	1.0	0.7	0.5	0.35	0.25	0.18	0.13
细	1.0	0.7	0.5	0.35	0.25	0.18			

注：1. 需要微缩的图纸，不宜采用 0.18mm 及更细的线宽。

2. 同一张图纸内，各不同线宽中的细线，可统一采用较细的线宽组的细线。

2. 图线线型及用途

为了使图样表达统一和使图面清晰，国家标准规定了 15 种基本线型，机械制图常用的有 9 种：粗实线、细实线、细虚线、细点画线、细双点画线、波浪线、双折线、粗虚线、粗点画线，各类图线及其主要用途列于表 1-6 所示。

表 1-6　图线

名称	线型	代号	线宽 d/mm		主要用途及线素长度	
粗实线	———————	01.2	0.7	0.5	可见棱边线，可见轮廓线	
细实线	———————	01.1			尺寸线，尺寸界线，剖面线，引出线，重合断面的轮廓线，过渡线	
波浪线	～～～	01.1	0.35	0.25	断裂处的边界线，视图与剖视图的分界线	
双折线	⌇⌇⌇	01.1			断裂处的边界线，视图与剖视图的分界线	
细虚线	- - - - -	02.1			不可见棱边线，不可见轮廓线	画长 12d，短间隔长 3d
粗虚线	━ ━ ━ ━	02.2	0.7	0.5	允许表面处理的表示线	
细点画线	—·—·—·	04.1	0.35	0.25	轴线，对称中心线，分度圆（线），孔系分布的中心线，剖切线	长画长 24d，短间隔长 3d，点长 ≤0.5d
细双点画线	—··—··—	05.1			相邻辅助零件的轮廓线，可动零件的极限位置轮廓线，中断线	
粗点画线	━·━·━·	04.2	0.7	0.5	限定范围表示线	

各种图线在实际绘图中的用法如图 1-5 所示。

四、字体

字体（GB/T 14691—1993）指图样上汉字、数字、字母和符号等的书写形式，国家标准规定书写字体均应"字体工整、笔划清晰、排列整齐、间隔均匀"，标点符号应清楚正确。文字、数字或符号的书写大小用号数表示。字体号数表示的是字体的高度，应从如下系列中选用：h＝1.8、2.5、3.5、5、7、10、14、20。字体宽度约为 $h/\sqrt{2}$，如 10 号字的字体高度为 10mm，字体宽度约为 7mm。

1. 汉字

图样及说明中的汉字应采用国家公布的简化字，宜采用长仿宋体书写，字号一般不小于 3.5。书写长仿宋体的基本要领：横平竖直、注意起落、结构均匀、填满方格。如图 1-6 所示长仿宋体字示例。

2. 数字和字母

阿拉伯数字、拉丁字母和罗马字母的字体有正体和斜体（逆时针向上倾斜 75°）两种写法。它们的字号一般不小于 2.5。拉丁字母示例如图 1-7（a）所示，罗马数字、阿拉伯数字示例如图 1-7（b）所示。用作指数、分数、注脚等的数字及字母一般应采用小一号字体。

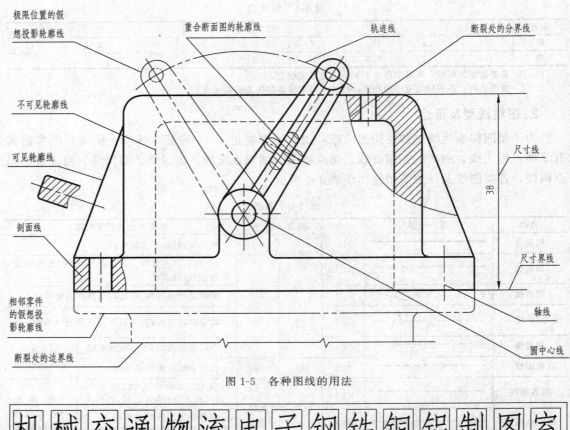

图 1-5　各种图线的用法

图 1-6　长仿宋字示例

五、尺寸标注

图形只能表达机件的形状，而其大小则必须依据图样上标注的尺寸来确定（GB/T 4458.4—2003、GB/T 16675.2—1996）。尺寸标注是绘制机械图样的一项重要内容，应严格遵照国家标准中的有关规定，保证所标注的尺寸完整、清晰、准确。

1. 基本规则

① 机体的真实大小应以图样上所注的尺寸数值为依据，与图形的大小（即与绘图比例）

(a)

(b)

图 1-7　各种字母示例（正体与斜体）

及绘图的准确度无关。

　　② 图样中（包括技术要求和其他说明）的尺寸，以毫米为单位时，不需要标注计量单位的代号（或名称），如采用其他单位，则必须注明相应的计量单位的代号（或名称）。

　　③ 图样中所标注的尺寸，为该图样所示机件的最后完工尺寸，否则应另加说明。

　　④ 机件的每一尺寸，一般只标注一次，并应标注在反映该结构最清晰的图形上。

2. 尺寸的组成

　　图样上的尺寸由尺寸界线、尺寸线（含尺寸线的终端）、尺寸数字和符号等组成，如图 1-8 所示。

　　（1）尺寸界线　表示被注尺寸的范围。用细实线绘制，一般应与被注长度垂直，并自图形的轮廓线、轴线或对称中心线引出，一端宜超出尺寸线 2～3mm。轮廓线、轴线、对称中心线也可作尺寸界线。

　　（2）尺寸线　表示被注线段的长度。用细实线单独绘制，不能用其他图线代替，一般也不得与其他图线重合或画在其延长线上。尺寸线应与被注长度平行，且不宜超出尺寸界线。

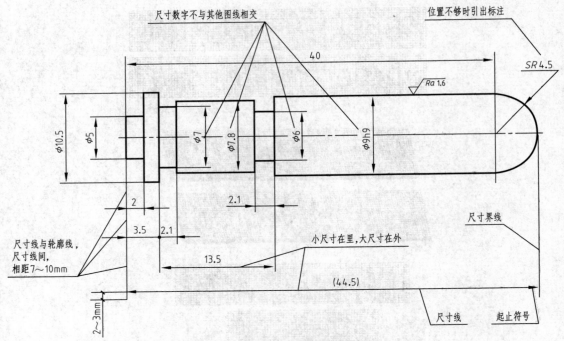

图 1-8　尺寸的组成与标注示例

每道尺寸线之间的距离一般为 7mm。

尺寸线的终端有箭头和斜线两种形式：

（1）箭头　箭头的形式和画法如图 1-9（a）所示，箭头的尖端与尺寸界线接触。在同一张图样上，箭头大小要一致。机械图样中一般采用 6∶1 箭头作为尺寸线的终端。

（2）斜线　斜线用细实线绘制，其方向和画法如图 1-9（b）所示。当尺寸线的终端采用斜线时，尺寸线与尺寸界线必须互相垂直。

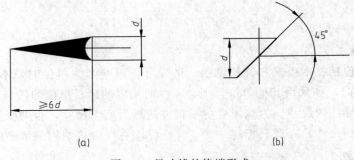

图 1-9　尺寸线的终端形式

（3）尺寸数字和符号　尺寸数字表示被注尺寸的实际大小，它与绘图所选用的比例和绘图的准确程度无关。图样上的尺寸应以尺寸数字为准，不得从图上直接量取。尺寸的单位以 mm（毫米）为单位，图样上的尺寸数字不再注写单位。同一张图样中，尺寸数字的大小应一致。线性尺寸的数字一般应注写在尺寸线的上方，也允许注在尺寸线的中断处，国标中还规定了一组表示特定含义的符号，作为对数字标注的补充说明。如标注直径时，应在尺寸数字前加注"ϕ"；标注半径时，应在尺寸数字前加注符号"R"。表 1-7 所示给出了一些常用的符号，标注尺寸时，应尽可能使用符号和缩写词。

表 1-7　尺寸符号

符　号	含　义	符　号	含　义
ϕ	直径	⌄	埋头孔
R	半径	⌴	沉孔或锪平
S	球	↧	深度
EQS	均布	□	正方形
C	45°倒角	∠	斜度
t	厚度	▷	锥度
⌒	弧长	⟲	展开长

3. 常见尺寸标注示例

常见尺寸标注如表 1-8 所示。

表 1-8　常见尺寸标注示例

标注内容	示　例	说　明
线性尺寸的数字方向	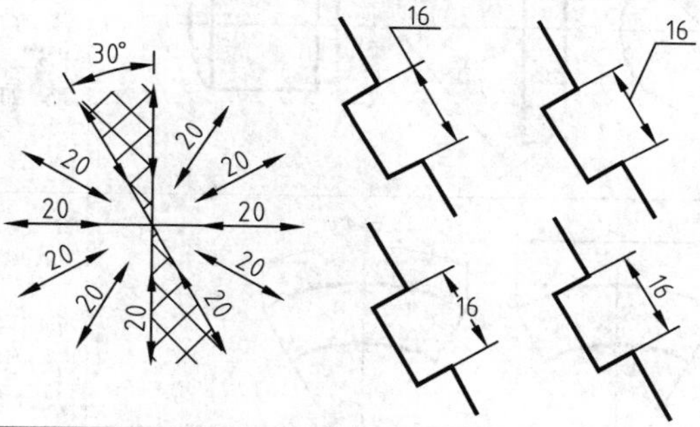	尺寸数字应按左图所示方向注写，并尽可能避免在图示 30°范围内标注尺寸，当无法避免时可按右图的形式标注
角度	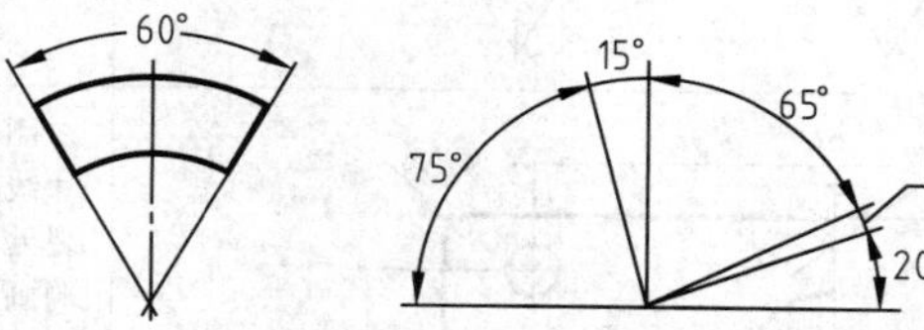	尺寸界线应沿径向引出，尺寸线画成圆弧，圆心是角的顶点。尺寸数字应一律水平书写，一般注在尺寸线的中断处，必要时也可按右图的形式标注
圆	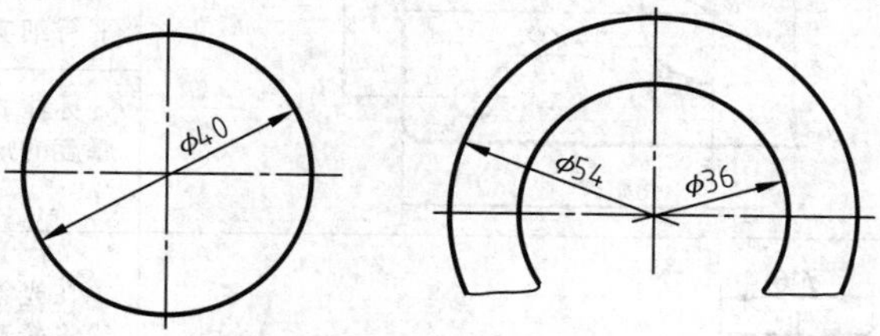	圆的直径、半径尺寸数字前加注符号，通常小于或等于半径的圆弧注写半径，大于半径的圆弧注写直径
圆弧	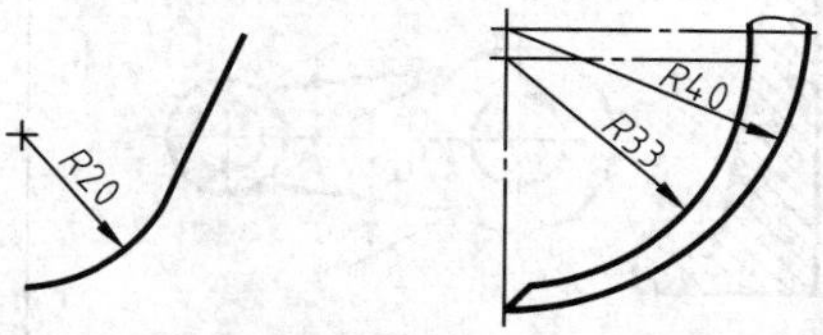	圆弧的半径尺寸一般应按这两个例图标注

标注内容	示　例	说　明
大圆弧	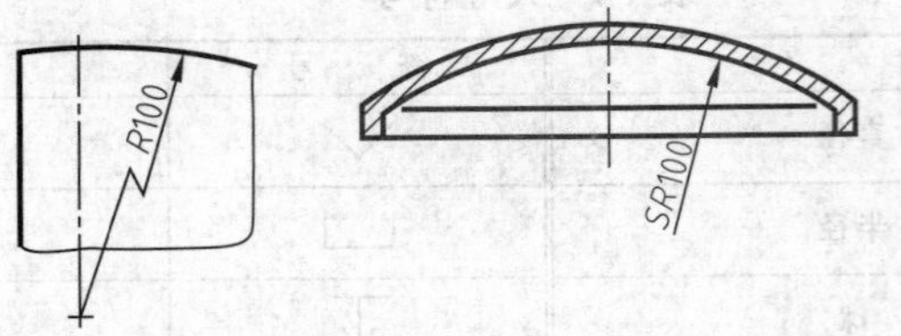	在图纸范围内无法标出圆心位置时,可按左图标注;不需标出圆心位置时,可按右图标注
小尺寸	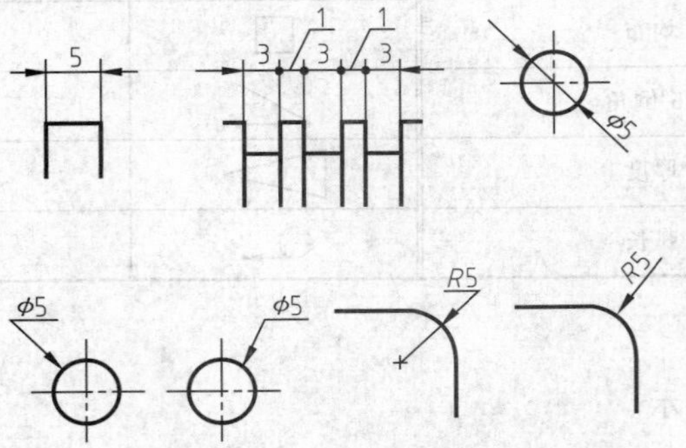	当没有足够的位置标注尺寸时,箭头可外移或用小圆点代替两个箭头;尺寸数字也可写在尺寸界线外或引出标注
球面	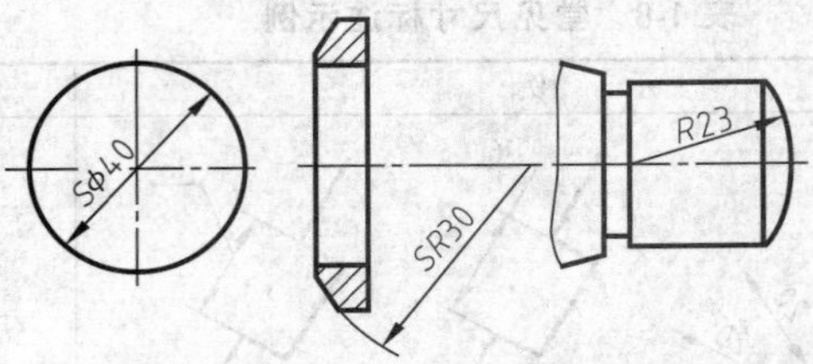	标注球面的尺寸,如左侧两图所示,应在 φ 或 R 前加注"S"。不致引起误解时,则可省略,如右图中的右端球面
弦长和弧长	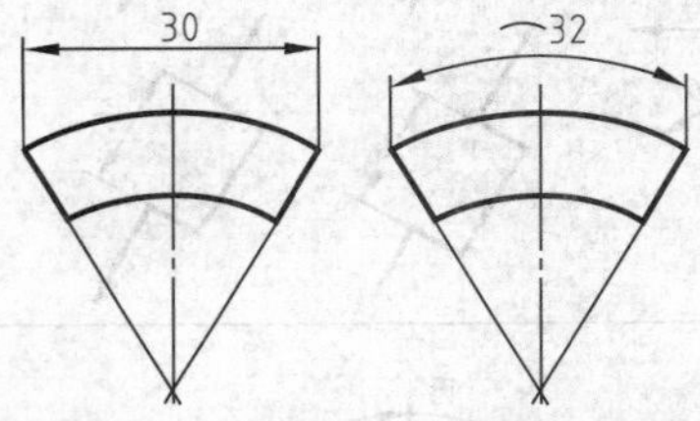	标注弦长时,尺寸界线应平行于弦的垂直平分线。标注弧长尺寸时,尺寸线用圆弧,并应在尺寸数字上方加注符号
只画出一半或大于一半时的对称机件	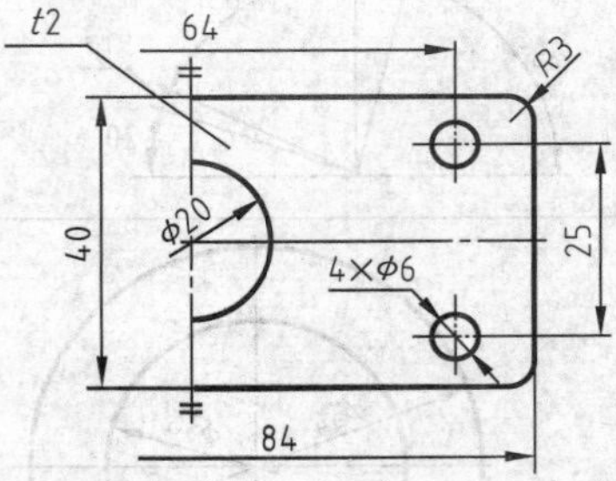	图上尺寸 84 和 64,它们的尺寸线应略超过对称中心线或断裂处的边界线,仅在尺寸线的一端画出箭头,在对称中心线两端分别画出的两条与其垂直的平行细实线(对称符号)
板状零件		标注板状零件的尺寸时,在厚度的尺寸数字上方加注符号"t"
光滑过渡处的尺寸	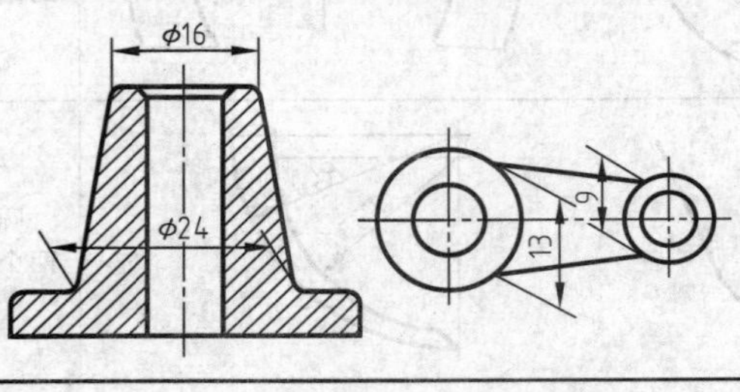	在光滑过渡处,必须用细实线将轮廓线延长,并从它们的交点引出尺寸界线
允许尺界线倾斜		尺寸线一般应与尺寸线垂直,为了使图线清晰,允许尺寸界线与尺寸线倾斜

标注内容	示　例	说　明
正方形结构	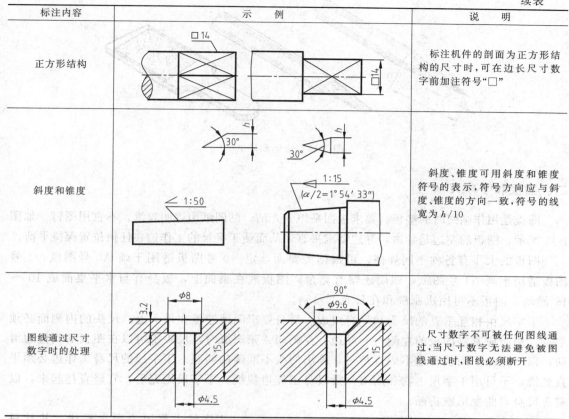	标注机件的剖面为正方形结构的尺寸时,可在边长尺寸数字前加注符号"□"
斜度和锥度		斜度、锥度可用斜度和锥度符号的表示,符号方向应与斜度、锥度的方向一致,符号的线宽为 $h/10$
图线通过尺寸数字时的处理		尺寸数字不可被任何图线通过,当尺寸数字无法避免被图线通过时,图线必须断开

第二节　绘图工具和仪器的使用方法

　　正确使用绘图工具和绘图仪器对提高绘图速度和保证图面质量起着很重要的作用。因此,应对绘图工具的用途有所了解,并熟练掌握它们的使用方法。

　　常用的绘图工具有:铅笔、绘图板、丁字尺、三角板、圆规、分规、比例尺、曲线板和各类模板。

一、铅笔

　　绘图铅笔有各种不同的硬度。标号 B、2B、…、6B 表示软铅芯,数字越大,表示铅芯越软。标号 H、2H、…、6H 表示硬铅芯,数字越大,表示铅芯越硬。标号 HB 表示中软。画底稿宜用 H 或 2H,徒手作图可用 HB 或 B,加重直线用 H、HB(细线)、HB(中粗线)、B 或 2B(粗线)。铅笔尖应削成锥形,芯露出 5～8mm。削铅笔时要注意保留有标号的一端,以便始终能识别其软硬度。使用铅笔绘图时,用力要均匀,用力过大会划破图纸或在纸上留下凹痕,甚至折断铅芯。画长线时要边画边转动铅笔,使线条粗细一致。画线时,从正面看笔身应倾斜约 60°,从侧面看笔身应铅直。持笔的姿势要自然,笔尖与尺边距离始终保持一致,线条才能画得平直准确。砂纸板是用来磨铅笔用的。如图 1-10 所示。

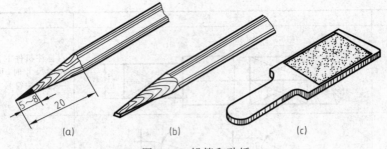

图 1-10　铅笔和砂纸

二、图板和丁字尺

图板是用作画图时的垫板。要求板面平坦、光洁。贴图纸用透明胶纸，不宜用图钉。如图 1-11 所示，图板的左边是导边，导边要求平直，从而使丁字尺的工作边在任何位置保持平衡。

图板的大小有各种不同规格，可根据需要而选定。0 号图板适用于画 A0 号图纸，1 号图板适用于画 A1 号图纸，四周还略有宽余。图板放在桌面上，板身宜与水平桌面成 10°～15°倾斜。图板不可用水刷洗和在日光下暴晒。

丁字尺由相互垂直的尺头和尺身组成。尺身要牢固地连接在尺头上，尺头的内侧面必须平直，用时应紧靠图板的左侧——导边。在画同一张图纸时，尺头不可以在图板的其他边滑动，以避免由于图板各边不成直角时，画出的线不准确的问题。丁字尺的尺身工作边必须平直光滑，不可用丁字尺击物和用刀片沿尺身工作边裁纸。丁字尺用完后，宜竖直挂起来，以避免尺身弯曲变形或折断。

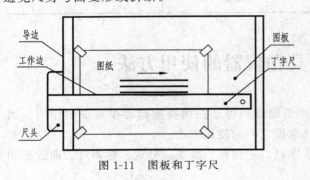

图 1-11　图板和丁字尺

丁字尺主要用于画水平线，并且只能沿尺身上侧画线。作图时，左手把住尺头，使它始终紧靠图板左侧，然后上下移动丁字尺，直至工作边对准要画线的地方，再从左向右画水平线。画较长的水平线时，可把左手滑过来按住尺身，以防止尺尾翘起和尺身摆动，如图 1-11 所示。

三、三角板

三角板每副有两块，与丁字尺配合可以画垂直线及 30°、60°、45°、15°、75°等倾斜线。两块三角板配合可以画已知直线的平行线和垂直线。

画铅垂线时，先将丁字尺移动到所绘图线的下方，把三角尺放在应画线的右方，并使一直角边紧靠丁字尺的工作边，然后移动三角尺，直到另一直角边对准要画线的地方，再用左手按住丁字尺和三角尺，自下而上画线，如图 1-12 所示。

四、圆规

圆规用以画圆或圆弧，也可当分规使用。圆规的一条腿上装有钢针，用带台阶的一端画圆，以防止圆心扩大，从而保证画圆的准确度。另一条腿上附有插脚，可作不同用途。画圆

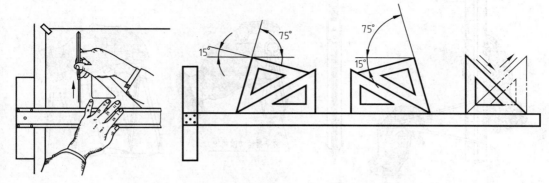

图 1-12　丁字尺与三角板

时，圆规稍向前倾斜，顺时针旋转。画较大圆应调整针尖和插脚与纸面垂直。画更大圆要接延长杆。圆规铅芯宜磨成凿形，并使斜面向外。铅芯硬度比画同种直线的铅笔软一号，以保证图线深浅一致，如图 1-13 所示。

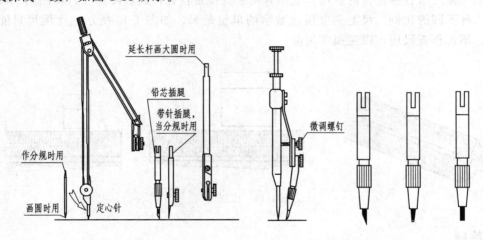

延长杆画大圆时用

铅芯插腿

带针插腿，
当分规时用

微调螺钉

作分规时用

画圆时用　定心针

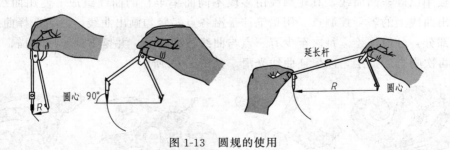

圆心　90°

延长杆

圆心

图 1-13　圆规的使用

五、分规

分规用以量取长度和截取或等分线段。使用方法如图 1-14 所示。两脚并拢后，其尖对齐。从比例尺上量取长度时，切忌用尖刺入尺面。当量取若干段相等线段时，可令两个针尖交替地作为旋转中心，使分规沿着不同的方向旋转前进。

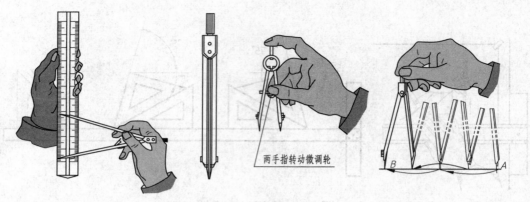

图 1-14 分规的使用

六、比例尺

比例尺是刻有各种比例的直尺，绘图时用它直接量得物体的实际尺寸，常用的三棱比例尺刻有六种不同的比例，尺上刻度所注数字的单位是米，如图 1-15 所示。比例尺只能用来量尺寸，不能作直尺用，以免损坏刻度。

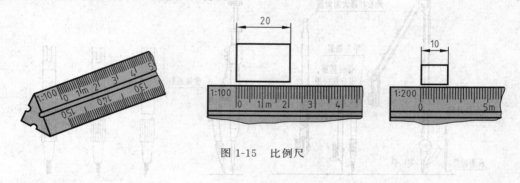

图 1-15 比例尺

七、曲线板

曲线板用以画非圆曲线，其轮廓线由多段不同曲率半径的曲线组成。使用曲线板之前，必须先定出曲线上的若干控制点。用铅笔徒手沿各点轻轻勾画出曲线。然后选择曲线板上曲率相应的部分，分段描绘。每次至少有三点与曲线板相吻合，并留下一小段不描，在下段中与曲线板再次吻合后描绘，以保证曲线光滑，如图 1-16 所示。

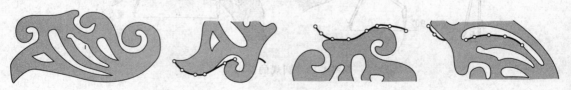

图 1-16 曲线板

八、其他工具

为了提高绘图质量和速度，还要准备一些其他用具。如图 1-17 所示的擦图片、胶带、橡皮、修图刀片、橡皮、小刀、手帕等。

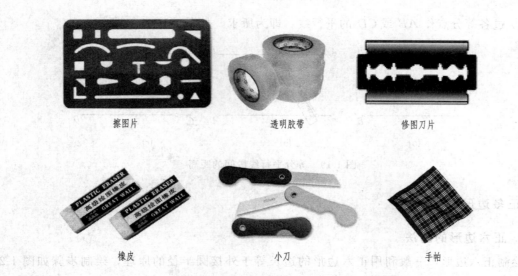

擦图片　　　　　　　　透明胶带　　　　　　　　修图刀片

橡皮　　　　　　　　　　小刀　　　　　　　　　　手帕

图 1-17　其他绘图工具

第三节　几何作图

几何作图指的是只限用圆规和直尺等绘图工具，根据给定的条件，完成所需图形。

一、等分线段作图

1. 等分线段

如图 1-18（a）所示，将已知直线分成六等份的作图步骤：

① 过点作任意直线 AC，用直尺在 AC 上从 A 点起截取任意长度的六等份，得点 1、2、3、4、5、6，如图 1-18（b）所示。

② 连 $B6$，过其余点分别作直线平行于 $B6$，交 AB 于五个分点，即为所求，如图 1-18（c）所示。

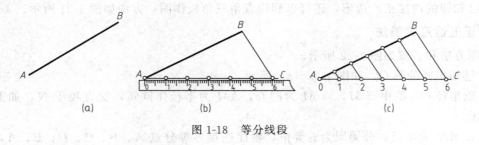

图 1-18　等分线段

利用类似方法可以等分任意等份线段。

2. 等分两平行线段间的距离

如图 1-19（a）所示，将已知两平行直线间距离分为四等份的作图步骤：

① 将直线刻度尺 0 点于 CD 上，摆动尺身，使刻度 4 落在 AB 上，截得点 1、2、3，如图 1-19（b）所示。

② 过各等分点作 AB 或 CD 的平行线，即为所求，如图 1-19（c）所示。

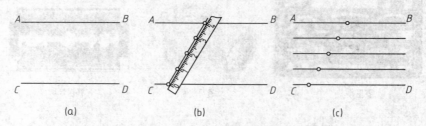

图 1-19　等分平行线段间的距离

二、正多边形作图

1. 正六边形的画法

绘制正六边形，一般利用正六边形的边长等于外接圆半径的原理，绘制步骤如图 1-20 所示。

① 已知半径的圆 O，如图 1-20（a）所示。

② 分别以 A、D 为圆心，R 为半径作圆弧，分圆周为六等份，如图 1-20（b）所示。

③ 顺序连接各等分点 A、B、C、D、E、F、A，即为所求，如图 1-20（c）所示。

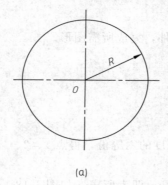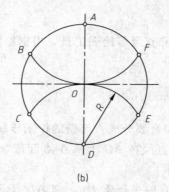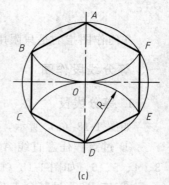

图 1-20　作已知圆的内接正六边形

作已知圆的内接正六边形，还可以利用直角三角板作图，方法如图 1-21 所示。

2. 正五边形的画法

作图方法和步骤如图 1-22 所示。

① 已知半径的圆 O，如图 1-22（a）所示。

② 取半径 OF 的中点 M，以 M 为圆心，AM 为半径作圆弧，交直径于 N，如图 1-22（b）所示。

③ 以 AN 为半径，分圆周为五等份，顺序连接各等分点 A、B、C、D、E、A，即为所求，如图 1-22（c）所示。

三、斜度与锥度

1. 斜度

斜度是指一直线或平面对另一直线或平面倾斜的程度，其大小工程上常用直角三角形对

图 1-21　用三角板作已知圆的内接正六边形

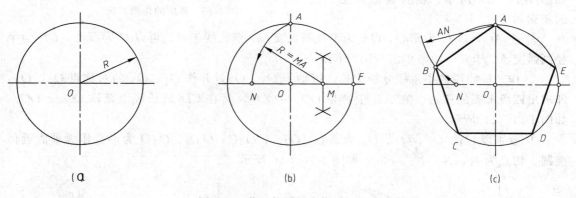

（a）　　　　　　　　　　（b）　　　　　　　　　　（c）

图 1-22　作已知圆的内接正五边形

边与邻边的比值来表示，并固定把比例前项化为 1 而写成 1∶n 的形式，如图 1-23（a）所示，斜度符号如图 1-23（b）所示，其指向为斜度小头方向，如图 1-24（a）所示。斜度的作图方法如图 1-24（b）所示。

$$斜度 = \tan\alpha = H∶L = 1∶n$$

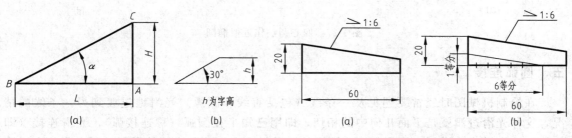

（a）　　　　　　　　　（b）

h 为字高

图 1-23　斜度及其符号

（a）　　　　　　　（b）

图 1-24　斜度的作图方法

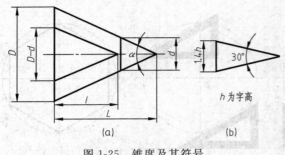

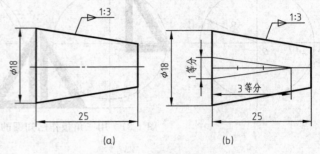

(a)　　　　　　　　　(b)

图 1-25　锥度及其符号

2. 锥度

锥度是指正圆锥的底圆直径 D 与圆锥高度 H 之比。如果是正圆锥台，则为两底圆直径之差与圆锥台高度之比。通常，锥度也要写成 $1:n$ 的形式，如图 1-25（a）所示，锥度符号如图 1-25（b）所示，其指向为锥度小头方向，如图 1-26（a）所示。锥度的作图方法如图 1-26（b）所示。

$$锥度＝2\tan(\alpha/2)＝D:L＝(D-d):l$$

四、椭圆的画法

椭圆的画法很多，常用的椭圆近似画法为四心圆法。

如图 1-27 所示，是用四段圆弧连接起来的图形近似代替椭圆的方法。如果已知椭圆的长、短轴 AB、CD，如图 1-27（a）所示，则其近似画法的步骤如下：

图 1-26　锥度的作图方法

① 连 AC，以 O 为圆心，OA 为半径画弧交 CD 延长线于 E，再以 C 为圆心，CE 为半径画弧交 AC 于 F，如图 1-27（b）所示。

② 作 AF 线段的中垂线分别交长、短轴于 O_1、O_2，并作 O_1、O_2 的对称点 O_3、O_4，即求出四段圆弧的圆心。在 AB 上截取 $OO_3＝OO_1$，又在 CD 延长线上截取 $OO_4＝OO_2$，如图 1-27（c）所示。

③ 分别以 O_1、O_2、O_3、O_4 为圆心，O_1A、O_2C、O_3B、O_4D 为半径作弧画成近似椭圆，切点为 K、N、N_1、K_1，如图 1-27（d）所示。

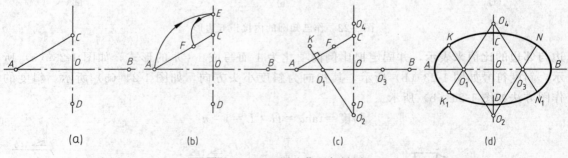

(a)　　　　　　　(b)　　　　　　　(c)　　　　　　　(d)

图 1-27　四心圆法作近似椭圆

五、圆弧连接

在绘制机械图时经常要遇见从一条线（包括直线和圆弧）光滑地过渡到另一条线的情况，这种光滑过渡就是平面几何中的相切，即用已知半径圆弧（称连接弧），光滑连接（即相切）已知直线或圆弧。为了保证光滑连接，关键在于正确找出连接圆弧的圆心和切点。圆弧连接的典型作图方法如表 1-9 所示。

表 1-9　圆弧连接画法

种类	已知条件	作图步骤		
圆弧连接两直线	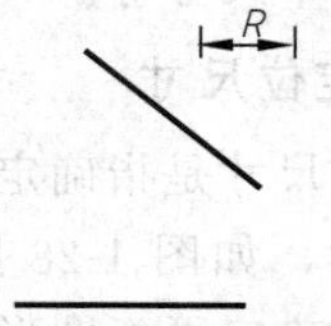	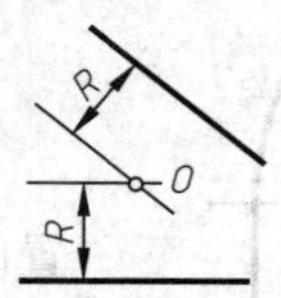	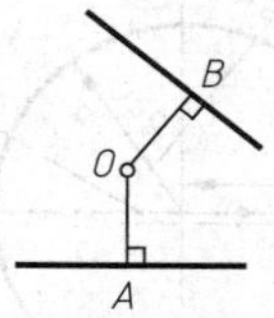	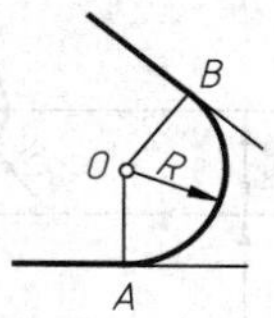
圆弧内接直线和圆弧	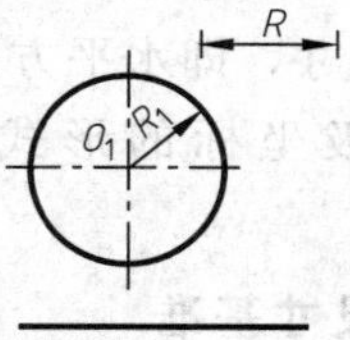	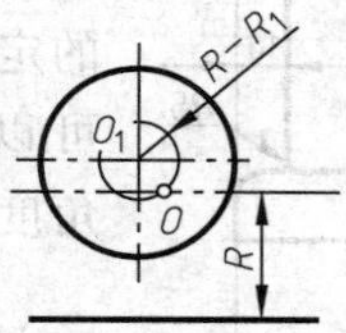	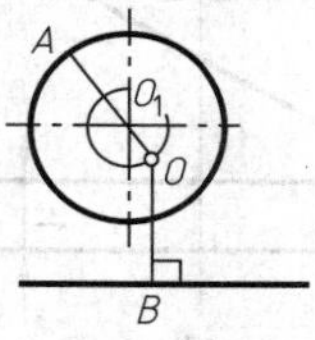	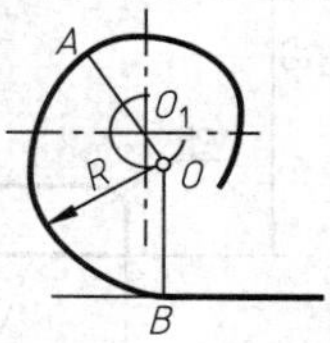
圆弧外接两圆弧	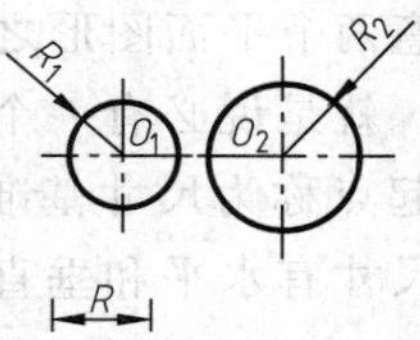	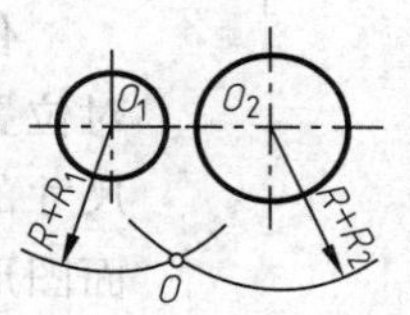	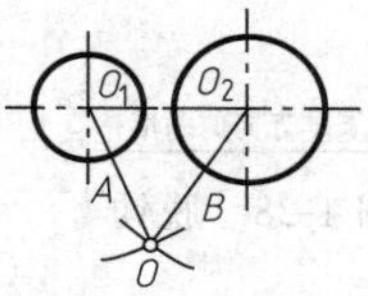	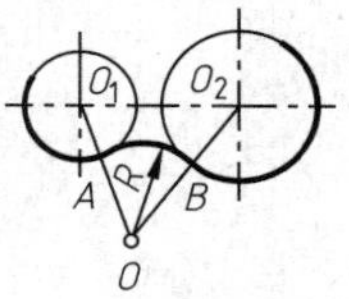
圆弧内接两圆弧	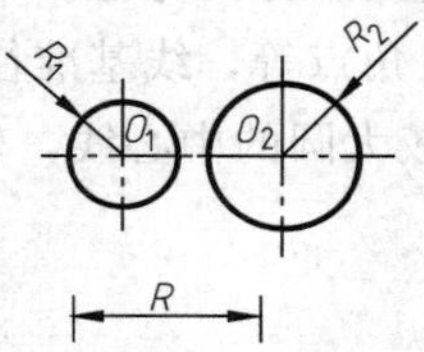	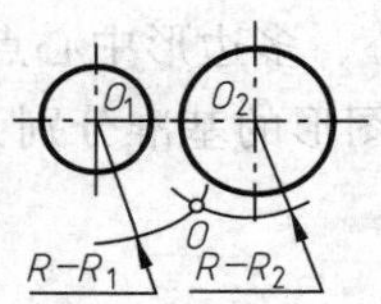	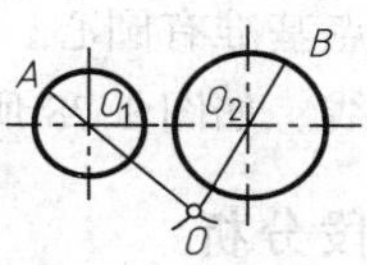	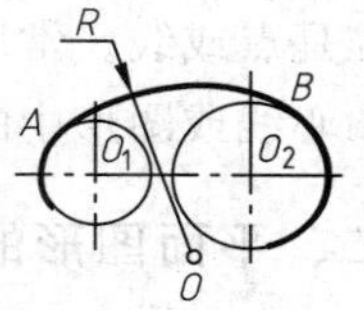
圆弧内外接两圆弧	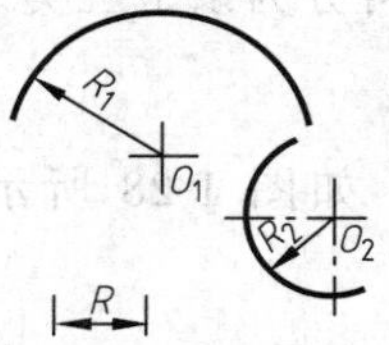	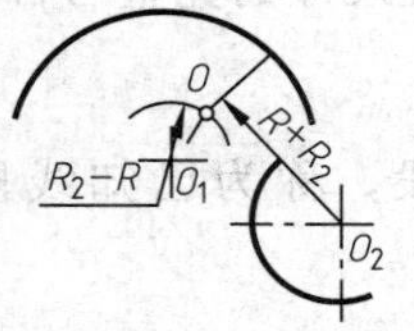	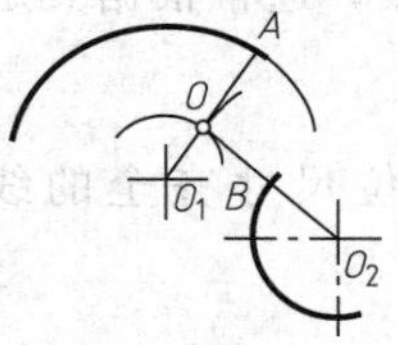	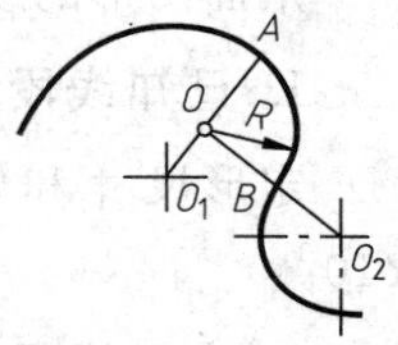

第四节　平面图形的画法

　　平面图形一般由一个或多个封闭线框组成，这些封闭线框是由一些线段连接而成的。因此，要想正确地绘制平面图形，首先必须对平面图形进行尺寸分析和线段分析。

一、平面图形的尺寸分析

　　平面图形的尺寸按其作用不同，分为定形尺寸和定位尺寸两类。

1. 定形尺寸

　　定形尺寸是指确定平面图形上几何元素形状大小的尺寸，如图 1-28 所示中的 $R40$、$R5$、$R65$、$R80$、$R10$、15、175。一般情况下确定几何图形所需定形尺寸的个数是一定的，

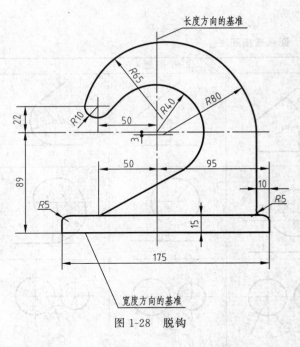

图 1-28 脱钩

如直线的定形尺寸是长度，圆的定形尺寸是直径，圆弧的定形尺寸是半径，正多边形的定形尺寸是边长，矩形的定形尺寸是长和宽两个尺寸等。

2. 定位尺寸

定位尺寸是指确定各几何元素相对位置的尺寸，如图 1-28 所示的 50、3、22、89、95。确定平面图形位置需要两个方向的定位尺寸，即水平方向和垂直方向，也可以以极坐标的形式定位，即半径加角度。

3. 尺寸基准

任意两个平面图形之间必然存在着相对位置，就是说必有一个是参照的。标注尺寸的起点称为尺寸基准，简称基准。平面图形尺寸有水平和垂直两个方向（相当于坐标轴 X 方向和 Y 方向），因此基准也必须从水平和垂直两个方向考虑。平面图形中尺寸基准是点或线。常用的点基准有圆心、球心、多边形中心点、角点等，线基准往往是图形的对称中心线或图形中的边线。如图 1-28 所示图形的基准分别为较大圆的中心线，较长的水平线。

二、平面图形的线段分析

平面图形的线段，通常根据其定位尺寸的完整与否，可分为以下三类。

1. 已知线段

定形尺寸和定位尺寸齐全的线段，称为已知线段，如图 1-28 所示 175、15、R40、R10。

2. 中间线段

已知定形尺寸和一个定位尺寸的线段，称为中间线段，如图 1-28 所示 R80 等尺寸。

3. 连接线段

只知定形尺寸，定位尺寸全部未知的线段，称为连接线段，如图 1-28 所示中 R65、R5 等尺寸。

三、平面图形的画法

① 分析图形，通常根据所注尺寸确定哪些是已知线段，哪些是连接线段。并画出长度方向和高度方向的基准线，如图 1-29 （a）所示。

② 画出各已知的线段，如图 1-29 （b）所示。

③ 画出中间线段，如图 1-29 （c）所示。

④ 利用圆弧连接的作图方法，画出连接线段，如图 1-29 （d）所示。

⑤ 检查、整理、加深、标注尺寸，完成作图。

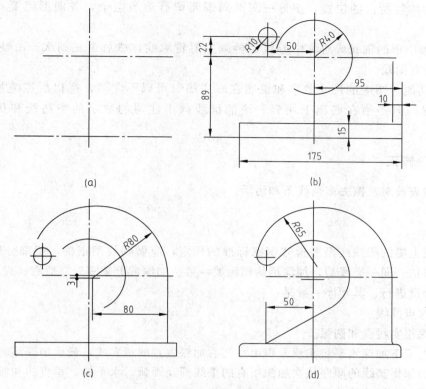

图 1-29　脱钩的画图步骤

第五节　制图的方法和步骤

手工绘制图样，一般均要借助绘图工具和仪器。为了提高图样质量和绘图速度，除了必须熟悉国家制图标准、掌握几何作图的方法和正确使用绘图工具外，还必须掌握正确的绘图程序和方法。

一、绘图前的准备工作

① 阅读有关文件、资料，了解所画图样的内容和要求。

② 准备好绘图用的图板、丁字尺、三角板、圆规及其他工具、用品，把铅笔按线型要求削好。

③ 根据所绘图形或物体的大小和复杂程度选定比例，确定图纸幅面，将图纸用透明胶带固定在图板上。在固定图纸时，应使图纸的上下边与丁字尺的尺身平行。当图纸较小时，应将图纸布置在图板的左下方，且使图板的下边缘至少留有一个尺深的宽度，以便放置丁字尺。

二、画底稿

① 按国家标准规定画图框和标题栏。

② 布置图形的位置。根据每个图形的长、宽尺寸确定位置，同时要考虑标注尺寸或

说明等其他内容所占的位置，使每一图形周围要留有适当空余，各图形间要布置得均匀整齐。

③ 先画图形的轴线或对称中心线，再画主要轮廓线，然后由主到次、由整体到局部，画出其他所有图线。

④ 画其他。图中的尺寸数字和说明在画底稿时可以不注写，待以后铅笔加深或上墨时直接注写，但必须在底稿上用轻、淡的细线画出注写的数字的字高线和仿宋字的格子线。

三、校对，修正

仔细检查校对，擦去多余线条和污垢。

四、加深

加深或上墨的图线线型要遵守国家标准的规定，应做到线型正确，粗细分明，连接光滑，图面整洁。同一类线型，加深后的粗细要一致。加深或上墨宜先左后右、先上后下、先曲后直，分批进行。其顺序一般是：

① 加深点画线。
② 加深粗实线圆和圆弧。
③ 由上至下加深水平粗实线，再由左至右加深垂直的粗实线，最后加深倾斜的粗实线。
④ 按加深粗实线的顺序依次加深所有的虚线圆及圆弧，水平的、垂直的和倾斜的虚线。
⑤ 加深细实线、波浪线。
⑥ 画符号和箭头，注尺寸，书写注释和标题栏等。

五、复核

复核已完成的图纸，发现错误和缺点，应该立即改正。如果在上墨图中发现描错或染有小点墨污需要修改时，要待它全干后，在纸下垫上硬板，再用锋利的刀片轻刮，直至刮净。并作必要的修饰。

第六节 徒手绘图

一、徒手绘图的概念

徒手绘图是一种不用绘图仪器而按目测比例徒手画出的图样，这种图样称为草图或徒手图。这种图主要用于现场测绘、设计方案讨论或技术交流，因此，工程技术人员必须具备徒手绘图的能力。由于计算机绘图的普及，草图的应用也越来越广泛。仪器绘图、计算机绘图、徒手绘图已成为三种主要绘图手段。

二、徒手绘图的要求与方法

徒手绘图的要求为：①画线要稳，图线要清晰；②目测尺寸要准，各部分比例匀称；③绘图速度要快；④标注尺寸无误，字体工整。

1. 握笔的方法

手握笔的位置要比尺规作图高一些，以利于运笔和观察目标。笔杆与纸面成 45°～60° 角，执笔稳而有力。

2. 直线的画法

画直线时，眼睛看着画线的终点，轻轻移动手腕和手臂。画水平线时为顺手，图纸可斜放，如图 1-30（a）所示。画竖直线时上下运笔，如图 1-30（b）所示。画斜线时可以转动图纸，使所画的线条处于顺手方向，如图 1-30（c）所示。

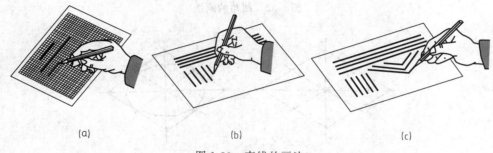

(a)　　　　　　　　(b)　　　　　　　　(c)

图 1-30　直线的画法

3. 圆的画法

先定圆心及画中心线，再根据半径大小用目测在中心线上定出四点，过这四点画圆，如图 1-31（a）所示。当圆的直径较大时，可过圆心增画两条 45°斜线，在线上再定四点，过这八点画圆，如图 1-31（b）所示。

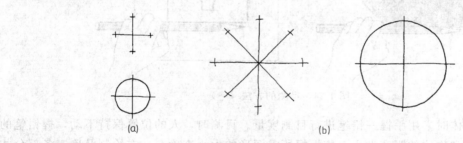

(a)　　　　　　　　　　(b)

图 1-31　圆的画法

4. 圆角的画法

画圆角时，先用目测在分角线上选取圆心位置，过圆心向两边引垂直线定出圆弧的起点和终点，并在分角线上也画出一圆周点，然后徒手作圆弧把这三点连接起来，如图 1-32 所示。

5. 椭圆的画法

可按画圆的方法先画出椭圆的长短轴，并用目测定出其端点位置，过这四点画一矩形，然后徒手作椭圆与此矩形相切。也可先画适当的外切菱形，再根据此菱形画出椭圆，如图 1-33 所示。

6. 目测的方法

画中、小物体时，可用铅笔当尺直接放在实物上测各部分的大小，然后按测量的大体尺

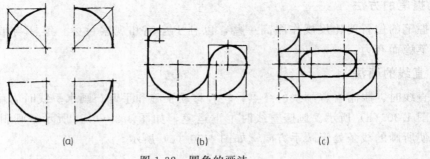

图 1-32　圆角的画法

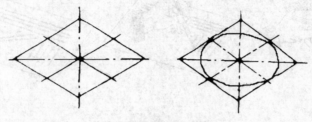

图 1-33　椭圆的画法

寸画出草图。也可用此方法估计出各部分的相对比例，画出缩小的草图，如图 1-34 所示。

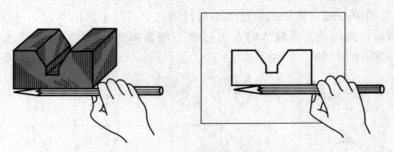

图 1-34　目测的方法（一）

　　画较大的物体时，用手握一铅笔进行目测度量。目测时，人的位置保持不动，握铅笔的手臂要伸直。人和物体的距离大小，应根据所需图形的大小来确定。在绘制及确定各部分相对比例时，建议先画大体轮廓，如图 1-35 所示。

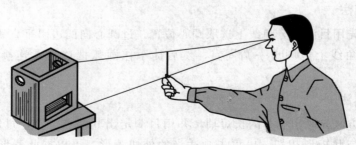

图 1-35　目测的方法（二）

第二章 点、直线和平面的投影

第一节 投影法概述

制图的基本方法是投影法，其基本思想是通过物体在平面上的投影来认识和表达物体的形状、位置及相互关系。在三维空间中，点、直线、平面是空间的几何元素，它们没有大小、宽窄、厚薄，由它们构成的空间形状叫做形体。将空间的三维形体转变为平面的二维图形是通过投影法来实现的。

一、基本概念

在日常生活中，有一种常见的自然现象：当光线照在物体上时，地面或墙面上必然会产生影子，这就是投影的现象。这种影子只能反映物体的外形轮廓，不能反映内部情况。人们在这种自然现象的基础上，对影子的产生过程进行了科学的抽象，即把光线抽象为投射线，把物体抽象为形体，把地面抽象为投影面，于是就创造出投影的方法。当投射线投射到形体上时，就在投影面上得到了形体的投影，这个投影称为投影图，如图 2-1 所示。

投射线、投影面、形体（被投影对象）是产生投影的三要素。

如图 2-2 所示，设定平面 P 为投影面，不属于投影面的定点 S（如光源）为投射中心，投射线均由投射中心发出。通过空间点 A 的投射线与投影面 P 相交于点 a，则 a 称作空间点 A 在投影面 P 上的投影。同样，b 也是空间点 B 在投影面 P 上的投影，c 也是空间点 C 在投影面 P 上的投影。

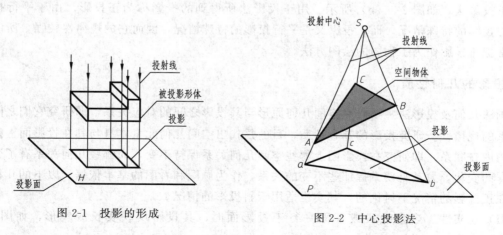

图 2-1 投影的形成　　　　图 2-2 中心投影法

这种按几何法则将空间物体表示在平面上的方法称为投影法。

二、投影法分类

1. 中心投影法

当所有投射线都通过投射中心时，这种对形体进行投影的方法称为中心投影法，见图 2-2。用中心投影法所得到的投影称为中心投影。由于中心投影法的各投射线对投影面的倾角不同，因而得到的投影与被投影对象在形状和大小上有着比较复杂的关系。

2. 平行投影法

若将投射中心移向无穷远处，则所有的投射线变成互相平行，这种对形体进行投影的方法称为平行投影法，如图 2-3 所示。平行投影法又分为斜投影法和正投影法两种。

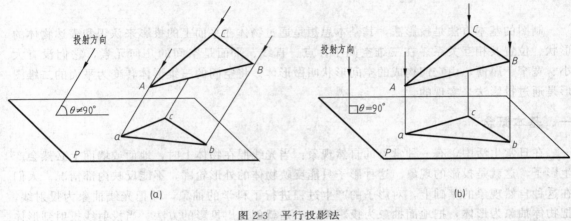

图 2-3　平行投影法

（1）斜投影法　平行投影法中，当投射线倾斜于投影面时，这种对形体进行投影的方法称为斜投影法，如图 2-3（a）所示。用斜投影法所得到的投影称为斜投影。由于投射线的方向以及投射线与投影面的倾角 θ 有无穷多种情况，故斜投影也可绘出无穷多种；但当投射线的方向和 θ 一定时，其投影是唯一的。

（2）正投影法　平行投影法中，当投射线垂直于投影面时，这种对形体进行投影的方法称为正投影法，如图 2-3（b）所示。用正投影法所得到的投影称为正投影。由于平行投影是中心投影的特殊情况，而正投影又是平行投影的特殊情况，因而它的规律性较强，所以工程上常把正投影作为工程图的绘图方法。

三、投影的几何性质

画法几何及投影法主要研究空间几何原形与其投影之间的对应关系，即研究它们之间内在联系的规律性。研究投影的基本性质，目的是找出空间几何元素本身与其在投影面上投影之间的内在联系，即研究在投影图上哪些空间几何关系保持不变，而哪些几何关系有了变化和怎样的变化，尤其是要掌握那些不变的关系，作为画图和看图的基本依据。以下的几种性质是在正投影的情况下讨论的，其实也适用于斜投影的情况。

（1）显实性　当直线段或平面平行于投影面时，其投影反映实长或实形，如图 2-4 所示。

（2）积聚性　当直线或平面垂直于投影面时，其投影积聚为一点或一直线，如图 2-5

所示。

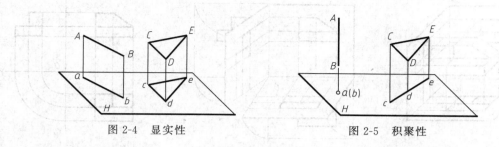

图 2-4　显实性　　　　　　　　　　　图 2-5　积聚性

（3）类似性　当直线或平面不平行于投影面时，其正投影小于其实长或实形，如图 2-6 所示。但其斜投影则可能大于或等于或小于其实长或实形。

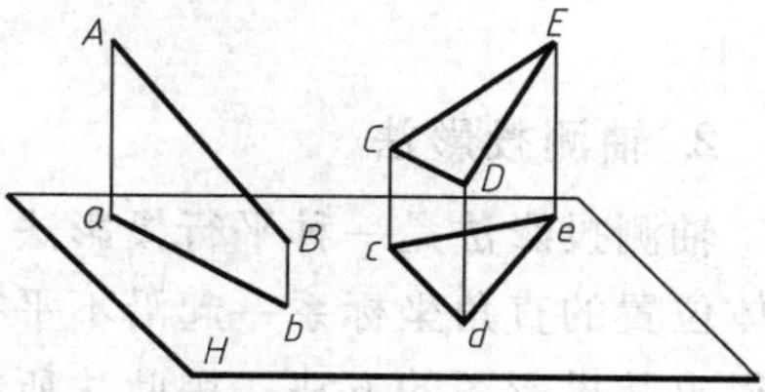

（4）平行性　当空间两直线互相平行时，它们的投影一定互相平行，而且它们的投影长度之比等于空间长度之比，如图 2-7 所示。

（5）从属性　属于直线上的点，其投影必从属于该直线的投影，如图 2-8 所示。

（6）定比性　点在直线上，点分线段的比例等于该点的投影分线段的投影所成的比例，如图 2-8 所示。

图 2-6　类似性

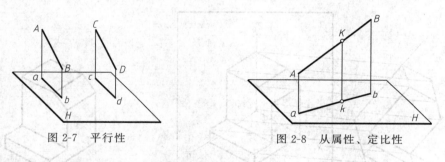

图 2-7　平行性　　　　　　　　　　　图 2-8　从属性、定比性

上述规律，均可用初等几何的知识得到证明。

四、工程上常用的几种投影方法

1. 多面正投影法

多面正投影法是采用正投影法将空间几何元素或形体分别投影到相互垂直的两个或两个以上的投影面上，然后按一定规律将获得的投影排列在一起，从而得出投影图的方法。用正投影法所绘制的投影图称为正投影图。

如图 2-9（a）所示，就是把一个物体分别向三个相互垂直的投影面 H、V、W 作正投影的情形，如图 2-9（b）所示，是将物体移走后，将投影面连同物体的投影展开到一个平面上的方法；如图 2-9（c）所示，是去掉投影面边框后得到的三面投影图。

正投影图能反映物体的真实形状。绘制时度量方便，所以是工程界最常用的一种投影图。其缺点是直观性较差，看图时必须几个投影互相对照，才能想象出物体的形状，因而没有学习过制图的人不易读懂。

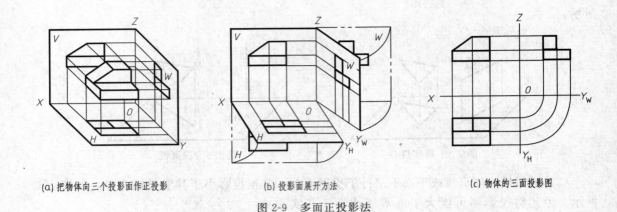

(a) 把物体向三个投影面作正投影　　　(b) 投影面展开方法　　　(c) 物体的三面投影图

图 2-9　多面正投影法

2. 轴测投影法

　　轴测投影法是一种平行投影法，它是一种单面投影。这一方法是把空间形体连同确定该形体位置的直角坐标系一起沿不平行于任一坐标平面的方向平行地投射到某一投影面上，从而得出其投影图的方法。用此法所绘制的投影图称为轴测投影图，简称轴测图。

　　如图 2-10（a）所示，就是把一个物体连同所选定的直角坐标体系按投射方向 S 投射到一个称为轴测投影面的平面 P 上，这样，在平面 P 上就得到了一个具有立体感的轴测图；如图 2-10（b）所示就是去掉投影面边框后得到的轴测图。

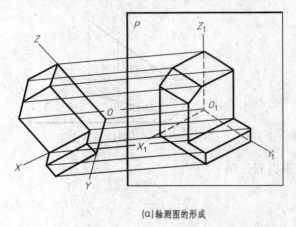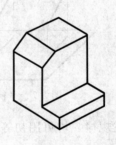

(a)轴测图的形成　　　　　　　　　　(b) 物体的轴测图

图 2-10　轴测投影法

　　轴测图虽然能同时反映物体三个方向的形状，但不能同时反映各表面的真实形状和大小，所以度量性较差，绘制不便。轴测图以其良好的直观性，经常用作书籍、产品说明书中的插图或工程图样中的辅助图样。

3. 透视投影法

　　透视投影法属于中心投影法，而且也是一种单面投影。这一方法是由视点把物体按中心投影法投射到画面上，从而得出该物体投影图的方法。用此法所绘制的投影图称为透视投影图，简称透视图。

　　如图 2-11（a）所示，是一个建筑物透视图的形成过程，而图 2-11（b）则是该建筑物的透视图。

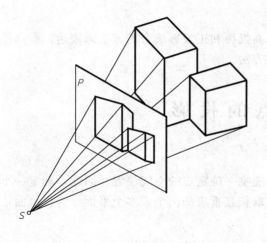
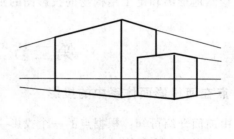

(a)透视投影图的形成   (b)建筑物的透视图

图 2-11　透视投影法

　　用透视投影法绘制的图形与人们日常观看物体所得的形象基本一致，符合近大远小的视觉效果。工程中常用此法绘制外部和内部的表现图。但这种方法的手工绘图过程较繁杂，而且根据图形一般不能直接度量。

　　透视图按主向灭点可分为：一点透视（心点透视、平行透视）、两点透视（成角透视）和三点透视。

　　三点透视一般用于表现高大的建筑物或其他大型的产品设备。

　　透视投影广泛用于工艺美术及宣传广告图样。虽然它直观性强，但由于作图复杂且度量性差，故在工程上只用于土建工程及大型设备的辅助图样。若用计算机绘制透视图，可避免人工作图过程的复杂性。因此，在某些场合广泛地采用透视图，以取其直观性强的优点。

4. 标高投影法

　　标高投影法也是一种单面投影。这一方法是用一系列不同高度的水平截平面剖切形体，然后依次作出各截面的正投影，并用数字把形体各部分的高度标注在该投影上，该投影图称为标高投影图。

　　如图 2-12 所示，取高差为 10m 的一系列水平面与山峰相交，得到一系列等高线，并将这些曲线投影到水平面上，即为标高投影图。标高投影常用来表示不规则曲面，如船舶、飞

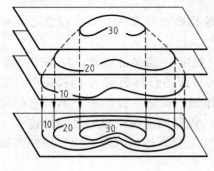
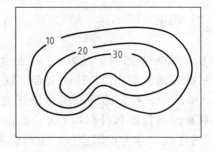

(a)曲面标高投影图的形成   (b)曲面的标高投影图

图 2-12　标高投影法

行器、汽车曲面以及地形等。

对于某些复杂的工程曲面，往往是采用标高投影和正投影结合的方法来表达。标高投影法是绘制地形图和土工结构物的投影图的主要方法。

第二节　点的投影

一、点在两投影面体系中的投影

由前面介绍可知：根据点的一个投影，不能唯一确定点的空间位置。因此，确定一个空间点至少需要两个投影。在工程制图中通常选取相互垂直的两个或多个平面作为投影面，将几何形体向这些投影面作投影，形成多面投影。

（一）两投影面体系的建立

如图 2-13 所示，建立两个相互垂直的投影面 H、V，H 面是水平放置的，V 面是正对着观察者直立放置的，两投影面相交，交线为 OX。

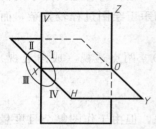

图 2-13　两投影面体系

V、H 两投影面组成两投影面体系，并将空间分成了四个部分，每一部分称为一个分角。它们在空间的排列顺序Ⅰ、Ⅱ、Ⅲ、Ⅳ，如图 2-13 所示。

我国的国家标准规定将形体放在第一分角进行投影，因此本书主要介绍第一分角投影。

（二）点的投影规律

1. 术语及规定

（1）术语　如图 2-14（a）所示：

水平放置的投影面称为水平投影面，用 H 表示，简称 H 面。

正对着观察者与水平投影面垂直的投影面称为正立投影面，用 V 表示，简称 V 面。

两投影面的交线称为投影轴，V 面与 H 面的交线用 OX 表示。

空间点用大写字母（如 A、B、…）表示。

在水平投影面上的投影称为水平投影，用相应的小写字母（如 a、b、…）表示。

在正立投影面上的投影称为正面投影，用相应的小写字母加一撇（如 a'、b'、…）表示。

（2）规定　图 2-14（a）为点 A 在两投影面体系的投影直观图。空间点用空心小圆圈表示。

为了使点 A 的两个投影 a、a' 表示在同一平面上，规定 V 面保持不动，H 面绕 OX 轴按图示的方向旋转 90°与 V 面重合。这种旋转摊平后的平面图形称为点 A 的投影图，如图 2-14（b）所示。投影面的范围可以任意大，为了简化作图，通常在投影图上不画它们的界线，只画出两投影和投影轴 OX，如图 2-14（c）所示。投影图上两个投影之间的连线（如 a、a' 的连线）称为投影连线，也叫联系线。在投影图中，投影连线（联系线）用细实线画出，点的投影用空心小圆圈表示。

2. 点的两面投影

设在第一分角内有一点 A，如图 2-14（a）所示。由点 A 分别向 H 面和 V 面作垂线

Aa、Aa'，其垂足 a 称为空间点 A 的水平投影，垂足 a' 称为空间点 A 的正面投影。如果移去点 A，过水平投影 a 和正面投影 a' 分别作 H 面、V 面的垂线 Aa 和 $a'A$，二垂线必交于 A 点。因此，根据空间点的两面投影，可以唯一确定空间点的位置。

图 2-14（c）是点 A 的两面投影。

通常采用图 2-14（c）所示的两面投影图来表示空间的几何原形。

3. 点的投影规律

① 点 A 的正面投影 a' 和水平投影 a 的连线必垂直于 OX 轴，即 $aa' \perp OX$。

在图 2-14（a）中，垂线 Aa 和 Aa' 构成了一个平面 Aaa_Xa'，它垂直于 H 面，也垂直于 V 面，则必垂直于 H 面和 V 面的交线 OX。所以平面 Aaa_Xa' 上的直线 aa_X 和 $a'a_X$ 必垂直于 OX，即 $aa_X \perp OX$，$a'a_X \perp OX$。当 a 随 H 面旋转至与 V 面重合时，$aa_X \perp OX$ 的关系不变。因此投影图上的 a、a_X、a' 三点共线，且 $aa' \perp OX$。

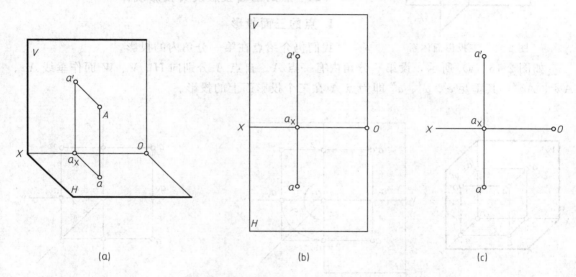

图 2-14 两投影面体系第一分角中点的投影

② 点 A 的正面投影 a' 到 OX 轴的距离等于点 A 到 H 面的距离，即 $a'a_X = Aa$；其水平投影 a 到 OX 轴的距离等于点 A 到 V 面的距离，即 $aa_X = Aa'$。

由图 2-14（a）可知，Aaa_Xa' 为一矩形，其对边相等，所以 $a'a_X = Aa$，$aa_X = Aa'$。

二、点在三投影面体系中的投影

点的两个投影虽已能确定点在空间的位置，在表达复杂的形体或解决某些空间几何关系问题时，还常需采用三个投影图或更多的投影图。

（一）三投影面体系的建立

由于三投影面体系是在两投影面体系的基础上发展而成，因此两投影面体系中的术语、规定及投影规律，在三投影面体系中仍然适用。此外，它还有些术语、规定和投影规律。

1. 术语

与水平投影面和正立投影面同时垂直的投影面称为**侧立投影面**，用 W 表示，简称 W 面。

在侧立投影面上投影称为**侧面投影**，用小写字母加两撇（如 a''、b''、…）表示。

H 面和 W 面的交线用 OY 表示，称为 OY 轴。

V 面与 W 面的交线用 OZ 表示，称为 OZ 轴。

三投影轴垂直相交的交点用 O 表示，称为**投影原点**。

H、V、W 三投影面将空间分为八个分角，其排列顺序如图 2-15 所示。

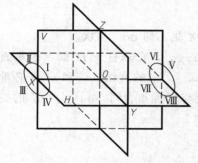

图 2-15　三投影面体系

2. 规定

投影面展开时，仍规定 V 面保持不动，W 面绕 OZ 轴向右旋转 $90°$ 与 V 面重合。OY 轴一分为二，随 H 面向下转动的用 OY_H 表示，称为 OY_H 轴，随 W 面向右转动的用 OY_W 表示，称为 OY_W 轴，如图 2-16（b）所示。

（二）点的三面投影及其投影规律

1. 点的三面投影

我们仍介绍点在第一分角内的投影。

如图 2-16（a）所示，设第一分角内有一点 A。自点 A 分别向 H、V、W 面作垂线 Aa、Aa'、Aa''，其垂足 a、a'、a'' 即为点 A 在三个投影面上的投影。

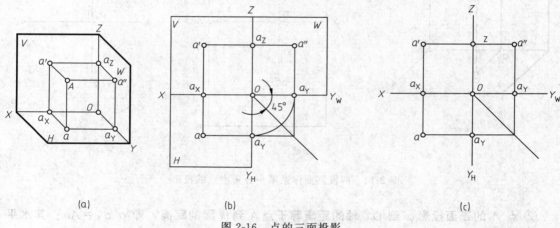

(a)　　　　　　　　　　(b)　　　　　　　　　　(c)

图 2-16　点的三面投影

将三个投影面按规定展开，如图 2-16（b）所示，展成同一平面并取消投影面边界线后，就得到点 A 的三面投影图，如图 2-16（c）所示。但必须明确，OY_H 与 OY_W 在空间是指同一投影轴。

2. 点的投影规律

图 2-16 所示的三投影面体系可看成是两个互相垂直的两投影面体系，一个是由 V 面和 H 面组成，另一个由 V 面和 W 面组成。根据前述的两投影面体系中点的投影规律，便可得出点在三投影面体系中的投影规律如下：

① 点 A 的正面投影 a' 和水平投影 a 的连线垂直于 OX 轴，即 $aa' \perp OX$。

② 点 A 的正面投影 a' 和侧面投影 a'' 的连线垂直于 OZ 轴，即 $a'a'' \perp OZ$。

③ 点 A 的水平投影 a 到 OX 轴的距离 aa_X 与点 A 的侧面投影 a'' 到 OZ 轴的距离 $a''a_Z$ 相等，均反映点 A 到 V 面的距离，即 $aa_X = a''a_Z$，如图 2-16（a）所示。

可见，点的投影规律与三面投影的规律"长对正，高平齐，宽相等"是完全一致的。

用作图方法表示 a 与 a'' 的关联时，可以用 $aa_X = a''a_Z$；也可以原点 O 为圆心，以 Oa_Y 为半径作圆弧求得；或自点 O 作 45°辅助线求得，如图 2-16（b）所示。

当点位于三投影面体系中其他分角内时，这些基本规律同样适用。只是位于不同分角内点的三面投影对投影轴的位置各不相同，具体分布情况以及投影特点，读者可自行分析。

【例 2-1】 如图 2-17（a）所示，已知空间点 A 的正面投影 a' 和水平投影 a，求作该点的侧面投影 a''。

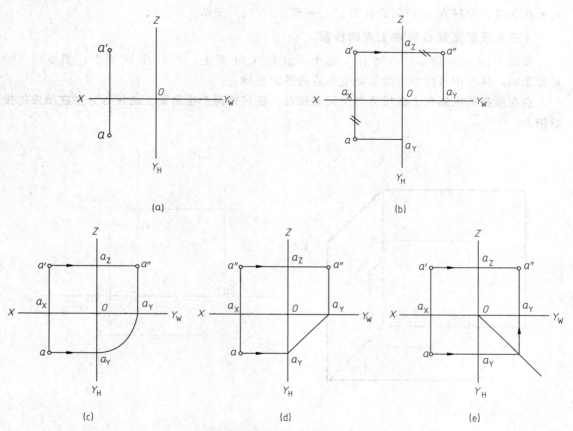

图 2-17 由点的两个投影求作第三投影

分析： 已知点的两面投影求作点的第三面投影，利用的是点的投影规律。本例已知点的正面和水平投影求作侧面投影，要用到"宽相等"，即点到 V 面的距离。共有四种作图方法。

作图步骤：

（1）方法一 由 a' 作 OZ 轴的垂线与 OZ 轴交于 a_Z，在此垂线上自 a_Z 向前量取 $a_Za'' = aa_X$，则得到点 A 的侧面投影 a''，如图 2-17（b）所示。

（2）方法二 由 a' 作 OZ 轴的垂线与 OZ 轴交于 a_Z，并延长；过 a 作 OY_H 轴垂线与 OY_H 轴相交得 a_Y 点；以 O 为圆心，以 Oa_Y 长为半径画弧与 OY_W 轴相交得 a_Y 点；过 a_Y 作 OY_W 轴垂线与过 a' 所作 OZ 轴垂线的延长线相交，即得点 A 的侧面投影 a''，如图 2-17（c）所示。

（3）方法三　由 a' 作 OZ 轴的垂线与 OZ 轴交于 a_Z，并延长；过 a 作 OY_H 轴垂线与 OY_H 轴相交得 a_Y 点；过 a_Y 点，作与 OY_H 轴成 45°直线，与 OY_W 轴相交得 a_Y 点；过 a_Y 作 OY_W 轴垂线与过 a' 所作 OZ 轴垂线的延长线相交，即得点 A 的侧面投影 a''，如图 2-17（d）所示。

（4）方法四　作 $Y_H OY_W$ 的角平分线（45°直线）；过 a' 作 OZ 轴的垂线与 OZ 轴交于 a_Z，并延长；过 a 作 OY_H 轴垂线与 OY_H 轴相交于 a_Y 点，延长与 45°角平分线相交；过交点作 OY_W 轴垂线与 OY_W 轴相交得 a_Y 点；过 a_Y 作 OY_W 轴垂线与过 a' 所作 OZ 轴垂线的延长线相交，即得点 A 的侧面投影 a''，如图 2-17（e）所示。

（三）投影面和投影轴上点的投影

如图 2-18（a）所示，点 A 在 V 面上，点 B 在 H 面上，点 C 在 W 面上，图 2-18（b）是投影图，从图中可以看出投影面上的点的投影规律：

点在所在的投影面上的投影与空间点重合，在另外两个投影面上的投影分别在相应的投影轴上。

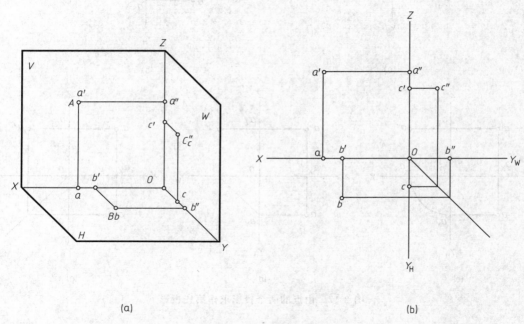

(a)　　　　　　(b)

图 2-18　投影面上点的投影

如图 2-19（a）所示，点 A 在 OX 轴上，点 B 在 OY 轴上，点 C 在 OZ 轴上，图 2-19（b）是投影图，从图中可以看出投影轴上的点的投影规律：

点在包含这条投影轴的两个投影面上的投影与空间点重合，在另一投影面上的投影与投影原点重合。

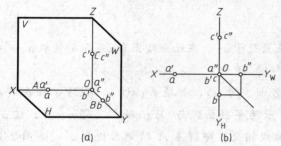

(a)　　　(b)

图 2-19　投影轴上点的投影

三、点的投影与直角坐标的关系

如图 2-20（a）所示，如果把三投影面体系看作空间直角坐标系，三投影面为直角坐标面，投影轴为坐标轴，投影原点为坐标原点，则空间点 A 到三个投影面的距离可用它的直角坐标（X，Y，Z）表示。空间点 A 到 W 面的距离就是点 A 的 X 坐标；点 A 到 V 面的距离就是点 A 的 Y 坐标；点 A 到 H 面的距离就是点 A 的 Z 坐标。

由于空间点 A 的位置可由它的坐标值（X，Y，Z）所唯一确定，因而点 A 的三个投影也完全可用坐标确定，二者之间的关系如下：

水平投影 a 可由 X，Y 两坐标确定。

正面投影 a' 可由 X，Z 两坐标确定。

侧面投影 a'' 可由 Y，Z 两坐标确定。

从上可知，点的任意两个投影都反映点三个坐标值。因此，若已知点的任意两个投影，就必能作出其第三投影。

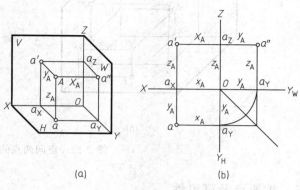

图 2-20　点的投影与直角坐标的关系

在三投影面体系中，原点 O 把每一坐标轴分成正负两部分，规定 OX、OY、OZ 从原点 O 分别向左、向前、向上为正，反之为负。

【例 2-2】　已知空间点 A（20，10，15），求作它的三面投影图。

分析：利用点的投影与直角坐标的关系求解。点 A 的 X 坐标为 20mm，Y 坐标为 10mm，Z 坐标为 10mm。按照 1∶1 的比例，在投影轴上截取实际长度即可。

作图步骤：

（1）由原点 O 向左沿 OX 轴量取 20mm 得 a_X，过 a_X 作 OX 轴的垂线，在垂线上自 a_X 向前量取 10mm 得 a，向上量取 15mm 得 a'；

（2）过 a' 作 OZ 轴的垂线交 OZ 轴于 a_Z，在此垂线上自 a_Z 向右量取 10mm 得 a''（也可按其他方法求得），如图 2-21 所示。

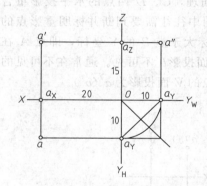

图 2-21　由点的坐标求作
点的三面投影

四、空间点的相对位置

空间两点的相对位置指空间两点的上下、前后、左右的位置关系。这种位置关系可通过两点的各同面投影之间的坐标大小来判断。

点的 X 坐标表示该点到 W 面的距离，因此根据两点 X 坐标值的大小可以判别两点的左右位置；同理，根据两点的 Z 坐标值的大小可以判别两点的上下位置；根据两点的 Y 坐标值的大小可以判别两点的前后位置。

如图 2-22 所示，点 B 的 X 坐标小于点 A 的 X 坐标，点 B 的 Y 坐标大于点 A 的 Y 坐标，点 B 的 Z 坐标小于点 A 的 Z 坐标，所以，点 B 在点 A 的右、前、下方。

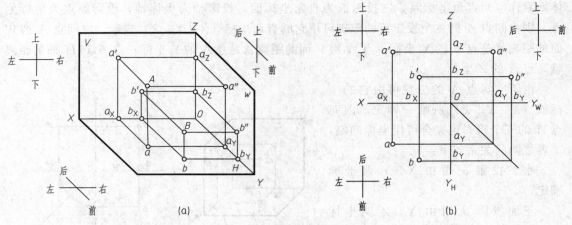

图 2-22　空间两点的相对位置

五、重影点及可见性

　　如果空间两点恰好位于某一投影面的同一条垂直线上，则这两点在该投影面上的投影就会重合为一点。我们把在某一投影面上投影重合的两个点，称为该投影面的重影点。

　　如图 2-23（a）所示，A、B 两点的 X、Z 坐标相等，而 Y 坐标不等，则它们的正面投影重合为一点，所以 A、B 两个点就是 V 面的重影点。同理，C、D 两点的水平投影重合为一点，所以 C、D 两个点就是 H 面的重影点。在投影图中往往需要判断并标明重影点的可见性。如 A、B 两点向 V 面投射时，由于点 A 的 Y 坐标大于点 B 的 Y 坐标，即点 A 在点 B 的前方，所以，点 A 的 V 面投影 a' 可见，点 B 的 V 面投影 b' 不可见。通常在不可见的投影标记上加括号表示。如图 2-23（b）所示，A、B 两点的 V 面投影为 $a'(b')$。

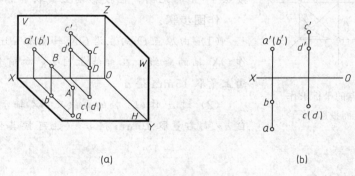

图 2-23　重影点

　　同理，图 2-23（a）中的 C、D 两点是 H 面的重影点，其 H 面的投影为 $c(d)$，如图 2-23（b）所示。由于点 C 的 Z 坐标大于点 D 的 Z 坐标，即点 C 在点 D 的上方，故点 C 的 H 面投影 c 可见，点 D 的 H 面投影 d 不可见，其 H 面投影为 $c(d)$。

　　由此可见，当空间两点有两对坐标对应相等时，则此两点一定为某一投影面的重影点；而重影点的可见性是由不相等的那个坐标决定的：坐标大的投影为可见，坐标小的投影为不可见，即"前遮后，左遮右，上遮下"。

　　各种重影点及特性如表 2-1 所示。

表 2-1　重影点

名称	水平重影点	正面重影点	侧面重影点
物体表面上的点	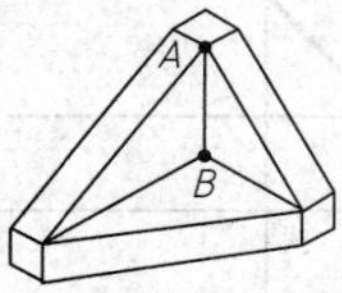	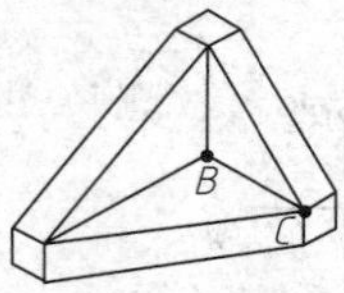	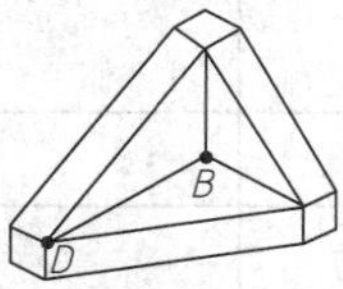
立体图	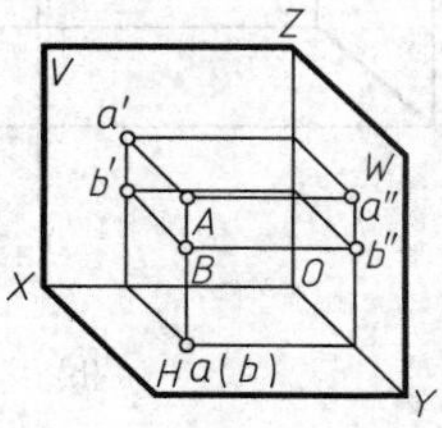	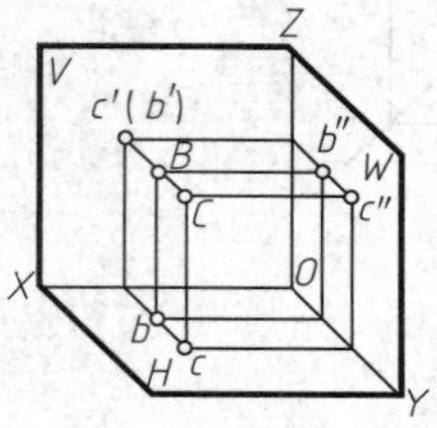	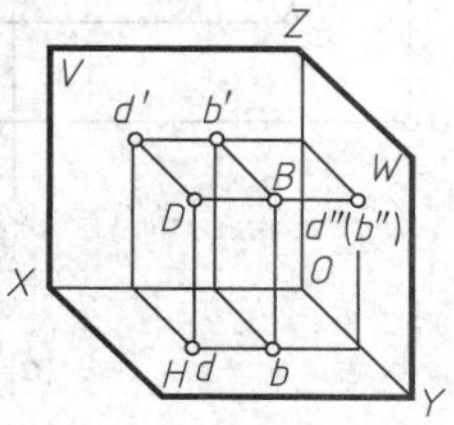
投影图	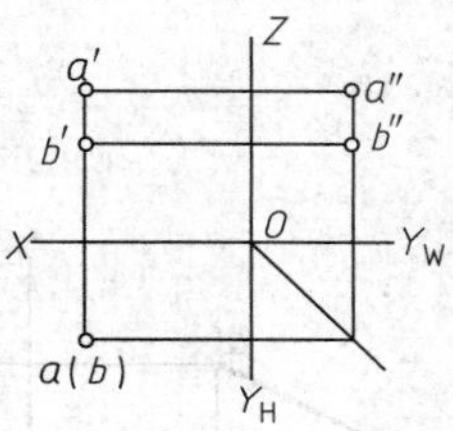	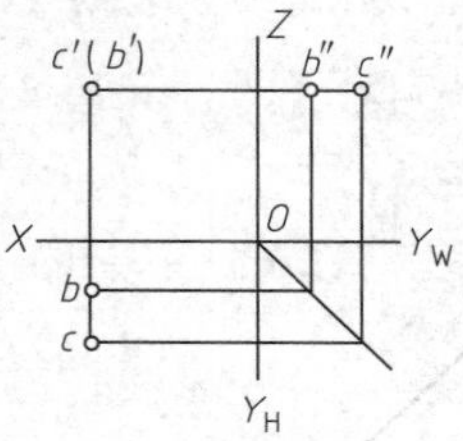	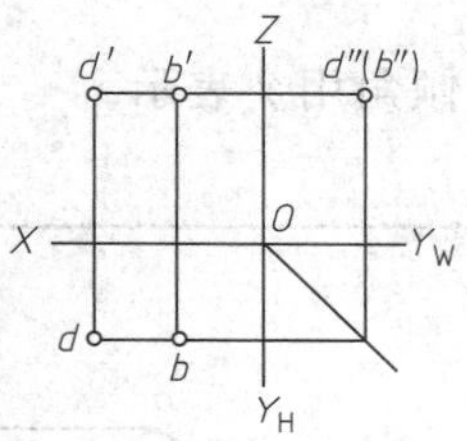
投影特性	①正面投影和侧面投影反映两点的上下位置，上面一点可见，下面一点不可见。②两点水平投影重合，不可见的点 B 的水平投影用(b)表示	①水平投影和侧面投影反映两点的前后位置，前面一点可见，后面一点不可见。②两点正面投影重合，不可见的点 B 的正面投影用(b')表示	①水平投影和正面投影反映两点的左右位置，左面一点可见，右面一点不可见。②两点侧面投影重合，不可见的点 B 的侧面投影用(b")表示

第三节　直线的投影

直线常用线段的形式来表示，在不考虑线段本身的长度时，也常把线段称为直线。因为两点可以确定一条直线，所以只要作出直线两个端点的三面投影，然后用直线连接两个端点的同面投影，就可作出直线的三面投影。

直线的投影一般仍为直线。如图 2-24（a）所示，已知直线 AB 两个端点 A 和 B 的三面投影，则连线 ab、a'b'、a"b"，就是直线 AB 的三面投影，如图 2-24（b）所示，直线的投影用粗实线绘制。

一、直线对投影面的相对位置

直线按其与投影面相对位置的不同，可以分为：一般位置线、投影面平行线和投影面垂直线，后两种直线统称为特殊位置直线。

1. 一般位置直线

同时倾斜于三个投影面的直线称为一般位置直线。空间直线与投影面之间的夹角称为直线对投影面的倾角。直线对 H 面的倾角用 α 表示，直线对 V 面的倾角用 β 表示，直线对 W

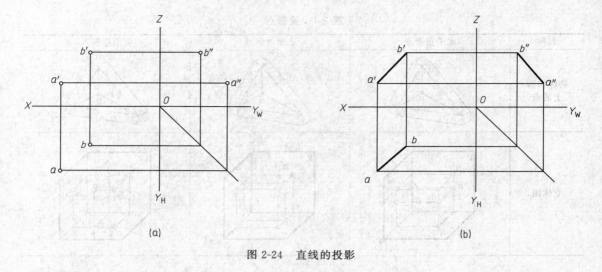

图 2-24　直线的投影

面的倾角用 γ 表示。

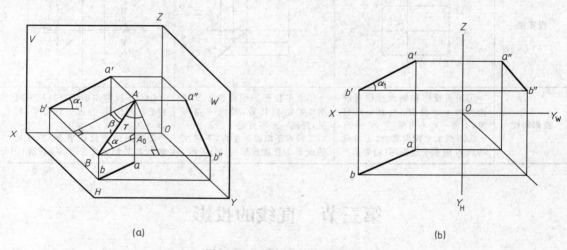

图 2-25　一般位置直线的投影

从图 2-25（a）所示的几何关系可知，它们可用空间直线与该直线在各投影面上的投影之间的夹角来度量。即倾角 α 是直线 AB 与其水平投影 ab 之间的夹角；倾角 β 是直线 AB 与其正面投影 $a'b'$ 之间的夹角；倾角 γ 是直线 AB 与其侧面投影 $a''b''$ 之间的夹角。一般位置直线的投影与投影轴之间的夹角不反映 α、β、γ 的真实大小，如图 2-25（b）所示中的 α_1 不等于 α。

直线 AB 的各个投影长度分别为：$ab = AB\cos\alpha$；$a'b' = AB\cos\beta$；$a''b'' = AB\cos\gamma$。如图 2-25（a）所示。一般位置直线的投影特征为：

① 一般位置直线的三个投影均为直线，而且投影长度都小于线段的实长。

② 一般位置直线的三个投影都倾斜于投影轴，且与投影轴的夹角均不反映空间直线与投影面倾角的真实大小。

2. 投影面平行线

平行于某一个投影面，同时倾斜于另两个投影面的直线，称为**投影面平行线**。根据直线对所平行的投影面的不同，有以下三种投影面平行线：

水平线——平行于水平投影面的直线；

正平线——平行于正立投影面的直线；

侧平线——平行于侧立投影面的直线。

表 2-2　投影面平行线的投影特性

名称	水平线	正平线	侧平线
物体表面上的线	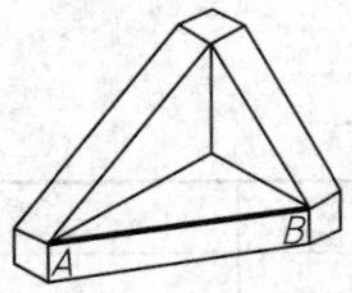	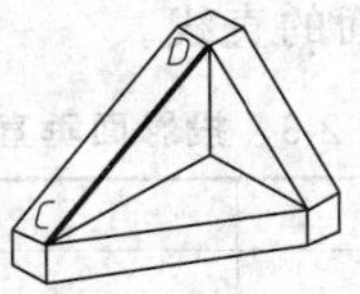	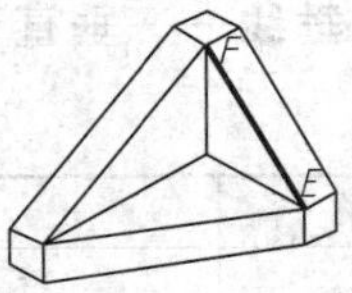
立体图	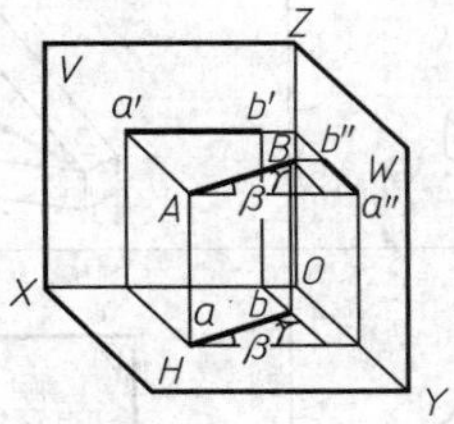	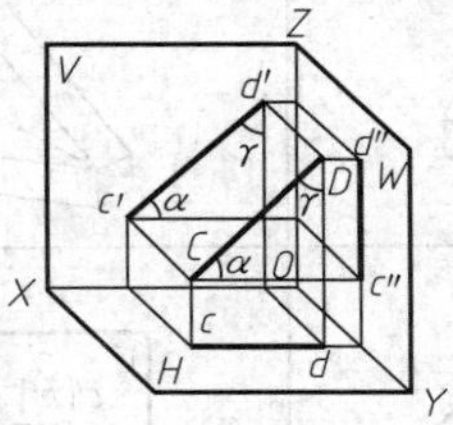	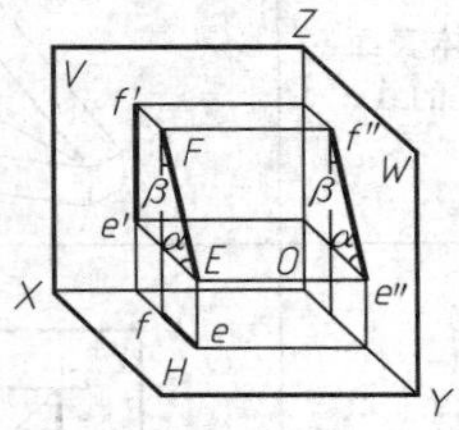
投影图	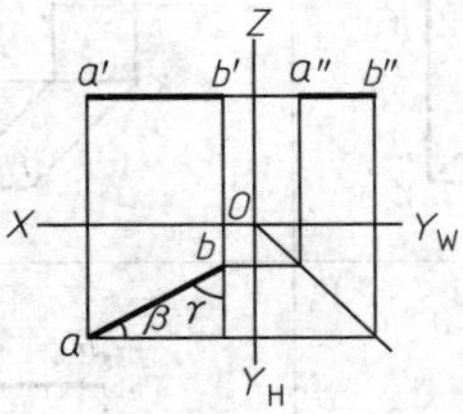	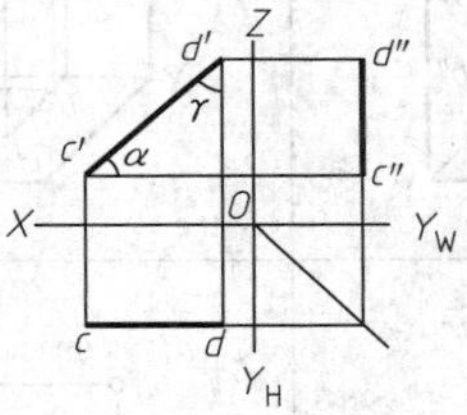	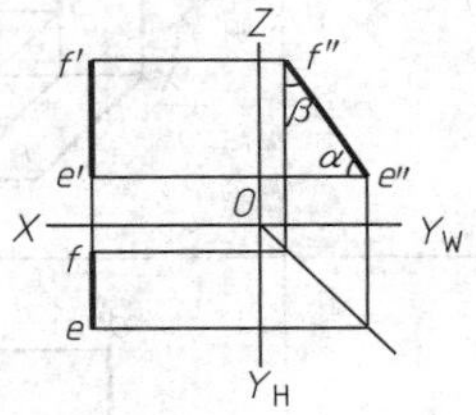
投影特性	①$ab=AB$ ②$a'b' /\!/ OX$，$a''b'' /\!/ OY_W$ ③ab 与 OX 所成的 β 角等于 AB 与 V 面所成的角；ab 与 OY_H 所成的 γ 角等于 AB 与 W 面所成的角	①$c'd'=CD$ ②$cd /\!/ OX$；$c''d'' /\!/ OZ$ ③$c'd'$ 与 OX 所成的 α 角等于 CD 与 H 面的倾角；$c'd'$ 与 OZ 所成的 γ 角等于 CD 与 W 面的倾角	①$e''f''=EF$ ②$e'f' /\!/ OZ$；$ef /\!/ OY_H$ ③$e''f''$ 与 OY_W 所成的 α 角等于 EF 与 H 面的倾角，$e''f''$ 与 OZ 所成的 β 角等于 EF 与 V 面的倾角
共性	①直线在其所平行投影面的投影反映直线的实长（显实性），该投影与相应投影轴的夹角反映直线与另外两个投影面的倾角 ②直线在另外两个投影面的投影平行于该直线所平行投影面的坐标轴，且均小于直线的实长		

以水平线 AB 为例，如表 2-2 所示，由于 AB 线平行于水平投影面，即对 H 面的倾角 $\alpha=0$，即 AB 线上各点至 H 面的距离相等。因此，水平线的投影特征为：

① 水平投影反映线段的实长，即 $ab=AB$；

② 水平投影与 OX 轴的夹角等于该直线对 V 面的倾角 β，与 OY_H 的夹角等于该直线对 W 面的倾角 γ；

③ 其余两个投影分别平行于相应的投影轴，投影长度都小于线段的实长，即 $a'b' /\!/ OX$，$a''b'' /\!/ OY_W$，$a'b'<AB$，$a''b''<AB$。

正平线和侧平线也具有类似的投影特征，见表 2-2。

三种投影面平行线的共性是：

直线在它所平行的投影面上的投影反映直线的实长，同时反映直线与其他两个投影面的

倾角；直线的另两个投影分别平行于相应的投影轴，其投影长度都比实长短。

3. 投影面垂直线

垂直于某一投影面，同时平行于另两个投影面的直线，称为投影面垂直线。根据直线对所垂直的投影面的不同，有以下三种投影面垂直线：

铅垂线——垂直于水平投影面的直线；

正垂线——垂直于正立投影面的直线；

侧垂线——垂直于侧立投影面的直线。

表 2-3　投影面垂直线的投影特性

名称	铅垂线	正垂线	侧垂线
物体表面上的线	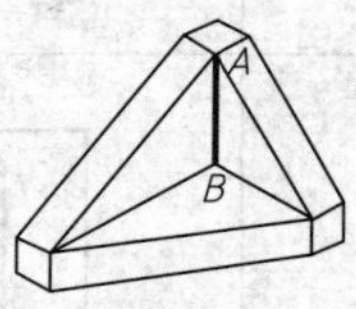 （立体图）	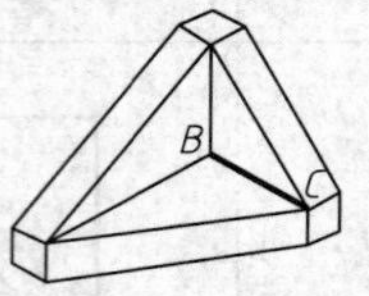 （立体图）	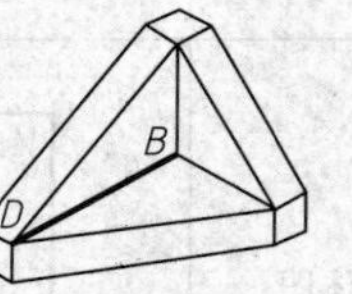 （立体图）
立体图	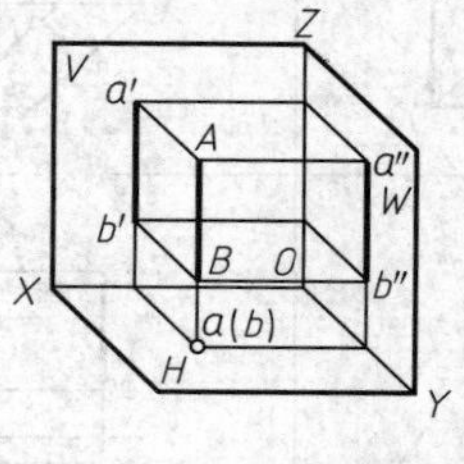 （立体图）	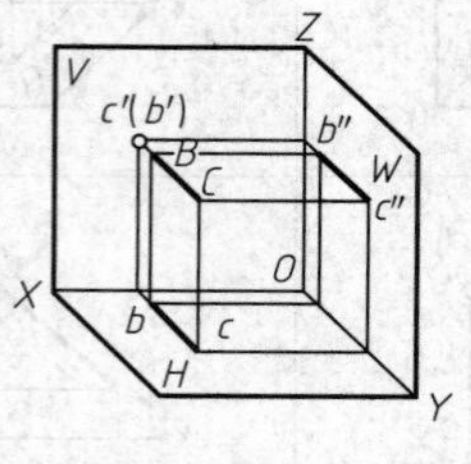 （立体图）	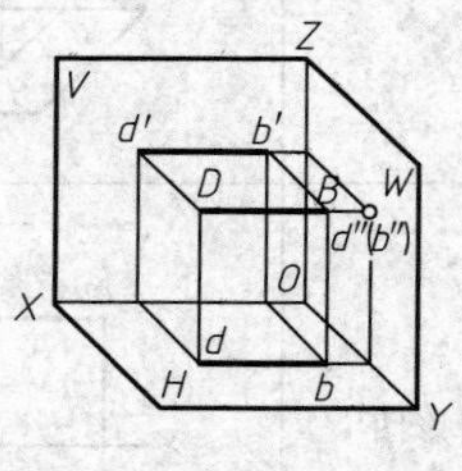 （立体图）
投影图	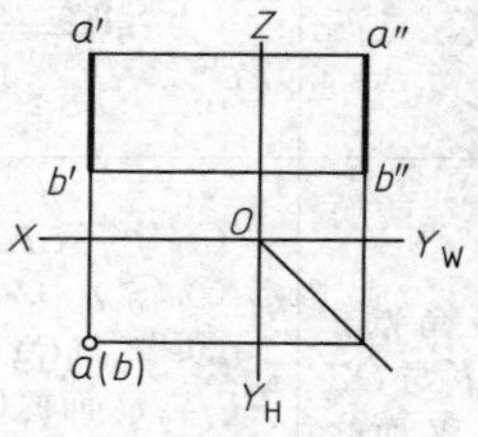 （投影图）	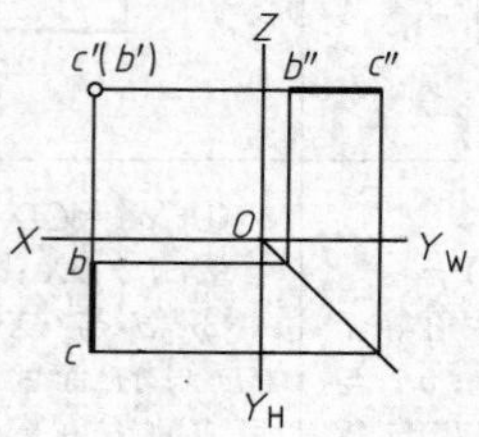 （投影图）	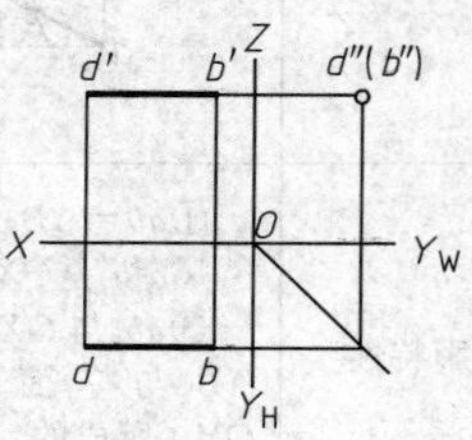 （投影图）
投影特性	①$a(b)$积聚为一点 ②$a'b' \perp OX$, $a''b'' \perp OY_W$ ③$a'b' = a''b'' = AB$	①$c'(b')$积聚为一点 ②$cb \perp OX$, $c''b'' \perp OZ$ ③$cb = c''b'' = CB$	①$d''(b'')$积聚为一点 ②$db \perp OY_H$, $d'b' \perp OZ$ ③$db = d'b' = DB$
共性	①直线在其所垂直的投影面的投影积聚为一点（积聚性） ②直线在另外两个投影面的投影反映直线的实长（显实性），并且垂直于相应的投影轴		

以铅垂线 AB 为例，如表 2-3 所示，由于 AB 线垂直于水平投影面，则必同时平行于正立投影面和侧立投影面，因此，铅垂线的投影特征为：

① 水平投影积聚成一点，即 $a(b)$；

② 其余两个投影都平行于投影轴，且反映线段的实长，即 $a'b' \parallel OZ$，$a''b'' \parallel OZ$，$a'b' = a''b'' = AB$。

正垂线和侧垂线也具有类似的投影特征，见表 2-3。

三种投影面垂直线的共性是：

直线在它所垂直的投影面上的投影积聚成一点；直线的另两个投影平行于同一根投影轴，并反映实长。

比较各种直线的投影特点，可以看出：如某直线的一个投影是点，其余两个投影平行于同一个投影轴，则该直线是投影面垂直线；如果一个投影是斜线，其余两个投影分别平行于两个相应的投影轴，则该直线是投影面平行线；如果三个投影都是斜线，则该直线是一般位置线。

我们还应该注意投影面平行线与投影面垂直线两者之间的区别。例如，铅垂线垂直于 H 面，且同时平行于 V 面和 W 面，但该直线不能称为正平线或侧平线，而只能称为铅垂线。

【例 2-3】 如图 2-26（a）所示，过 A 点作水平线 AB，实长为 20，与 V 面夹角为 30°，求出水平投影 ab，共有几个解？

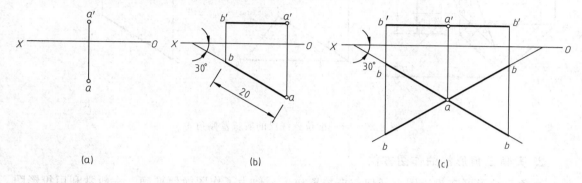

(a)   (b)   (c)

图 2-26　求水平线的投影

分析：水平线的正面投影平行于 OX 轴。由于 a' 为已知，所以所求水平线的正面投影在过 a' 与 OX 轴平行的直线上。水平线的水平投影与 OX 轴的夹角就是水平线与 V 面夹角，由于 a 为已知，所以过 a 作与 OX 轴夹角为 30°的直线，水平线的水平投影就在这条直线上。

作图步骤：

（1）过 a 作与 OX 轴夹角为 30°的直线（向左向右均可），在此线上截取 20mm，得 b，如图 2-26（b）所示；

（2）由 a' 作 OX 轴平行线（向左或向右与水平投影对应）；

（3）过 b 作联系线，与过 a' 作的 OX 轴平行线相交，得 b'；

（4）连线 $a'b'$、ab 即为所求，如图 2-26（c）所示。

如图 2-26（c）所示，本题有四个解答（在有多解的情况下，一般只要求作一解即可）。

二、线段的实长及其对投影面的倾角

由前面的讨论可知，特殊位置直线的投影能直接反映该线段的实长和对投影面的倾角，而一般位置线段的投影不能。但是，一般位置线段的两个投影已完全确定了它的空间位置和线段上各点间的相对位置，因此可在投影图上用图解法求出该线段的实长和对投影面的倾角。工程上常用的方法是直角三角形法，即在投影图上利用几何作图的方法求出一般位置直线的实长和倾角的方法。

1. 直角三角形法的作图原理

如图 2-27（a）所示，为一般位置直线 AB 的直观图。图中过点 A 作 AC // ab，构成直

角三角形 ABC。该直角三角形的一直角边 $AC=ab$（即线段 AB 的水平投影）；另一直角边 $BC=Bb-Aa=Z_B-Z_A$（即线段 AB 的两端点的 Z 坐标差）。由于两直角边的长度在投影图上均已知，因此可以作出这个直角三角形，从而求得空间线段 AB 的实长和倾角 α 的大小。

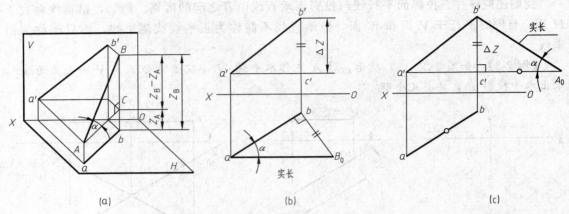

图 2-27　求一般位置线段的实长及倾角 α

2. 直角三角形法的作图方法

直角三角形可在投影图上任何空白位置作出，但为了作图简便准确，一般常利用投影图上已有的图线作为其中的一条直角边。

（1）求线段 AB 的实长及其对 H 面的倾角 α

做法一：以 ab 为一直角边，在水平投影上作图，如图 2-27（b）所示。

① 过 a' 作 OX 轴的平行线与投影线 bb' 交于 c'，$b'c'=Z_B-Z_A$。

② 过 b（或 a）点作 ab 的垂线，并在此垂线上量取 $bB_0=b'c'=Z_B-Z_A$。

③ 连接 aB_0 即可作出直角三角形 abB_0。斜边 aB_0 为线段 AB 的实长，$\angle baB_0$ 即为线段 AB 对 H 面的倾角 α。

做法二：利用 Z 坐标差值，在正面投影上作图，如图 2-27（c）所示。

① 过 a' 作 OX 轴的平行线与投影线 bb' 交于 c'，$b'c'=Z_B-Z_A$。

② 在 $a'c'$ 的延长线上，自 c' 在平行线上量取 $c'A_0=ab$，得点 A_0。

③ 连接 $b'A_0$ 作出直角三角形 $b'c'A_0$。斜边 $b'A_0$ 为线段 AB 的实长，$\angle c'A_0b'$ 即为线段 AB 对 H 面的倾角 α。

显然这两种方法所作的两个直角三角形是全等的。

（2）求线段 AB 的实长及其对 V 面的倾角 β

如图 2-28（a）所示，求线段 AB 的实长及倾角 β 的空间关系。以线段 AB 的正面投影 $a'b'$ 为一直角边，以线段 AB 两端点前后方向的坐标差 Δy 为另一直角边（Δy 可由线段的 H 面投影或 W 面投影量取），作直角三角形，则可求出线段 AB 的实长和对 V 面的倾角 β，如图 2-28（b）所示。

具体作图步骤如下：

① 作 $bd\ /\!/\ OX$，得 ad，$ad=Y_A-Y_B$。

② 过 a'（或 b'）点作 $a'b'$ 的垂线，并在此垂线上量取 $a'A_0=ad=Y_A-Y_B$。

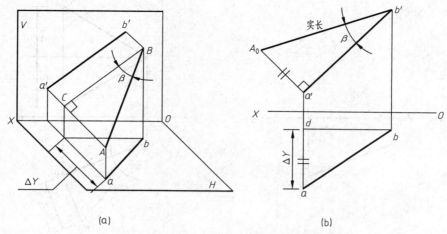

(a)   (b)

图 2-28　求一般位置线段的实长及倾角 β

③ 连接 $b'A_0$ 作出直角三角形 $a'b'A_0$。斜边 $b'A_0$ 为线段 AB 的实长，$\angle a'b'A_0$ 为线段 AB 对 V 面的倾角 β。

同理，利用线段的侧面投影和两端点的 X 坐标差作直角三角形，可求出线段的实长和对 W 面的倾角 γ。

由此可见，在直角三角形中有四个参数：投影、坐标差、实长、倾角，它们之间的关系如图 2-29 所示。我们利用线段的任意一个投影和相应的坐标差，均可求出线段的实长；但所用投影不同（H 面、V 面、W 面投影），则求得的倾角亦不同（对应的倾角分别为 α、β、γ）。

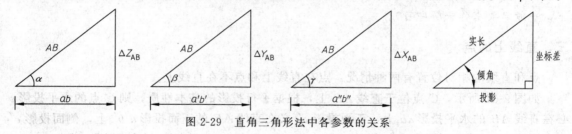

图 2-29　直角三角形法中各参数的关系

上述利用作直角三角形求线段实长和倾角的作图要领归纳如下：

① 以线段在某投影面上的投影长为一直角边。

② 以线段的两端点相对于该投影面的坐标差为另一直角边（该坐标差可在线段的另一投影上量得）。

③ 所作直角三角形的斜边即为线段的实长。

④ 斜边与线段投影的夹角为线段对该投影面的倾角。

【例 2-4】　如图 2-30 所示，已知直线 AB 的水平投影 ab，点 A 的正面投影 a'，又知 AB 对 H 面的倾角 $\alpha=30°$，试补全该直线的正面投影 $a'b'$。

分析：由于 a' 为已知，所以只需求出 b'，则 $a'b'$ 可以确定。而 b 为已知，所以 b' 必在过 b 点的 OX 轴垂线上。因此，只需求出 a'、b' 两点的坐标差 ΔZ，即可定出 b' 点的位置。而 ΔZ 可从已知的 ab 和 $\alpha=30°$ 作出的直角三角形中求得。

作图步骤：

① 由已知的 ab 和 $\alpha=30°$ 作直角三角形 abB_0，则 $bB_0=Z_B-Z_A=\Delta Z$；

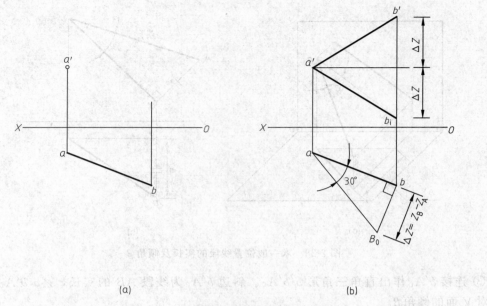

(a)   (b)

图 2-30　用直角三角形法求线段的投影

② 由 a' 作 OX 轴平行线，由 b 作 OX 轴的垂直线，并由两直线的交点向上量取 $bb_0 =$ ΔZ，即得 B 点的正面投影 b'；

③ 连接 a'、b' 即为所求，如图 2-30（b）所示。

由于也可以向下量取 bB_0 得 b_1'，则 $a'b_1'$ 也为所求，故本题有两个解答（**在有多解的情况下，一般只要求作一解即可**）。

三、直线上的点

点和直线的相对位置有两种情况：点在直线上和点不在直线上。

如图 2-31 所示，C 点位于直线 AB 上，根据平行投影的基本性质，则 C 点的水平投影 c 必在直线 AB 的水平投影 ab 上，正面投影 c' 必在直线 AB 的正面投影 $a'b'$ 上，侧面投影 c'' 必在直线 AB 的侧面投影 $a''b''$ 上，而且 $AC : CB = ac : cb = a'c' : c'b' = a''c'' : c''b''$。

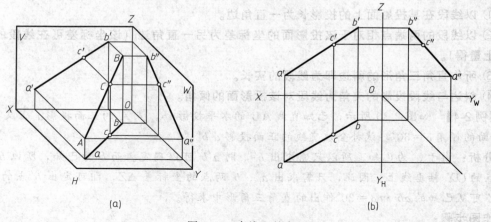

(a)   (b)

图 2-31　直线上的点

因此，点在直线上，则点的各个投影必在直线的同面投影上，且点分直线长度之比等于点的投影分直线投影长度之比。反之，如果点的各个投影均在直线的同面投影上，且分直线各投影长度成相同之比，则该点一定在直线上。

在一般情况下，判定点是否在直线上，只需观察两面投影就可以了。例如图 2-32 给出的直线 AB 和 C、D 两点，点 C 在直线 AB 上，而点 D 就不在直线 AB 上。

但当直线为另一投影面的平行线时，还需补画第三个投影或用定比分点作图法才能确定点是否在直线上。如图 2-33 (a) 所示，点 K 的水平投影 k 和正面投影 k' 都在侧平线 AB 的同面投影上，要判断点 K 是否在直线 AB 上，可以采用以下两种方法。

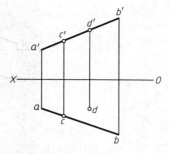

图 2-32　判别点是否在直线上

方法一［如图 2-33 (b) 所示］：

作出直线 AB 及点 K 的侧面投影。因 k'' 不在 $a''b''$ 上，所以点 K 不在直线 AB 上。

方法二［如图 2-33 (c) 所示］：

若 K 点在直线 AB 上，则 $a'k' : k'b' = ak : kb$。

过点 b 作任意辅助线，在此线上量取 $bk_0 = b'k'$，$k_0a_0 = k'a'$。连 a_0a，再过 k_0 作直线平行于 a_0a，与 ab 交于 k_1。因 k 与 k_1 不重合，即 $ak : kb \neq a'k' : k'b'$，所以判断点 K 不在直线 AB 上。

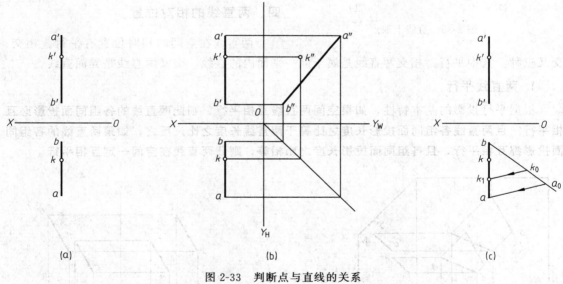

图 2-33　判断点与直线的关系

【例 2-5】　已知直线 AB 的投影图，试在直线上求一点 C，使其分 AB 成 $2 : 3$ 两段，如图 2-34 (a) 所示。

分析：用初等几何中平行线截取比例线段的方法即可确定点 C。

作图步骤［如图 2-34 (b) 所示］：

(1) 过投影 a 作任意辅助线 ab_0，使 $ac_0 : c_0b_0 = 2 : 3$；

(2) 连 b 和 b_0，再过 c_0 作辅助线平行于 b_0b，交 ab 于 c；

(3) 由 c 作 OX 轴的垂线，交 $a'b'$ 于 c'，则点 C $(c，c')$ 为所求。

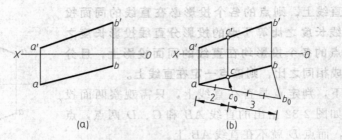

图 2-34　分割直线成定比

【例 2-6】　如图 2-35（a）所示在已知直线 AB 上取一点 C，使 $AC=15mm$，求点 C 的投影。

分析：首先用直角三角形法求得直线 AB 的实长，并在实长上截取 15mm 得分点 c_0，再根据定比关系和点 C 的投影一定在直线 AB 的同面投影上的性质，即可求得点 C 的投影。

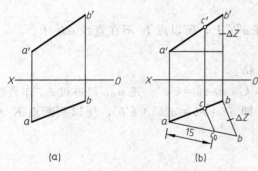

图 2-35　直线上取点

作图步骤［如图 2-35（b）所示］：

（1）以 ab 和坐标差 ΔZ 的长度为两直角边作直角三角形 abb_0，得 AB 的实长 ab_0；

（2）在 ab_0 上由 a 起量取 15mm 得 c_0；

（3）过 c_0 作 bb_0 的平行线交 ab 于 c；

（4）由 c 作 OX 轴的垂线，交 $a'b'$ 于 c'，则点 C（c，c'）即为所求。

四、两直线的相对位置

两直线在空间的相对位置有平行、相交、交叉三种。其中平行、相交两直线是属于同一平面内的直线，交叉两直线是异面直线。

1. 两直线平行

根据平行投影的基本特性，如果空间两直线互相平行，则此两直线的各组同面投影必互相平行。且两直线各组同面投影长度之比等于两直线长度之比。反之，如果两直线的各组同面投影都互相平行，且各组同面投影长度之比相等，则此两直线在空间一定互相平行。

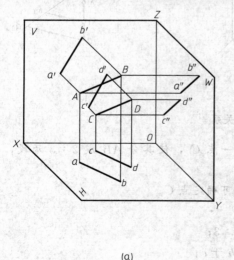

（a）　　　　　　　（b）

图 2-36　平行两直线的投影

如图 2-36（a）所示，$AB /\!/ CD$，将这两条平行的直线向 H 面进行投射时，构成两个相互平行的投射线平面，即 $ABba /\!/ CDda$，其与投影面的交线必平行，故有 $ab /\!/ cd$。同理可证，$a'b' /\!/ c'd'$，$a''b'' /\!/ c''d''$。

在投影图上判断两直线是否平行时，若两直线处于一般位置，则只需判断两直线的任意两组同面投影是否相互平行即可确定，如图 2-37 所示，由于直线 AB、CD 均为一般位置直线，且 $a'b' /\!/ c'd'$、$ab /\!/ cd$，则 $AB /\!/ CD$。

对于投影面的平行线，就不能根据两组同面投影互相平行来断定它们在空间是否是互相平行的，如图 2-38 所示的侧平线 AB 和 CD，其正面投影和水平投影是互相平行的，它们在空间到底是否平行还要看侧面投影是否平行。如图 2-38（a）所示因为 $a''b'' /\!/ c''d''$，所以能判断 $AB /\!/ CD$，故 AB 与 CD 是两平行直线。而如图 2-38（b）所示中，虽然有 $a'b' /\!/ c'd'$、$ab /\!/ cd$，但 $a''b''$ 不平行于 $c''d''$，所以判断 AB 不平行 CD，故 AB 与 CD 是两交叉直线。在图 2-38

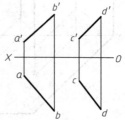

图 2-37　判断两一般
位置直线是否平行

中，如果不求出侧面投影，根据平行两直线的长度之比等于该两直线同面投影长度之比，也可断定此两直线是否平行。如果 $AB /\!/ CD$，则 $AB : CD = ab : cd = a'b' : c'd'$，从图 2-38（b）可以看出，$ab : cd \neq a'b' : c'd'$，即不符合上述比例关系，故 AB 不平行于 CD。

另外，相互平行的两直线，如果垂直于同一投影面，则它们的两组同面投影相互平行，而在与两直线垂直的投影面上的投影积聚为两点，这两点之间的距离反映了两直线的真实距离，如图 2-39 所示。

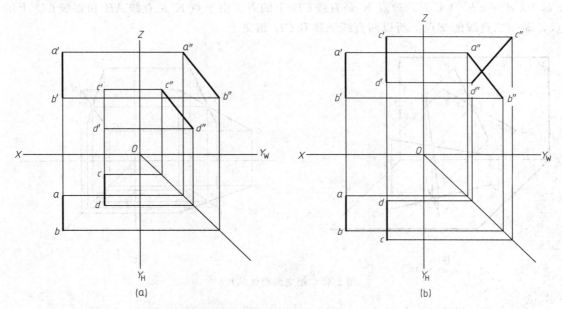

图 2-38　判断两侧平线是否平行

2. 两直线相交

如果空间两直线相交，则它们的各组同面投影一定相交，且交点的投影必符合点的投影规律。反之，如果两直线的各组同面投影都相交，且投影的交点符合点的投影规律，则该两直线在空间一定相交。

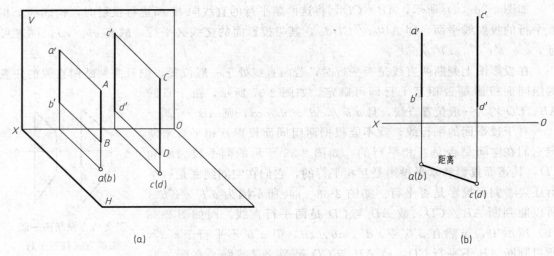

图 2-39　两铅垂线的投影

如图 2-40 所示，空间两直线 AB 和 CD 相交于点 K。由于点 K 既在直线 AB 上又在直线 CD 上，是二直线的共有点，所以点 K 的水平投影 k 一定是 ab 与 cd 的交点，正面投影 k' 一定是 $a'b'$ 与 $c'd'$ 的交点，侧面投影 k'' 一定是 $a''b''$ 与 $c''d''$ 的交点。因 k、k'、k'' 是点 K 的三面投影，所以它们必然符合点的投影规律。根据点分线段之比，投影后保持不变的原理，由于 $ak : kb = a'k' : k'b' = a''k'' : k''b''$，故点 K 是直线 AB 上的点。又由于 $ck : kd = c'k' : k'd' = c''k'' : k''d''$，故点 K 是直线 CD 上的点。由于点 K 是直线 AB 和直线 CD 上的点，即是二直线的交点，所以两直线 AB 和 CD 相交。

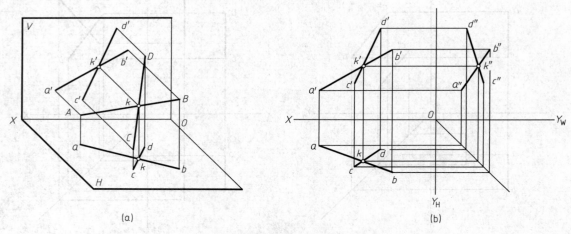

图 2-40　相交两直线的投影

对于一般位置直线，如果有两组同面投影相交，且交点符合点的投影规律，就可以断定这两条直线在空间是相交的。但是，如果两直线中有一条直线平行于某一投影面，则必须根据此两直线在该投影面的投影是否相交，以及交点是否符合点的投影规律来进行判别。也可以利用定比分割的性质进行判别。

如图 2-41 所示，CD 为一般位置直线，而 AB 为侧平线，仅根据其正面投影和水平投影相交还无法断定两直线在空间是否相交。此时可用下述两种方法判别。

方法一 [如图 2-41 (b) 所示]:

利用第三投影判断两直线是否相交。首先，求出 AB、CD 两直线的侧面投影 $a''b''$ 与 $c''d''$，因其交点与 k' 的连线不垂直于 OZ 轴，所以 AB 和 CD 两直线不相交。由 k、k' 求出 k''，可知 K 点只在直线 CD 上，而不在直线 AB 上，即点 K 不是两直线的共有点，故两直线不相交。

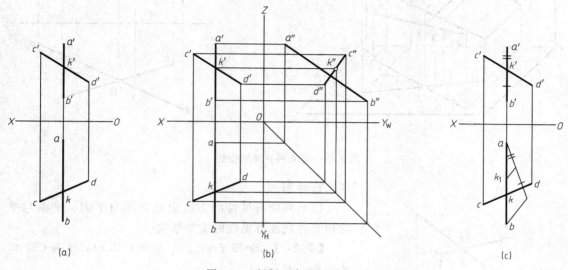

图 2-41　判断两直线是否相交

方法二 [如图 2-41 (c) 所示]:

由已知条件可知 CD 为一般位置直线，$kk' \perp OX$，故 K 在 CD 上；再利用定比关系法判别点 K 是否也在 AB 上。以 k' 分割 $a'b'$ 的同样比例分割 ab 求出分割点 k_1，由于 k_1 与 k 不重合，即点 K 不在直线 AB 上，故可断定 AB 和 CD 两直线不相交。

3. 两交叉直线

在空间既不平行也不相交的两直线称为交叉直线。交叉两直线的投影不具备平行或相交两直线的投影特点。由于这种直线不能同属于一个平面，所以立体几何中把这种直线称为异面直线或**交错直线**。

交叉两直线的三组同面投影绝不会同时都互相平行，但可能在一个或两个投影面上的投影互相平行。交叉两直线的三组同面投影虽然都可以相交，但其交点绝不符合点的投影规律。因此，**如果两直线的投影既不符合平行两直线的投影特点，也不符合相交两直线的投影特点，则此两直线在空间一定交叉**。如图 2-38 (b)、图 2-41 所示都为交叉直线。应该指出的是对于两一般位置直线，只需两组同面投影就可以判别是否为交叉直线，如图 2-42 所示。

如前所述，交叉两直线虽然在空间并不相交，但其同面投影往往相交，这些同面投影的交点，实际上是重影点，根据第二节中重影点可见性的判断方法可知，如图 2-42 (b) 所示的水平投影中，位于 AB 线上的点 I 可见，而位于 CD 线上的点 II 不可见，其投影为 1(2)。正面投影中，位于 CD 上的点 III 可见，而位于 AB 线上的点 IV 不可见，其投影为 $3'(4')$。

如图 2-43 所示的正面投影中，位于 EF 线上的点 M 可见，位于 GH 线上的点 N 不可见，其投影为 $m'(n')$；而 M、N 两点的水平投影都可见。

综上所述，在投影图上只有投影重合处才产生可见性问题，每个投影面上的可见性要分

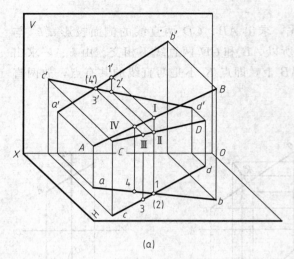

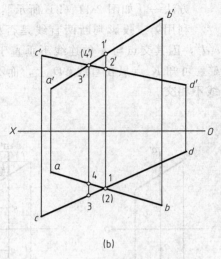

(a)   (b)

图 2-42　交叉两直线的投影

别进行判别。

以上判别可见性的方法也是直线与平面、平面与平面相交时判别可见性的重要依据。

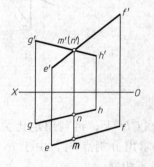

图 2-43　判断两直线相对位置

【例 2-7】　如图 2-44（a）所示，已知 AB 与 CD 相交，求 $c'd'$。

分析：因 CD 与 AB 相交，$c'd'$ 必与 $a'b'$ 相交，且其交点 k' 与 k 的连线必垂直于 OX。

作图步骤 ［如图 2-44（b）所示］：

（1）自 k 作 OX 轴的垂线与 $a'b'$ 交于 k'。连 $c'k'$，并延长之；

（2）过 d 作 OX 轴的垂线与 $c'k'$ 的延长线交于 d'，

则 $c'd'$ 为所求。

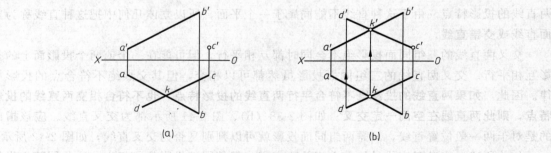

(a)   (b)

图 2-44　求作相交的两直线

【例 2-8】　如图 2-45（a）所示，试作直线 MN 与已知直线 AB、CD 相交，并与直线 EF 平行。

分析：由给出的投影可知直线 AB 为正垂线，因此它与所求直线 MN 相交的交点 M 的正面投影 m' 一定与 $a'(b')$ 重合，根据平行、相交两直线的投影特点可求出直线 MN。

作图步骤 ［如图 2-45（b）所示］：

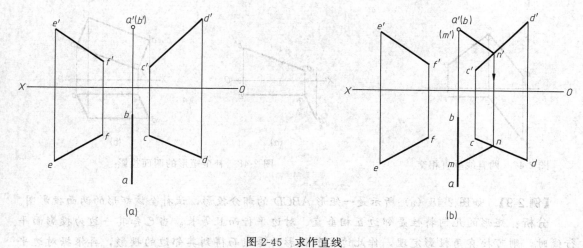

图 2-45　求作直线

（1）在正面投影上由 m' 引直线 $m'n'$，与 $e'f'$ 平行且交 $c'd'$ 于点 n'。

（2）由 n' 作 OX 轴垂线与 cd 交于点 n。

（3）由 n 作直线 nm 与 ef 平行，交 ab 于点 m。mn 和 $m'n'$ 即为所求直线 MN 的两面投影。图中的 m' 为不可见，故用（m'）表示。

五、直角的投影

互相垂直的两直线，如果同时平行于同一投影面，则它们在该投影面上的投影仍反映直角；如果它们都倾斜于同一投影面，则在该投影面上的投影不是直角。除以上两种情况外，这里我们将要讨论的是只有一直线平行于投影面时的投影。这种情况作图时是经常遇到的，是处理一般垂直问题的基础。

1. 垂直相交两直线的投影

定理 1：垂直相交的两直线，如果其中有一条直线平行于一投影面，则两直线在该投影面上的投影仍反映直角。

证明：如图 2-46（a）所示，已知 AB $\perp AC$，且 $AB /\!/ H$ 面，AC 不平行 H 面。因为 $Aa \perp H$ 面，$AB /\!/ H$ 面，故 $AB \perp Aa$。由于 AB 既垂直 AC 又垂直 Aa，所以 AB 必垂直 AC 和 Aa 所确定的平面 $AacC$。因 $ab /\!/ AB$，则 $ab \perp$ 平面 $AacC$，所以 $ab \perp ac$，即 $\angle bac = 90°$。

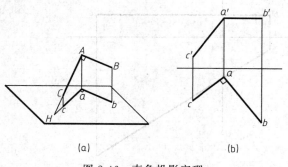

图 2-46　直角投影定理

图 2-46（b）是它们的投影图，其中 $a'b' /\!/ OX$ 轴，$\angle bac = 90°$。

定理 2（逆）：如果相交两直线在某一投影面上的投影成直角，且有一条直线平行于该投影面，则两直线在空间必互相垂直［读者可参照图 2-46（a）证明之］。

如图 2-47 所示，$\angle d'e'f' = 90°$，且 $ef /\!/ OX$ 轴，故 EF 为正平线。根据定理 2，空间两直线 DE 和 EF 必垂直相交。

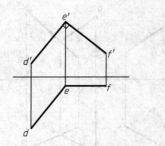

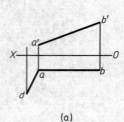

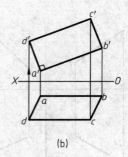

图 2-47　两直线垂直相交　　　　　　　　图 2-48　补全矩形的两面投影

【例 2-9】　如图 2-48（a）所示是一矩形 *ABCD* 的部分投影，试补全该矩形的两面投影图。

分析：矩形的几何特性是邻边互相垂直、对边平行而且等长。当已知其一边为投影面平行线时，则可按直角投影定理，作此边实长投影的垂线而得到其邻边的投影，再根据对边平行的关系，完成矩形的投影图。

作图步骤［如图 2-48（b）所示］：

（1）过 *a*′作 *a*′*b*′的垂线；再过 *d* 作 *OX* 轴垂线。两线交于 *d*′，则 *a*′*d*′为矩形又一个边的投影。

（2）过 *d*′作 *d*′*c*′∥*a*′*b*′，过 *b*′作 *b*′*c*′∥*a*′*d*′，交点 *c*′，则 *a*′*b*′*c*′*d*′为所求矩形的 *V* 面投影。

（3）根据矩形的几何特性完成矩形的 *H* 面投影。

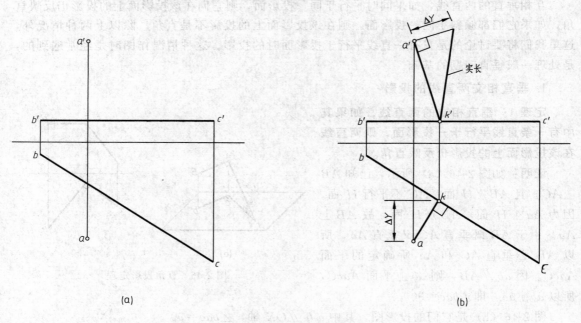

图 2-49　求点至直线的距离

【例 2-10】　如图 2-49（a）所示，试求点 *A* 至水平线 *BC* 的距离。

分析：点至直线的距离即点至已知直线之垂线的实长。因直线 *BC* 为水平线，所以可用直角投影定理作出其垂线。

作图步骤 ［如图 2-49 （b） 所示］：

（1） 过点 a 作直线垂直于 bc，交 bc 于点 k；

（2） 由点 k 在 $b'c'$ 上作出 k'，连 a' 与 k'，则点 $K(k，k')$ 为垂足；

（3） 用直角三角形法求出线段 AK 的实长，即为所求。

2. 交叉垂直两直线的投影

上面讨论了垂直相交两直线的投影，现将上述定理加以推广，讨论交叉垂直两直线的投影。初等几何已规定对交叉两直线所成的角是这样度量的：过空间任意点作直线分别平行于已知交叉两直线，所得相交两直线的夹角，即为交叉两直线所成的角。

定理 3：**互相垂直的两直线（相交或交叉），如果其中有一条直线平行于一投影面，则两直线在该投影面上的投影仍反映直角。**

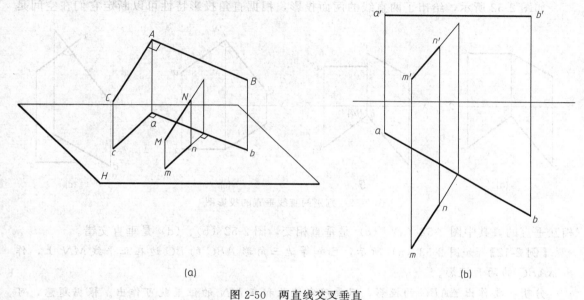

(a)   (b)

图 2-50 两直线交叉垂直

对交叉垂直的情况证明如下：如图 2-50 （a） 所示，已知交叉两直线 $AB \perp MN$，且 AB // H 面，MN 不平行于 H 面。过直线 AB 上任意点 A 作直线 AC // MN，则 $AC \perp AB$。由定理 1 知，$ab \perp ac$。因 AC // MN，则 ac // mn。所以 $ab \perp mn$。

图 2-50 （b） 是它们的投影图，其中 $a'b'$ // OX 轴，$ab \perp mn$。

定理 4（逆）：**如果两直线在某一投影面上的投影成直角，且有一条直线平行于该投影面，则两直线在空间必互相垂直**（读者可参照图 2-50 （a） 证明之）。

【**例 2-11**】 如图 2-51 （a） 所示，求交叉两直线 AB、CD 之间的最短距离。

分析：由几何学可知，交叉两直线之间的公垂线即为其最短距离。由于所

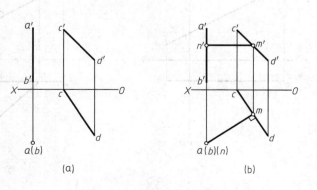

(a)   (b)

图 2-51 求两交叉直线的最短距离

给的直线 AB 为铅垂线，故可断定 AB 和 CD 之间的公垂线必为水平线。所以可利用直角投影定理求解。

作图步骤〔如图 2-51（b）所示〕：

（1）利用积聚性定出 n（重影于 ab），作出 nm⊥cd 与 cd 相交于 m。

（2）过 m 作 OX 轴的垂线与 c'd' 交于 m'，再作 m'n' // OX 轴。则由 mn、m'n' 确定的水平线 MN 即为所求。其中 mn 为实长，即为交叉两直线间的最短距离。

结论：若垂直相交（交叉）的两直线中有一条直线平行于某一投影面时，则两直线在该投影面上的投影仍然相互垂直；反之，若相交（交叉）两直线在某一投影面上的投影互相垂直，且其中一直线平行于该投影面时，则两直线在空间也一定相互垂直。这就是**直角投影定理**。

如图 2-52 所示，给出了两直线的两面投影，根据直角投影特性可以断定它们在空间是

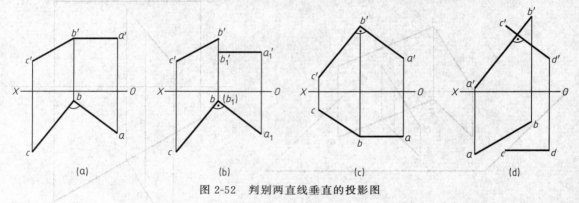

图 2-52　判别两直线垂直的投影图

相互垂直的，其中图 2-52（a）、（c）是垂直相交，图 2-52（b）、（d）是垂直交错。

【**例 2-12**】　如图 2-53（a）所示，已知等边三角形 ABC 的 BC 边在正平线 MN 上，作出 △ABC 的两面投影。

分析：要作出 △ABC 的投影，只要确定边长和在 MN 的位置就可作出。根据题意，可先作出 BC 边上的高 AD，根据 AD 的投影作出 AD 实长。然后根据高 AD 作出等边三角形边的实长，根据边长来确定 BC 在 MN 上的投影。

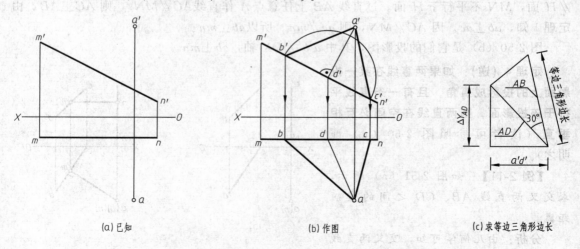

(a) 已知　　　　　　　　　(b) 作图　　　　　　　　(c) 求等边三角形边长

图 2-53　作出等边三角形的投影

作图步骤：

（1）过 a' 点作 $m'n'$ 的垂线，垂足为 d'，过 d' 向下引投影连线作出 d 点。

（2）连接 ad 和 $a'd'$，利用直角三角形法求 AD 的实长。利用 AD 的实长求等边三角形的边长，如图 2-53（c）所示。

（3）以 d' 为中点，在 $m'n'$ 上截取等边三角形边长，作出 b'、c'，过 b'、c' 分别向下引投影连线作出 b、c。最后连线作出 $\triangle ABC$ 的两面投影，如图 2-53（b）所示。

第四节　平面的投影

一、平面的几何元素表示法

由初等几何可知，不在同一直线上的三点确定一个平面。因此，表示平面的最基本方法是不在一条直线上的三个点，其他的各种表示方法都是由此派生出来的。平面的表示方法可归纳成以下五种：

① 不属于同一直线的三点［如图 2-54（a）所示］。

② 一直线和该直线外一点［如图 2-54（b）所示］。

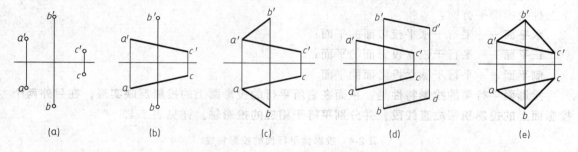

图 2-54　几何元素表示的平面

③ 相交两直线［如图 2-54（c）所示］。

④ 平行两直线［如图 2-54（d）所示］。

⑤ 任意平面图形［如三角形，如图 2-54（e）所示］。

在投影图上，可以用上述任何一组几何元素的投影来表示平面，如图 2-54 所示，且各组元素之间是可以相互转换的。实际作图中，较多采用平面图形表示法，如图 2-54（e）所示。

二、平面对投影面的相对位置

平面按其对投影面相对位置的不同，可以分为：投影面平行面、投影面垂直面和一般位置面。投影面平行面和投影面垂直面统称为特殊位置平面。

1. 一般位置平面

对三个投影面都倾斜的平面，称为一般位置平面，如图 2-55 所示。**一般位置平面的投影特性是：它的三个投影既不反映实形，也不积聚为一直线，而只具有类似性。**如果用平面图形表示平面，则它的三面投影均为面积缩小的类似形（边数相等的类似多边形），如图2-55所示。

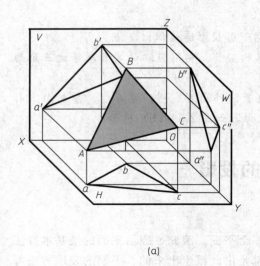
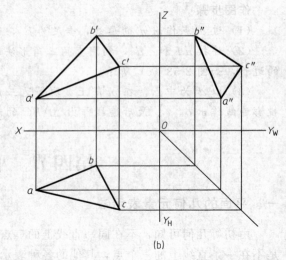

(a)   (b)

图 2-55   一般位置平面

2. 投影面平行面

平行于某一投影面的平面，称为**投影面平行面**。根据平面所平行的投影面的不同，有以下三种投影面平行面：

水平面——平行于水平投影面的平面；

正平面——平行于正立投影面的平面；

侧平面——平行于侧立投影面的平面。

投影面平行面的投影特性是：平面在它所平行的投影面上的投影反映实形，在另外两个投影面上的投影积聚成直线段，并分别平行于相应的投影轴。详见表 2-4。

表 2-4   投影面平行面的投影特性

名称	水平面	正平面	侧平面
物体表面上的面			
立体图			
投影图			

名称	水平面	正平面	侧平面
投影特性	①水平投影反映实形 ②正面投影有积聚性，且平行 OX 轴；侧面投影也有积聚性，且平行于 OY_W	①正面投影反映实形 ②水平投影有积聚性，且平行 OX 轴；侧面投影也有积聚性，且平行于 OZ	①侧面投影反映实形 ②正面投影有积聚性，且平行 OZ 轴；水平投影也有积聚性，且平行于 OY_H
共性	①平面在所平行的投影面的投影反映实形（显实性） ②在另外两个投影面上的投影积聚成一条直线（积聚性），该直线平行相应的坐标轴		

3. 投影面垂直面

垂直于某一投影面，同时倾斜于另两个投影面的平面，称为**投影面垂直面**。根据平面所垂直的投影面的不同，有以下三种投影面垂直面：

铅垂面——垂直于水平投影面的平面；

正垂面——垂直于正立投影面的平面；

侧垂面——垂直于侧立投影面的平面。

投影面垂直面的投影特性是：平面在它所垂直的投影面上的投影积聚成一直线，并反映该直线与另外两投影面的倾角，其另外的两个投影面上的投影为类似形（边数相同，形状相像的图形）。详见表 2-5。

表 2-5　投影面垂直面的投影特性

名称	铅垂面	正垂面	侧垂面
物体表面上的面			
立体图			
投影图			
投影特性	①水平投影积聚成直线 p，且与其水平迹线重合。该直线与 OX 轴和 OY_H 轴夹角反映 β 和 γ 角 ②正面投影和侧面投影为平面的类似形	①正面投影积聚成直线 q'，且与其正面迹线重合。该直线与 OX 轴和 OZ 轴夹角反映 α 和 γ 角 ②水平投影和侧面投影为平面的类似形	①侧面投影积聚成直线 r"，且与其侧面迹线重合。该直线与 OY_W 轴和 OZ 夹角反映 β 和 α 角 ②正面投影和水平投影为平面的类似形
共性	①平面在其所垂直的投影面上的投影积聚成一条直线（积聚性）；它与两投影轴的夹角，分别反映空间平面与另外两个投影面的倾角 ②另外两个投影面的投影为空间平面图形的类似形		

比较三种平面的投影特点，可以看出：

如果某平面有两个投影有积聚性，而且都平行于投影轴，则该平面是投影面平行面；如一投影是斜直线，另外两个投影是类似图形，则该平面是投影面垂直面；如三个投影都是类似图形，则是一般位置平面。

三、平面上的点和直线

1. 平面上取点

由初等几何可知，**点在平面内的几何条件是：该点必须在该平面内的一条已知直线上。** 即在平面内取点，必须取在平面内的已知直线上。一般采用辅助直线法，使点在辅助线上，辅助线在平面内，则该点必在平面内。如图 2-56（a）所示，已知在平面 $\triangle ABC$ 上的一点 K 的水平投影 k，要确定点 K 的正面投影 k'，我们可以根据辅助直线法来完成。如图 2-56（b）所示，过 k 作辅助线的水平投影 mn，并作其正面投影 $m'n'$，按投影关系求得 k'，即为所求。有时为作图简便，可使辅助线通过平面内的一个顶点，如图 2-56（c）所示；也可使辅助线平行于平面内的某一已知直线，如图 2-56（d）所示。

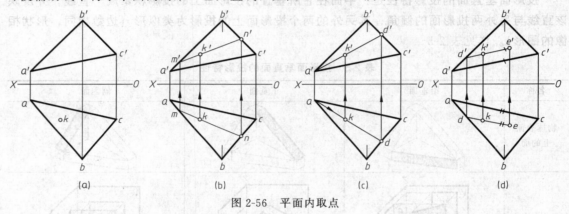

图 2-56 平面内取点

【例 2-13】 如图 2-57（a）所示，试判断点 K 是否在 $\triangle ABC$ 平面内。

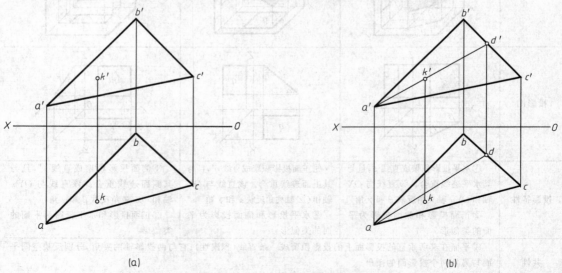

图 2-57 判断点 K 是否在平面内

分析：在平面内作一辅助线，使其正面投影通过 K 点的正面投影 k'，若辅助线的水平投影也通过 k，则证明点 K 在 $\triangle ABC$ 平面内。

作图步骤 〔如图 2-57（b）所示〕：

（1）过 k' 作辅助线 AD 的正面投影 $a'd'$；

（2）根据投影关系确定 d，并作辅助线 AD 的水平投影 ad；

（3）因 k 不在 ad 上，故判断点 K 不在 $\triangle ABC$ 平面内。

2. 平面上取直线

由初等几何可知，**直线在平面内的几何条件是：直线上有两点在平面内；或直线上有一点在平面内，且该直线平行于平面内一已知直线**。

如图 2-58（a）所示，平面 P 由两条相交直线 AB 和 BC 确定。我们在直线 AB 和 BC 上各取一点 D 和 E，则 D、E 两点必在平面 P 内，所以，D、E 两点的连线 DE 也必在平面 P 内。若我们在直线 BC 上再取一点 F（F 点必在平面 P 内），并过点 F 作 $FG /\!/ AB$，则直线 FG 也必在平面内。其投影如图 2-58（b）所示。

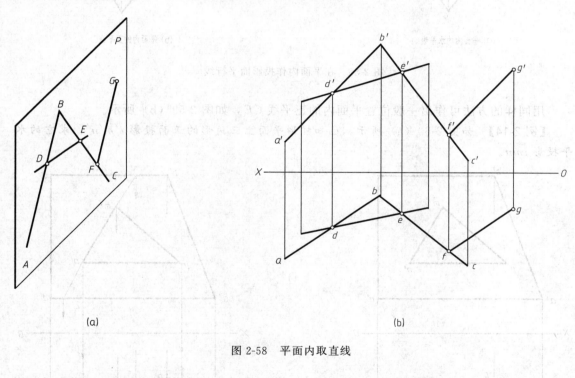

(a)　　　　　　　　　　　　(b)

图 2-58　平面内取直线

3. 平面内的投影面平行线

平面内平行于某一投影面的直线，称为**平面内的投影面平行线**。平面内的投影面平行线同时具有投影面平行线和平面内直线的投影性质。根据平面内的投影面平行线所平行的投影面的不同可分为：**平面内的水平线、平面内的正平线和平面内的侧平线**。

如图 2-59（a）所示，要在一般位置平面 $\triangle ABC$ 内过点 A 取一水平线，由于水平线的正面投影必平行于 OX 轴，我们首先过 A 点的正面投影 a' 作一平行于 OX 轴的直线交 $b'c'$ 于 d'，$a'd'$ 为这一水平线的正面投影，然后作出该直线的水平投影 ad，则直线 AD 为平面 $\triangle ABC$ 内过点 A 的水平线。

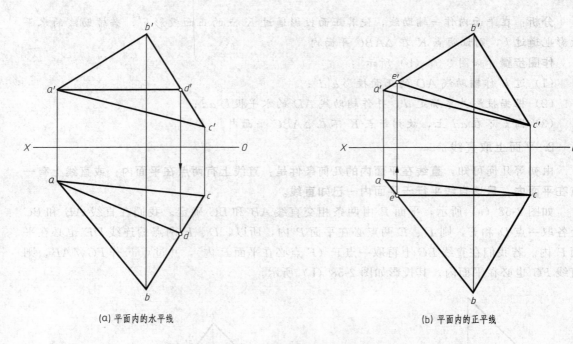

(a) 平面内的水平线　　　　　　　　　(b) 平面内的正平线

图 2-59　在平面内作投影面平行线

用同样的方法可作出一般位置平面内的正平线 CE，如图 2-59（b）所示。

【例 2-14】　如图 2-60（a）所示，已知梯形平面上三角形的正面投影 $l'm'n'$，求它的水平投影 lmn。

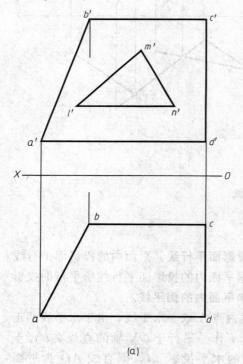

(a)

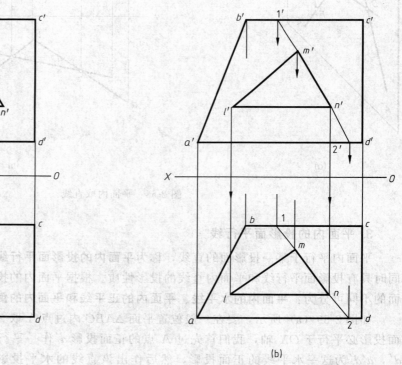

(b)

图 2-60　补出梯形平面上三角形的水平投影

分析：四边形 $ABCD$ 与内部挖掉的三角形 LMN 同在一个平面内。利用平面内取点的方法，求出点 LMN 的水平投影，则可完成作图。

作图步骤 [如图 2-60（b）所示]：

(1) 在正面投影中延长 $m'n'$，与梯形边界正面投影交于 $1'$、$2'$ 两点。

(2) 过 $1'$ 和 $2'$ 分别向下引投影连线，与梯形边界水平投影交于 1 和 2 两点，连接 12。

(3) 过 m' 和 n' 分别向下引投影连线，交 12 线于 m 和 n。

(4) 过 n 作 $nl // ad$，与自 l' 向下引的投影连线交于 l。

(5) 连 $\triangle mnl$，完成三角形的水平投影。

【例 2-15】 如图 2-61（a）所示，已知平面 $ABCDE$ 的 CD 边为正平线，作出平面 $ABCDE$ 的水平投影。

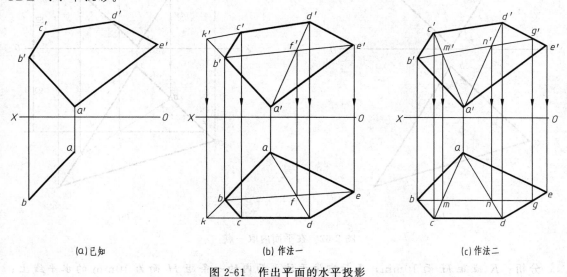

(a)已知　　　　　(b)作法一　　　　　(c)作法二

图 2-61　作出平面的水平投影

分析：从所给的已知条件看，要从 AB、CD 的投影开始考虑。正面投影 $a'b'$ 和 $c'd'$ 相交，而 CD 又是正平线，其水平投影平行于 OX 轴；ab 又已知。所以可先作出 cd。另一种方法是利用平面内的平行线去作图。

作图步骤：

作法一 [如图 2-61（b）所示]

(1) 在正面投影中作出 $a'b'$ 和 $c'd'$ 的交点 k'，K 点既在 AB 上也在 CD 上，过 k' 向下引投影连线交于 ab 于 k 点。

(2) 过 k 作 $kd // OX$，过 $c'd'$ 向下引投影连线，交 kd 于 c、d 两点。

(3) 连接 ad 和 $b'e'$、$a'd'$，$b'e'$ 和 $a'd'$ 交于 f'，过 f' 向下引投影连线交 ad 于 f。

(4) 连接 bf，并延长与过 e' 向下引的投影连线交于 e。

(5) 连接 $ABCDE$ 水平投影的各边，即为所求 $abcde$。

作法二 [如图 2-61（c）所示]

(1) 过 b' 作 $b'g' // c'd'$，交 $d'e'$ 于 g'，因 CD 是正平线，所以 BG 也是正平线。过 g' 向下引投影连线，与过 b 所作的 $bg // OX$ 交于 g。

(2) 连接 $a'd'$ 和 $a'c'$，与 $b'g'$ 交于 m'、n' 两点。

(3) 过 m'、n' 两点向下引投影连线，与 bg 交于 m、n 两点。

（4）连接 am 和 an 并延长，与过 c'、d' 向下引的投影连线交于 c、d 两点。

（5）因 E 点在 DG 直线上，可过 e' 向下引投影连线与 dg 交于 e。

（6）连接 $ABCDE$ 水平投影的各边，即为所求 $abcde$。

【例 2-16】 如图 2-62（a）所示，试在 $\triangle ABC$ 平面内取一点 K，使 K 点距 H 面 10mm，距 V 面 15mm。

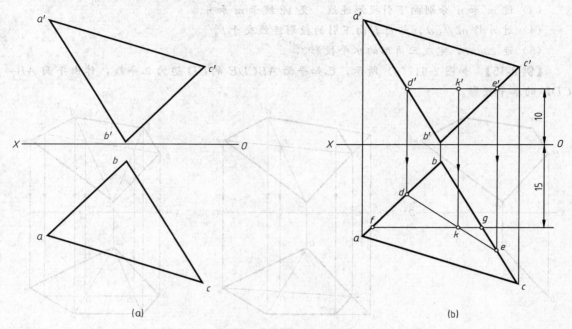

图 2-62　在平面内取一点

分析：K 点距 H 面 10mm，表示它位于该平面内的一条距 H 面为 10mm 的水平线上；K 点距 V 面 15mm，表示该点又位于该平面内的一条距 V 面为 15mm 的正平线上，则两线的交点将同时满足距 H 面和 V 面指定距离的要求。

作图步骤［如图 2-62（b）所示］：

（1）在 $\triangle ABC$ 内作一条与 H 面距离为 10mm 的水平线 DE，即使 $d'e' /\!/ OX$ 轴，且距 OX 轴为 10mm，并由 $d'e'$ 求出 de；

（2）在 $\triangle ABC$ 内作一条与 V 面距离为 15mm 的正平线 FG，即使 $fg /\!/ OX$ 轴，且距离 OX 轴为 15mm，交 de 于 k；

（3）过 k 作 OX 轴的垂线交 $d'e'$ 于 k'，则水平线 DE 与正平线 FG 的交点 $K(k，k')$ 为所求。

四、平面的迹线

1. 平面的迹线表示法

空间平面与投影面的交线，称为平面的迹线。如图 2-63 所示，平面 P 与 H 面的交线称水平迹线，记作 P_H；与 V 面的交线称正面迹线，记作 P_V；与 W 面的交线称侧面迹线，记作 P_W。平面迹线如果相交，交点必在投影轴上，即为 P 平面与三投影轴的交点，相应记作 P_X、P_Y、P_Z。用迹线表示的平面称为迹线平面。

迹线是空间平面和投影面所共有的直线。所以迹线不仅是平面 P 内的一直线，也是投

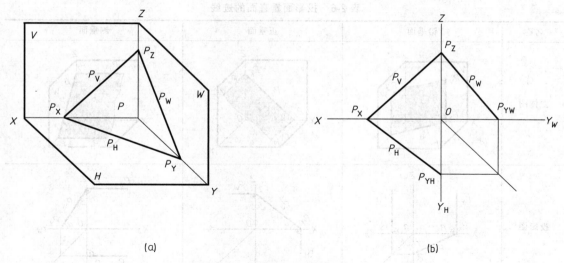

图 2-63　平面的迹线表示法

影面内的一直线。由于迹线在投影面内，所以迹线有一个投影和它本身重合，另外两个投影与相应的投影轴重合。如图 2-63（a）所示的 P_H，其水平投影与其重合，正面投影和侧面投影分别与 OX 轴和 OY 轴重合。在投影图上，通常只将与迹线重合的那个投影用粗实线画出，并用符号 P_H、P_V、P_W 标记；而与投影轴重合的投影则不需表示和标记，如图 2-63（b）所示。

如图 2-64（a）、（b）所示，平面 P 以相交的迹线 P_H、P_V 表示；如图 2-64（c）、（d）所示，平面 Q 以相互平行的迹线 Q_H、Q_V 表示。

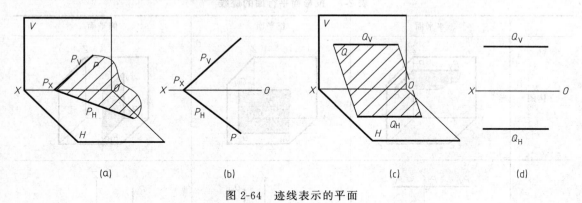

图 2-64　迹线表示的平面

2. 特殊位置平面迹线

通常一般位置平面不用迹线表示，特殊位置平面在不需要平面表示平面形状，只要求表示平面的空间位置时，常用迹线表示。

表 2-6 和表 2-7 分别列出了投影面垂直面和投影面平行面的迹线，从投影图中可以看出迹线的特点。

在两面投影图中用迹线表示特殊位置平面是非常方便的。如图 2-65 所示，过一点可作的特殊位置平面有投影面垂直面和投影面平行面。P_H 表示铅垂面 P（$P_V \perp OX$ 一般省略不画）；Q_V 表示正垂面 Q（$Q_H \perp OX$ 一般也省略不画）；R_V 表示水平面 R；S_H 表示正平面 S。

表 2-6　投影面垂直面的迹线

名称	铅垂面	正垂面	侧垂面
立体图			
投影图			
投影特性	①水平迹线 P_H 有积聚性,并且反映平面的倾角 β 和 γ ②正面迹线 P_V 和侧面迹线 P_W 分别垂直于 OX 轴和 OY_W 轴	①正面迹线 P_V 有积聚性,并且反映平面的倾角 α 和 γ ②水平迹线 P_H 和侧面迹线 P_W 分别垂直于 OX 轴和 OZ 轴	①侧面迹线 P_W 有积聚性,并且反映平面的倾角 α 和 β ②水平迹线 P_H 和正面迹线 P_V 分别垂直于 OY_B 轴和 OZ 轴
共性	①平面在它垂直的投影面上的迹线有积聚性(相当于平面的积聚投影),且迹线与投影轴的夹角等于平面与相应投影面的倾角 ②平面的其他两条迹线垂直于相应的投影轴		

表 2-7　投影面平行面的迹线

	水平面	正平面	侧平面
立体图			
投影图			
投影特性	①没有水平迹线 ②正面迹线 P_V 和侧面迹线 P_W 都有积聚性,且分别平行于 OX 轴和 OY_W 轴	①没有正面迹线 ②水平迹线 Q_H 和侧面迹线 Q_W 都有积聚性,且分别平行于 OX 轴和 OZ 轴	①没有侧面迹线 ②水平迹线 R_H 和正面迹线 R_V 都有积聚性,且分别平行于 OY_H 轴和 OZ 轴
共性	①平面在它平行的投影面上没有迹线 ②平面的其他两条迹线都有积聚性(相当于积聚投影),且迹线平行于相应的投影轴		

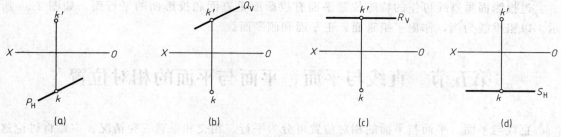

图 2-65 过点作特殊位置平面

过一般位置直线可作的特殊位置平面有投影面垂直面，如图 2-66 所示。

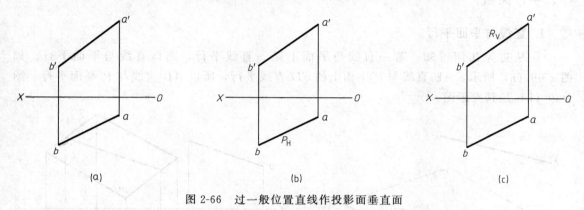

图 2-66 过一般位置直线作投影面垂直面

过投影面平行线可作的特殊位置平面有投影面垂直面和投影面的平行面，如图 2-67 所示。以水平线为例，作出了水平面和铅垂面。

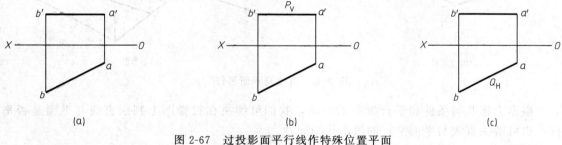

图 2-67 过投影面平行线作特殊位置平面

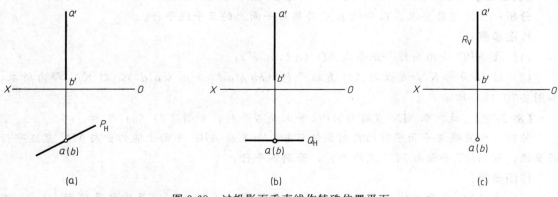

图 2-68 过投影面垂直线作特殊位置平面

过投影面垂直线可作的特殊位置平面有投影面垂直面和投影面的平行面，如图 2-68 所示。以铅垂线为例，作出了铅垂面、正平面和侧平面。

第五节 直线与平面、平面与平面的相对位置

直线与平面、平面与平面的相对位置可分为平行、相交和垂直三种情况。本章将讨论这三种位置关系的投影特性及作图方法。

一、平行关系

1. 直线与平面平行

① 从初等几何可知：若一直线与平面上某一直线平行，则该直线与平面平行。如图 2-69 （a）所示，AB 直线与 P 平面上的 CD 直线平行，所以 AB 直线与 P 平面平行。图 2-69 （b）是其投影图。

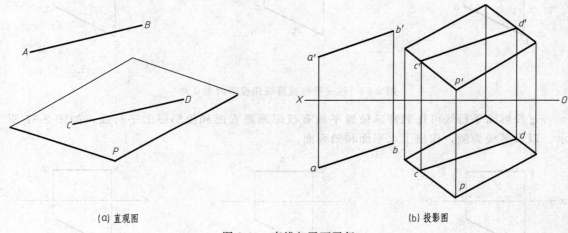

(a) 直观图　　　　　　　　　　(b) 投影图

图 2-69　直线与平面平行

根据上述几何条件和平行投影的性质，我们可解决在投影图上判别直线与平面是否平行，也可解决直线与平面平行的投影作图问题。

【例 2-17】　过 K 点作一正平线 KN 平行于 ABC 平面，如图 2-70 （a）所示。

分析：根据题目要求，正平线 KN 必然与平面上的正平线平行。

作图步骤：

（1）在 ABC 平面内作一正平线 AD（ad，$a'd'$）；

（2）过 K 点作 KN 直线与 AD 直线平行（$kn /\!/ ad$，$k'n' /\!/ a'd'$），则 KN 即为所求，如图 2-70 （b）所示。

【例 2-18】　试判别 MN 直线与 ABC 平面是否平行，如图 2-71 （a）所示。

分析：由直线与平面平行的几何条件可知，如果在 ABC 平面上能作出与 MN 直线平行的直线，则 ABC 平面与 MN 直线平行，否则不平行。

作图步骤：

（1）在 ABC 平面上作 AD 直线，先使正面投影 $a'd' /\!/ m'n'$，再作水平投影 ad，如图

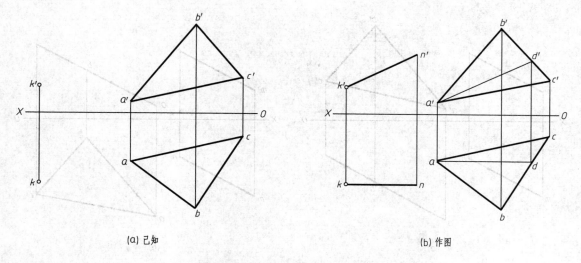

(a) 已知　　　　　　　　　　　　　　(b) 作图

图 2-70　过点作正平线与平面平行

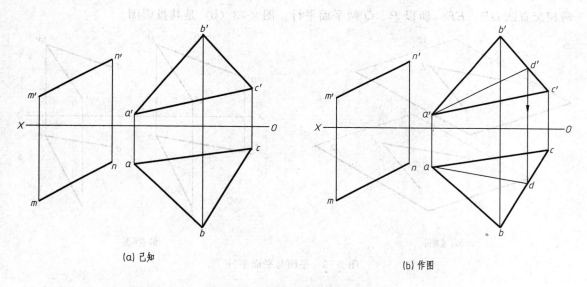

(a) 已知　　　　　　　　　　　　　　(b) 作图

图 2-71　判别直线与平面是否平行

2-71（b）所示；

（2）因 ad 与 mn 不平行，即 AD 不平行 MN，所以 MN 直线与 ABC 平面不平行。

② 若一直线与特殊位置平面平行，则该特殊面的积聚投影必然与直线的同面投影平行。

当判别直线与特殊位置平面是否平行时，只要检查平面的积聚投影与直线的同面投影是否平行即可。如图 2-72（a）所示，铅垂面 ABC 的水平积聚投影与直线 MN 的水平投影平行，故 MN 直线与 ABC 平面平行；如图 2-72（b）所示，正垂面 ABC 的正面积聚投影与直线 MN 的正面投影平行，故 MN 直线与 ABC 平面平行。

2. 平面与平面平行

① 从初等几何可知：若一平面上的两相交直线对应平行于另一平面上的两相交直线，则两平面平行。如图 2-73（a）所示，P 平面上的两相交直线 AB、BC 对应平行 Q 平面上的

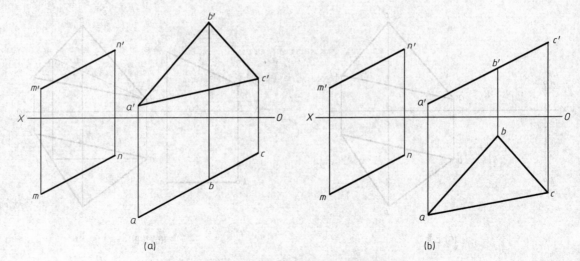

(a)   (b)

图 2-72 判别直线与特殊位置平面是否平行

两相交直线 DE、EF，所以 P、Q 两平面平行。图 2-73（b）是其投影图。

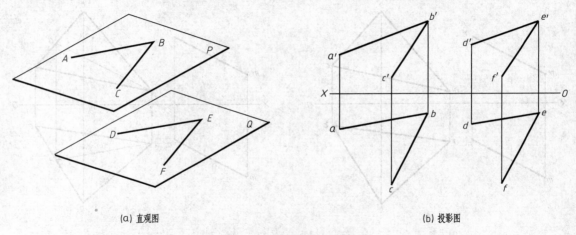

(a) 直观图   (b) 投影图

图 2-73 平面与平面平行

    根据上述几何条件和平行投影的性质，我们可以在投影图上判别两平面是否平行，也可解决两平面平行的投影作图问题。

    【例 2-19】 过 D 点作平面与 ABC 平面平行，如图 2-74（a）所示。

    分析：由两平面平行的几何条件可知，只要过 D 点作两相交直线分别平行于 ABC 平面上的两条边就可以了。

    作图步骤：

    （1）过 D 点作 $DE /\!/ AB$（$de /\!/ ab$、$d'e' /\!/ a'b'$）；

    （2）过 D 点作 $DF /\!/ BC$（$df /\!/ bc$、$d'f' /\!/ b'c'$），则 DEF 平面即为所求，如图 2-74（b）所示。

    【例 2-20】 试判别 $\triangle ABC$ 平面与 $DEFG$ 平面是否平行，如图 2-75（a）所示。

    分析：由两平面平行的几何条件可知，如果在 $DEFG$ 平面内作出两相交直线与 $\triangle ABC$ 平面内的两相交直线对应平行，便可判定两平面平行，否则不平行。

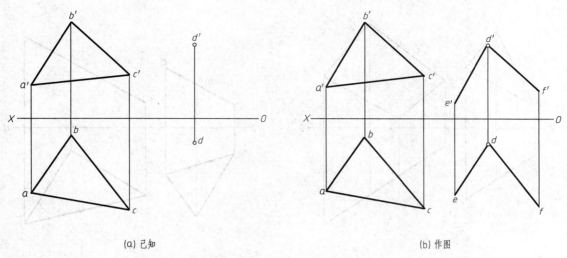

(a) 已知　　　　　　　　　　　　　(b) 作图

图 2-74　过点作平面与已知平面平行

作图步骤：

(1) 在 $\triangle ABC$ 平面内任选两相交直线 AB、BC；

(2) 在 $DEFG$ 平面上过 G 点的水平投影 g 作出 $gm \parallel ab$、$gn \parallel bc$，并求出它们的正面投影 $g'm'$、$g'n'$，如图 2-75 (b) 所示；

(3) 从图中可知，$g'm'$ 与 $a'b$、$g'n'$ 与 $b'c'$ 均不对应平行，由此可判定两平面不平行。

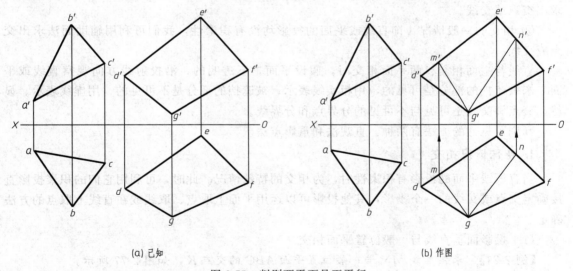

(a) 已知　　　　　　　　　　　　　(b) 作图

图 2-75　判别两平面是否平行

② 若两特殊位置平面平行，则它们的积聚投影必然平行。

当判别两特殊位置平面是否平行时，只要检查它们的同面积聚投影是否平行即可。如图 2-76 (a) 所示，两铅垂面的水平投影平行，故两平面平行；如图 2-76 (b) 所示，两正垂面的正面投影平行，故两平面平行。

二、相交关系

直线与平面只有一个交点，它是直线与平面的公有点。它既属于直线，又属于平面。

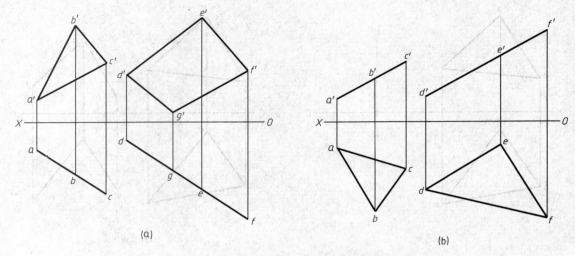

图 2-76　判别两特殊位置面是否平行

两平面相交有一条交线（直线），它是两平面的公有线。欲求出交线，只需求出其上的两点或求出一点及交线的方向即可。

在求交点或交线的投影作图中，可根据给出的直线或平面的投影是否有积聚性，其作图方法有以下两种：

① 相交的特殊情况，即直线或平面的投影具有积聚性，我们可利用投影的积聚性直接求出交点或交线。

② 相交的一般情况，即直线或平面的投影均没有积聚性，我们可利用辅助面法求出交点或交线。

直线与平面相交、两平面相交时，假设平面是不透明的，沿投射线方向观察直线或平面，未被遮挡的部分是可见的，用粗实线表示；被遮挡的部分是不可见的，用虚线表示。显然，交点和交线是可见与不可见的分界点和分界线。

判别可见性的方法有两种：直观法和重影点法。

1. 特殊情况相交

当直线或平面的投影有积聚性时，为相交的特殊情况。此时，可利用它们的积聚投影直接确定交点或交线的一个投影，其他投影可以运用平面上取点、取线或在直线上取点的方法确定。

（1）投影面垂直线与一般位置平面相交

【例 2-21】　求铅垂线 MN 与一般位置平面 ABC 的交点 K，如图 2-77 所示。

分析：欲求图 2-77（a）线、面的交点，按图 2-77（b）的分析，因为交点是直线上的点，而铅垂线的水平投影有积聚性，所以交点的水平投影必然与铅垂线的水平投影重合；交点又是平面上的点，因此可利用平面上定点的方法求出交点的正面投影。

作图步骤：

1. 求交点

（1）在铅垂线的水平投影上标出交点的水平投影 k；

（2）在平面上过 K 点水平投影 k 作辅助线 ad，并作出它的正面投影 $a'd'$；

（3）$a'd'$ 与 $m'n'$ 的交点即是交点的正面投影 k'，如图 2-77（c）所示。

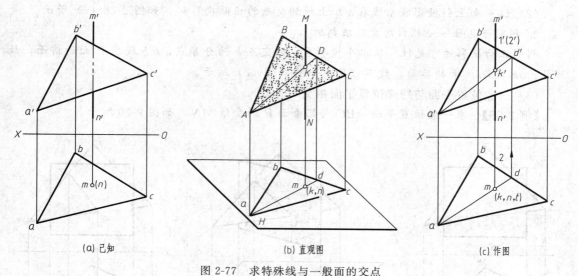

图 2-77　求特殊线与一般面的交点

（a）已知　　　　　　（b）直观图　　　　　　（c）作图

2. 判别直线的可见性，可利用重影点法判别。

因为直线是铅垂线，水平投影积聚为一点，不需判别其可见性，因此只需判别直线正面投影的可见性。直线以交点 K 为分界点，在平面前面的部分可见，在平面后面的部分不可见。见图 2-77（c），我们选取 $m'n'$ 与 $b'c'$ 的重影点 $1'$ 和 $2'$ 来判别。Ⅰ点在 MN 上，Ⅱ点在 BC 上。从水平投影看 1 点在前可见，2 点在后不可见。即 $k'l'$ 在平面的前面可见画成粗实线，其余部分不可见画成虚线，如图 2-77（c）所示。

（2）一般位置直线与特殊位置平面相交

【例 2-22】　求一般位置直线 AB 与铅垂面 P 的交点 K，如图 2-78 所示。

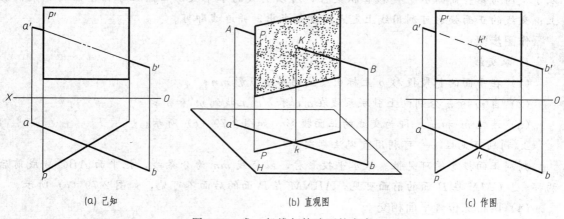

（a）已知　　　　　　（b）直观图　　　　　　（c）作图

图 2-78　求一般线与特殊面的交点

分析： 欲求图 2-78（a）线、面的交点，按图 2-78（b）的分析，因为铅垂面的水平投影有积聚性，所以交点的水平投影必然位于铅垂面的积聚投影与直线的水平投影的交点处；交点的正面投影可利用线上定点的方法求出。

作图步骤：

1. 求交点

（1）在直线和平面的水平投影交点处标出交点的水平投影 k；

（2）过 k 向上引投影联系线在 $a'b'$ 上找到交点的正面投影 k'，如图 2-78（c）所示。

2．判别可见性——可利用直观法判别。

判别正面投影的可见性。从水平投影看，以交点 k 为分界点，kb 段在 P 面的前面，故可见；ak 段在 P 面的后面，故不可见，如图 2-78（c）所示。

（3）一般位置平面与特殊位置平面相交

【例 2-23】 求一般位置平面 ABC 与铅垂面 P 的交线 MN，如图 2-79 所示。

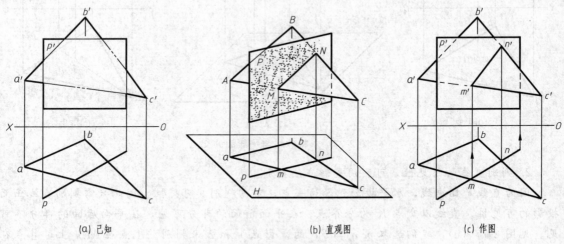

| (a) 已知 | (b) 直观图 | (c) 作图 |

图 2-79 求一般面与特殊面的交线

分析：正如前面所述，常把求两平面交线的问题看成求两个共有点的问题。所以欲求图 2-79（a）中两平面的交线，按图 2-79（b）分析只要求出交线上任意两点（M 和 N）就可以了。因为铅垂面的水平投影有积聚性，所以交线的水平投影必然位于铅垂面的积聚投影上；交线的正面投影可利用线上定点的方法求出，并连线即可。

作图步骤：

1．求交线

（1）在平面的积聚投影 p 上标出交线的水平投影 mn；

（2）自 m 和 n 分别向上引联系线在 $a'c'$ 和 $b'c'$ 上找到 m' 和 n'；

（3）连接 m' 和 n'，即为交线的正面投影，如图 2-79（c）所示。

2．判别可见性——可利用直观法判别。

判别正面投影的可见性。从水平投影看，以交线 mn 为分界线，把平面 ABC 分成前后两部分。CMN 在 P 面的前面可见，$ABNM$ 在 P 面的后面不可见，如图 2-79（c）所示。

（4）两特殊位置平面相交

【例 2-24】 求两铅垂面 P、Q 的交线 MN，如图 2-80 所示。

分析：求图 2-80（a）中两铅垂面的交线，按图 2-80（b）分析两铅垂面的水平投影都有积聚性，它们的交线是铅垂线，其水平投影必然积聚为一点；交线的正面投影为两面公有的部分。

作图步骤：

1．求交线

（1）在两平面的积聚投影 p、q 相交处标出交线的水平投影 $m(n)$；

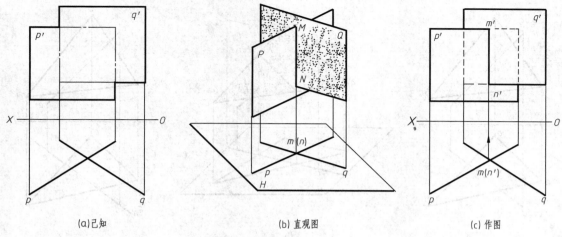

(a)已知　　　　　　　　　　(b)直观图　　　　　　　　　　(c)作图

图 2-80　求两特殊面的交线

（2）自 $m(n)$ 向上引联系线在 P 面的上边线及 Q 面的下边线找到 m' 和 n'；

（3）连接 m' 和 n'，即为交线的正面投影，如图 2-80（c）所示。

2. 判别可见性——可利用直观法判别。

判别正面投影的可见性。从水平投影看，以交线 mn 为分界线，左面 P 面在前可见，Q 面在后不可见；交线的右面正好相反，Q 面可见，P 面不可见，如图 2-80（c）所示。

2. 一般情况相交

当给出的直线或平面的投影均没有积聚性，为相交的一般情况，可利用辅助面法求出交点或交线。

（1）一般位置直线与一般位置平面相交

【例 2-25】 求 ABC 平面与 DE 直线的交点 K，如图 2-81 所示。

分析： 如图 2-81（a）所示，当直线和平面都处于一般位置时，则不能利用积聚性直接求出交点的投影。如图 2-81（b）是用辅助平面法求解交点的空间分析示意图。直线 DE 与平面 ABC 相交，交点为 K，过 K 点可在平面 ABC 上作无数条直线，而这些直线都可以与直线 DE 构成一平面，该平面称为辅助平面。辅助平面与已知平面 ABC 的交线 MN 与直线 DE 的交点 K 即为所求。为便于在投影图上求出交线，应使辅助平面 P 处于特殊位置，以便利用上述的方法作图求解。

作图步骤：

1. 求交点

（1）过直线 DE 作一辅助平面 P（P 面是铅垂面，也可作正垂面），如图 2-81（c）所示；

（2）求铅垂面 P 与已知平面 ABC 的交线 MN，如图 2-81（d）所示；

（3）求辅助交线 MN 与已知直线 DE 的交点 K，如图 2-81（e）所示。

2. 判别可见性——利用重影点法判别。

如图 2-81（f）所示，在水平投影上标出交错两直线 AC 和 DE 上重影点 F 和 M 的重合投影 $f(m)$，过 f、m 向上作投影联系线求出 f' 和 m'。从图中可看出 F 点高于 M 点，说明 DK 段高于平面 ABC，水平投影 mk 可见，画成粗实线，而 kn 不可见，画成虚线。同理判

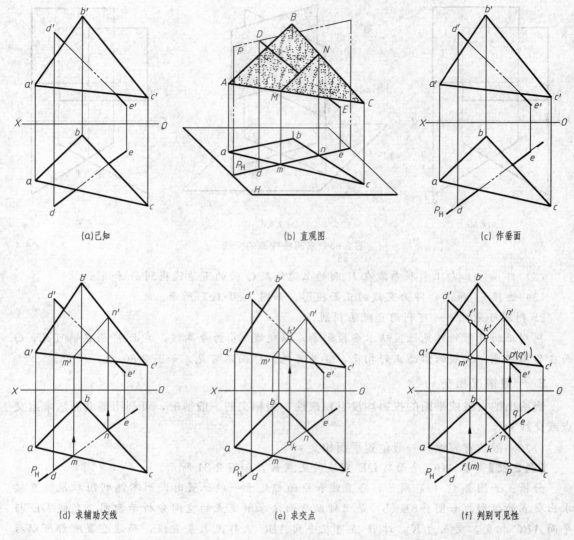

(a)已知	(b) 直观图	(c) 作垂面

(d) 求辅助交线	(e) 求交点	(f) 判别可见性

图 2-81 求一般位置直线与一般位置平面的交点

别正面重影点 P、Q 前后关系，dk 段可见，ke 不可见。

（2）两一般位置平面相交

【例 2-26】 求两一般位置平面 ABC 和 DEF 交线 MN，如图 2-82 所示。

分析：如图 2-82（a）所示，两平面 ABC 和 DEF 的交线 MN，其端点 M 是 AC 直线与 DEF 平面的交点，另一端点 N 是 BC 直线与 DEF 平面的交点。可见用辅助平面法求出两个交点，再连线即是所求的交线。

作图步骤：

1. 求交线

（1）用辅助平面法求 AC、BC 两直线与 DEF 平面的交点 M、N，如图 2-82（c）所示；

（2）用直线连接 M 点和 N 点，即为所的交线，如图 2-82（d）所示。

2. 判别可见性——利用重影点法判别，具体判别过程同前所述，如图 2-82（d）所示。

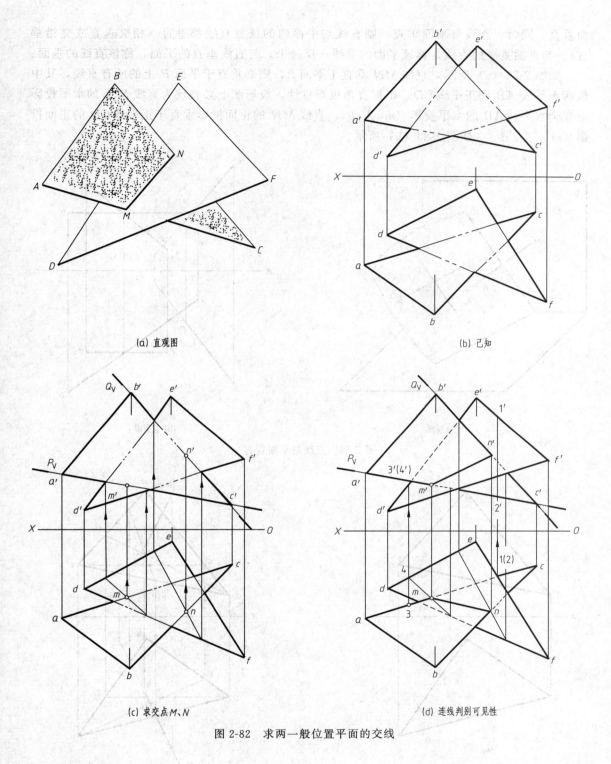

(a) 直观图

(b) 已知

(c) 求交点M、N

(d) 连线判别可见性

图 2-82　求两一般位置平面的交线

三、垂直关系

1. 直线与平面垂直

直线与平面垂直的几何条件：直线垂直于平面内的任意两条相交直线，则该直线与该平面垂直。同时，直线与平面垂直，则直线与平面内的任意直线都垂直（相交垂直或交错垂直）。与平面垂直的直线，称该平面的垂线；反过来，与直线垂直的平面，称该直线的垂面。

　　如图 2-83（a）所示，直线 MN 垂直于平面 P，则必垂直于平面 P 上的所有直线，其中包括水平线 AB 和正平线 CD。根据直角投影特性，投影图上必表现为直线 MN 的水平投影垂直于水平线 AB 的水平投影（$mn \perp ab$），直线 MN 的正面投影垂直于正平线 CD 的正面投影（$m'n' \perp c'd'$），如图 2-83（b）所示。

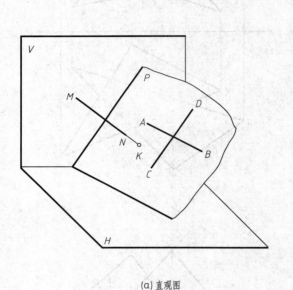

(a) 直观图

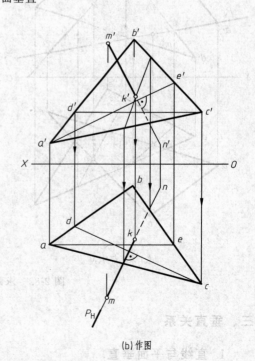

(b) 投影图

图 2-83　直线与平面垂直

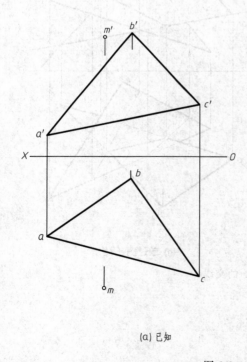

(a) 已知

(b) 作图

图 2-84　作平面的垂线并求垂足

由此得出直线与平面垂直的投影特性：垂线的水平投影必垂直于平面上的水平线的水平投影，垂线的正面投影必垂直于平面上的正平线的正面投影。

反之，若直线的水平投影垂直于平面上的水平线的水平投影，直线的正面投影垂直于平面上的正平线的正面投影，则直线必垂直于该平面。

直线与平面垂直的投影特性通常用来图解有关垂直或距离的问题。

【例 2-27】 过定点 M 作平面 ABC 的垂线，并求出垂足 K，如图 2-84 所示。

分析： 如图 2-84（a）所示，只要能知道平面垂线的两个投影方向，并求出垂线与平面的交点即可。根据直线与平面垂直的投影特性就可作出垂线的两面投影。

作图步骤：

（1）作平面上的正平线（ae，$a'e'$）和水平线（cd，$c'd'$）；

（2）过 m' 作 $a'e'$ 的垂线 $m'n'$，便是垂线的正面投影；过 m 作 cd 的垂线 mn，便是垂线的水平投影；

（3）用辅助平面法求垂线 MN 与平面 ABC 的交点 K，如图 2-84（b）所示。

如果还需求点到平面的距离，那么所求出的 mk 和 $m'k'$ 这两个投影并不反映点到平面距离的实长，所以还需用直角三角形法求出其实长。

如果要求点到特殊位置平面的距离，则使作图过程简化。如图 2-85（a）所示，求 N 点到铅垂面 P 的距离。因与铅垂面垂直的直线一定是水平线，而且水平线的水平投影应与铅垂面的积聚投影垂直，水平线的水平投影 ns 反映距离的实长。

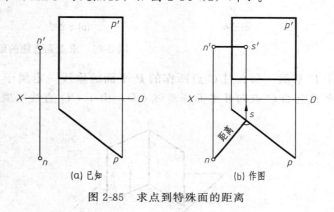

(a) 已知　　　(b) 作图

图 2-85　求点到特殊面的距离

【例 2-28】 求 A 点到直线 BC 的距离，如图 2-86 所示。

分析： 欲求图 2-86（a）中点到直线的距离，可见图 2-86（b）的示意图。点到直线的距离等于点到直线间的垂直线段的长度。这个垂直线段必然位于过已知点且垂直于已知直线的垂面上。因此只要作出这个垂面，求出垂足，则连已知点和垂足的线段即为点到直线间的距离。

作图步骤：

（1）作垂面上的正平线（$a2$，$a'2'$）和水平线（$a1$，$a'1'$）；

（2）用辅助平面法求垂面 I A II 与 BC 的交点 D，D 点即为过 A 点作 BC 垂线的垂足（图中辅助平面为正垂面 Q）；

（3）连 A、D 两点，并用直角三角形法求 AD 的实长，即为 A 点到 BC 直线的距离，如图 2-86（c）所示。

2. 两平面垂直

平面与平面垂直的几何条件：若直线垂直于平面，则包含这条直线的所有平面都垂直于该平面。反之，若两平面互相垂直，则由第一平面上的任意一点向第二平面所作的垂线一定属于第一个平面。

如图 2-87（a）所示，AB 直线垂直于 P 平面，则包含 AB 直线的 Q、R 两平面都垂直

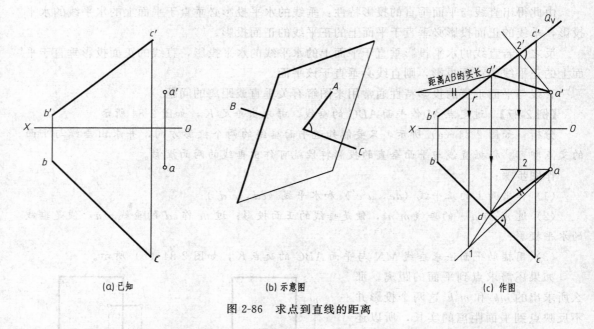

(a) 已知　　　　　　　　　(b) 示意图　　　　　　　　　(c) 作图

图 2-86　求点到直线的距离

于 P 平面。那么过 C 点所作的 P 平面的垂线一定属于 R 平面。如图 2-87（b）所示，由 Ⅰ 平面上的 C 点向 Ⅱ 平面作垂线 CD，由于 CD 直线不属于 Ⅰ 平面，则两平面不垂直。

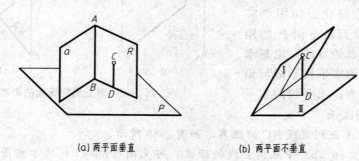

(a) 两平面垂直　　　　　　　　　(b) 两平面不垂直

图 2-87　示意图

据此，可处理有关两平面互相垂直的投影作图问题。

【例 2-29】　过 D 点作一平面，使它与 ABC 平面和 P 平面都垂直，如图 2-88 所示。

分析： 见图 2-88（a），根据两平面垂直的几何条件，过 D 点分别作两平面的垂线，该两垂线确定的平面与两已知平面都垂直。

作图步骤：

（1）根据直线与平面垂直的投影特性，首先在 ABC 平面上分别作水平线 MC 和正平线 BN，然后过 D 点作 ABC 平面的垂线，即 $de \perp mc$、$d'e' \perp b'n'$；

（2）过 D 点作 P 平面的垂线 DF。因为 P 平面是正垂面，它的垂线一定是正平线，过 d' 点作 $d'f' \perp p'$，$df // OX$，则 EDF 平面即为所求的平面，如图 2-88（b）所示。

【例 2-30】　试判别 $\triangle KMN$ 与两相交直线 AB 和 CD 所给定的平面是否垂直，如图 2-89 所示。

分析： 如图 2-89（a）所示，两平面如果互相垂直，则由第一平面上的任意一点向第二

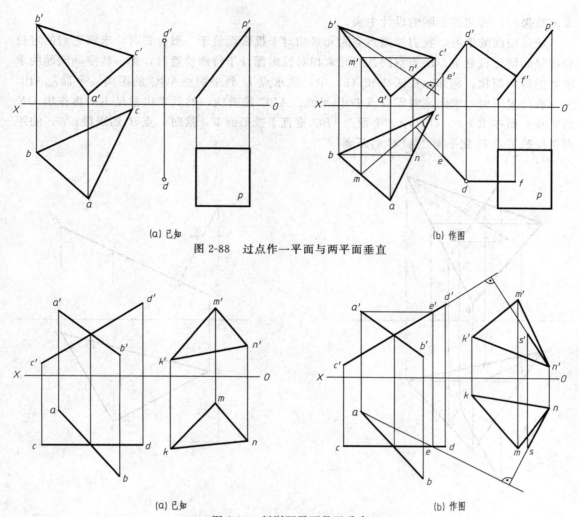

(a) 已知 　　　　　　　　　　　　　　　　　(b) 作图

图 2-88　过点作一平面与两平面垂直

(a) 已知 　　　　　　　　　　　　　　　　　(b) 作图

图 2-89　判别两平面是否垂直

平面所作的垂线一定属于第一个平面。任取平面 KMN 上的一点 N，过 N 点作 ABC 平面的垂线，再检查垂线是否属于平面 KMN。

作图步骤：

（1）先在 $ABCD$ 平面上作水平线 AE 和正平线 CD（已知），然后过 N 点作 $ABCD$ 平面的垂线，即 $ns \perp ae$、$n's' \perp c'd'$，如图 2-89（b）所示；

（2）检查 NS 不属于平面 KMN，所以两平面不垂直。

第六节　投　影　变　换

一、投影变换的实质和方法

工程中经常要解决这样一些问题，比如：求机件体某个斜面的真实形状；求某两个斜面之间夹角的实际大小；求两个交叉管道之间的实际距离等。对于这些问题，我们都可以用图解法来解决。为作图简便，通常是将物体抽象为点、线、面等几何元素的组合，应用图解法求出结果后，再回到实际的设计中去。

通过前面的学习，我们知道当空间元素相对于投影面处于一般位置时，求解它们的定位和度量问题比较复杂。而当空间几何元素相对投影面处于特殊位置时，则一些空间问题的求解就能得到简化。例如，在图 2-90（a）中，欲求点 D 到平面△ABC 的距离。平面△ABC 为一般位置平面，求距离时需自点 D 作平面△ABC 的垂线，然后求出垂足 K，再作出 DK 的实长；而在图 2-90（b）中，平面△ABC 垂直于投影面 V，这时，点 d′到线段 a′b′c′的距离就反映了点 D 到平面△ABC 的距离。

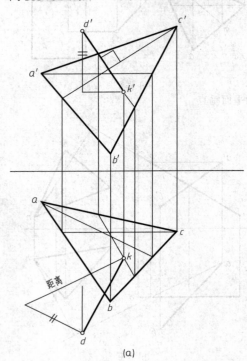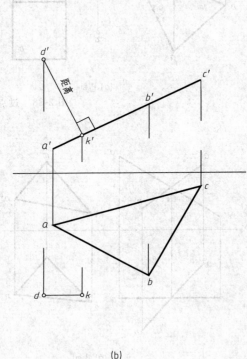

图 2-90 求点到平面的距离

由此可见，当我们进行图解或图示时，如果能改变几何元素对投影面的相对位置，使其由一般位置变换成有利于解题的特殊位置，问题就容易解决了。

投影变换就是研究如何改变空间几何元素与投影面的相对位置，从而达到简化解题的目的。

投影变换的方法常用的有以下两种。

（1）换面法 给出的几何元素不动，用新投影面替换旧投影面，使几何元素相对新投影面处于有利解题位置。如图 2-91（a）所示，用新 V_1 面替换旧 V 面，把一般位置直线 AB 变换成 V_1 面的平行线，新投影 $a_1'b_1'$ 反映实长。

（2）旋转法 投影面保持不动，让几何元素绕一定的轴线旋转，使旋转后的几何元素相对投影面处于有利解题的位置。如图 2-91（b）所示，让一般位置直线 AB 绕轴线（过 B 点的铅垂线）旋转，把 AB 直线变换成 V 面的平行线，新投影 $a_1'b_1'$ 反映实长。

二、换面法

1. 基本原理

（1）点的一次变换 如图 2-92 所示，点 A 在 V/H 投影体系中的投影为 a′、a，用新投

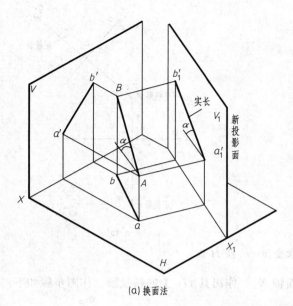

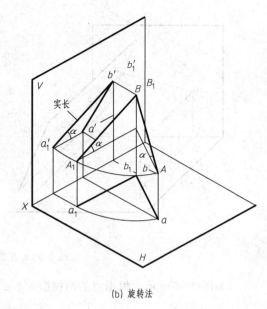

(a) 换面法　　　　　　　　　　　　(b) 旋转法

图 2-91　投影变换的方法

影面 V_1 替换旧投影面 V，不变投影面 H，并使 $V_1 \perp H$，于是，投影面 H 和 V_1 就形成了新的两面投影体系 V_1/H，它们的交线 X_1 称为新的投影轴。原 V/H 投影体系称为旧体系，X 称为旧轴。A 点在 V_1 面上的投影，记 a_1'，称新的投影；在 V 面上的 a'，称旧的投影；在 H 面上的投影 a，称不变的投影。

　　当将投影面 V、H 和 V_1 展开在一个平面上时，根据点的正面投影规律，可知新投影 a_1' 与不变投影 a 连线垂直于新轴 X_1，即 $aa_1' \perp X_1$，新投影 a_1' 到新轴 X_1 的距离等于旧投影 a' 到旧轴 X 的距离（等于空间点 A 到 H 面的距离），即 $a_1' a_{X1} = a' a_X$（$= Aa$）。由此对点的换面可以归纳出如下规律：

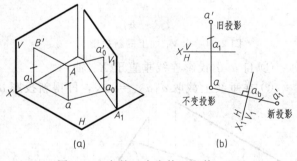

图 2-92　点的一次变换——换 V 面

　　① 点的新投影和不变投影的连线垂直于新轴（$aa_1' \perp X_1$）；

　　② 点的新投影到新轴的距离等于旧投影到旧轴的距离（$a_1' a_{X1} = a' a_X$）。

　　如图 2-93 所示，在两面投影体系 V/H 中，用新的投影面 H_1 替换投影面 H，不变投影面 V，并使 $H_1 \perp V$，于是投影面 V 和 H_1 就形成了新的投影体系 V/H_1，它们的交线 X_1 是新投影轴，点 A 在 H_1 面上的投影 a_1，称新投影；H 面上的投影 a，称旧投影；V 面上的投影 a'，称不变投影。

　　当将投影面 V、H 和 H_1 展开在一平面上时，其点换面规律和作图步骤同上。

　　由上述点的换面规律，即可根据点的两投影 a'、a 和新轴 X_1，作出其 V_1 上的新投影，如图 2-94 所示，作图步骤如下：

　　① 自 a 引投影连线垂直于 X_1 轴；

　　② 在垂线上截取 $a_1' a_{X1} = a' a_X$，即得新投影 a_1'。

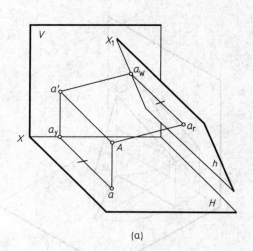

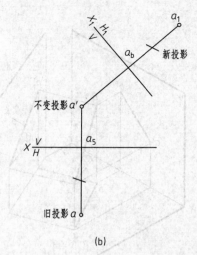

(a)

(b)

图 2-93　点的一次变换——换 H 面

如图 2-95 所示，根据点的两投影 a'、a 和新轴 X_1，作出其 H_1 上的新投影，作图步骤如下：

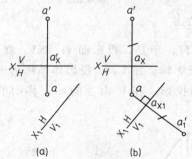

(a)　　　　　(b)

图 2-94　求 V_1 面上的新投影

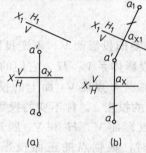

(a)　　　(b)

图 2-95　求 H_1 面上的新投影

① 自 a' 引投影连线垂直于 X_1 轴；

② 在垂线上截取 $a_1 a_{X1} = a a_X$，即得新投影 a_1。

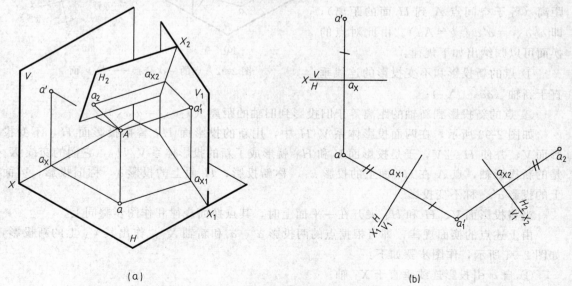

(a)

(b)

图 2-96　点的两次换面（先换 V 面后换 H 面）

（2）点的二次变换　在空间几何问题解题中，一次换面经常不能满足解题需要，必须要进行两次（或更多次的）换面。而且点在一次换面时的两条作图规律，对于多次换面也适用。

如图 2-96 所示，在 V/H 体系中，第一次用 V_1 面替换 V 面，形成 V_1/H 新体系，第二次再用 H_2 面替换 H 面，形成新体系 V_1/H_2，它们的交线 X_2 是新轴，a_2 是新投影。而 V_1/H 便成了旧体系，X_1 是旧轴，a 是旧投影，a_1' 是不变投影。点二次换面的作图与一次换面的道理一样，即 $a_2a_1' \perp X_2$，$a_2a_{X2} = aa_{X1}$。

在图 2-97（a）中，已知 B 点的两投影 b' 和 b，及新轴 X_1 和 X_2，求它们在 H_1 面上和 V_2 面上的新投影 b_1、b_2'。

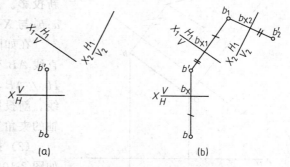

图 2-97　求 H_1 和 V_2 面上的新投影

图 2-97（b）给出了它的作图方法：

① 过 b' 作 X_1 轴垂线，并截取 $b_1b_{X1} = bb_X$，得 H_1 面上的新投影 b_1；

② 过 b_1 作 X_2 轴垂线，并截取 $b_2'b_{X2} = b'b_{X1}$，得 V_2 面上的新投影 b_2'。

2. 基本作图

（1）把一般位置直线变换成投影面的平行线　如图 2-98（a），要把一般位置直线 AB 变换为投影面的平行线，可用 V_1 面替换 V 面，并让 $V_1 \perp H$、$V_1 /\!/ AB$，这样直线 AB 就在 V_1/H 体系中成为 V_1 面的平行线。而且在不变投影面 H 上，必然有新轴 X_1 平行于不变投影 ab，即 $X_1 /\!/ ab$。

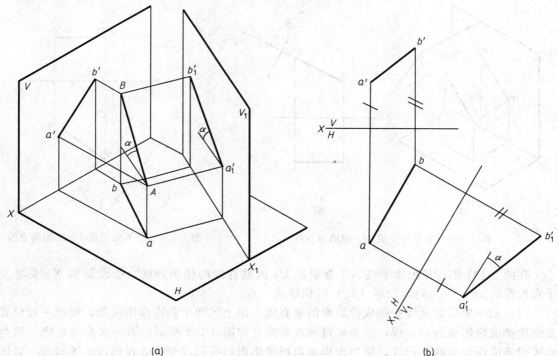

图 2-98　一般位置线变成 V_1 面的平行线

作图：

① 作新投影轴 $X_1 /\!/ ab$，如图 2-98（b）；

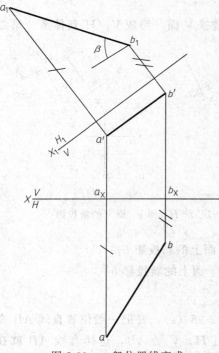

② 分别作出 A、B 两点在 V_1 面上的新投影 $a_1' b_1'$；

③ 用直线连接 $a_1' b_1'$，即为 AB 直线在 V_1 面上的新投影。且投影 $a_1' b_1'$ 的长度等于线段 AB 的实长，$a_1' b_1'$ 与 X_1 的夹角等于直线 AB 与 H 面的倾角 α。

在如图 2-99 所示中，是用 H_1 面替换 H 面，把直线 AB 变换成投影面 H_1 的平行线，这里 $H_1 \perp V$、$H_1 /\!/ AB$，直线 AB 在 V/H_1 体系中为 H_1 面的平行线。新投影 $a_1 b_1$ 反映线段 AB 的实长，$a_1 b_1$ 与 X_1 轴的夹角等于直线 AB 与 V 面的倾角 β。

（2）把投影面的平行线变换成投影面的垂直线

如图 2-100 所示，要把正平线 AB 变换成投影面的垂直线，必须用 H_1 面去替换 H 面，并使 $H_1 \perp V$、$H_1 \perp AB$，这样直线 AB 在 H_1/V 体系中成为 H_1 面的垂直线。而且在不变投影面 V 上，必然有不变投影 $a'b'$ 垂直新轴 X_1，即 $X_1 \perp a'b'$。

作图：

① 作新投影轴 $X_1 \perp a'b'$，如图 2-100（b）；

② 作出 A、B 两点在 H_1 面的新投影 a_1（b_1）（积聚成一点）。

图 2-99 一般位置线变成
H_1 面的平行线

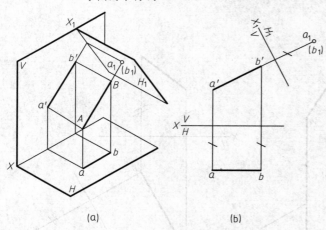

(a)

(b)

图 2-100 正平线变成 H_1 面的垂直线

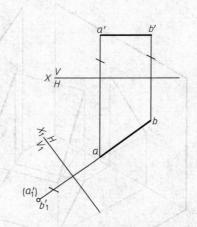

图 2-101 水平线变成 V_1 面的垂直线

在图 2-101 中，是把水平线 AB 变换成 V_1 面垂直线的作图方法，所设新轴 X_1 要垂直于实长投影 ab，作出的新投影（a_1'）b_1' 积聚成一点。

（3）把一般位置直线变换成投影面的垂直线　由上述两个基本作图可知，要把一般位置直线变换成投影面的垂直线，必须经过两次变换，如图 2-102 所示，第一次换面是把一般为直线变换成投影面的平行线，第二次换面再把投影面的平行线变换成投影面的垂直线。具体作图过程参看图 2-98 和图 2-100 的作图方法。

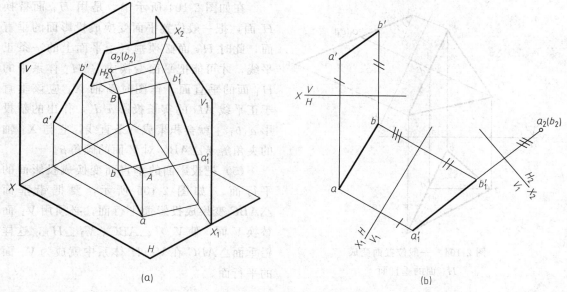

(a)   (b)

图 2-102   一般位置线变成 H_2 面的垂直线

（4）把一般位置平面变换成投影面垂直面   如图 2-103 所示，要把一般位置面△ABC 变换成投影面的垂直面，可用 V_1 面替换 V 面，使 $V_1 \perp H$、$V_1 \perp \triangle ABC$，为此应该在△ABC 上先作一条水平线 AD，然后让 V_1 面与水平线 AD 垂直，同时又垂直于 H 面。

作图：

① 在△ABC 上作水平线 AD，其投影为 $a'd'$ 和 ad，如图 2-103（b）；

② 作新投影轴 $X_1 \perp ad$；

③ 作△ABC 在 V_1 面的新投影 $a_1'b_1'c_1'$，则 $a_1'b_1'c_1'$ 积聚为一直线，它与 X_1 轴的夹角反映△ABC 对 H 面的倾角 α。

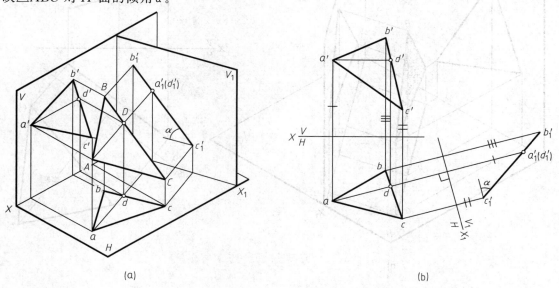

(a)   (b)

图 2-103   一般位置面变换成 V_1 面的垂直面

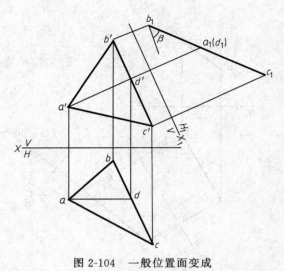

图 2-104 一般位置面变成
H_1 面的垂直面

在如图 2-104 所示中，是用 H_1 面替换 H 面，把一般位置平面变换成投影面的垂直面，此时 H_1 面必须垂直于平面上的一条正平线，才可能把平面变换成 V/H_1 体系中的 H_1 面的垂直面。作图时新轴 X_1 应该垂直于正平线 AD 的实长投影 $a'd'$，作出的新投影 $a_1b_1c_1$ 就会积聚成一条直线，它与 X_1 轴的夹角等于 $\triangle ABC$ 对 V 面的倾角 β。

（5）把投影面的垂直面变换成投影面的平行面　如图 2-105 所示，要把铅垂面 $\triangle ABC$ 变换成投影面平行面，必须用 V_1 面替换 V 面，使 $V_1 // \triangle ABC$、$V_1 \perp H_1$，这样铅垂面 $\triangle ABC$ 在 V_1/H 体系中就成为 V_1 面的平行面。

作图：

① 作新轴 $X_1 // abc$（积聚投影）；

② 分别作出 A、B、C 三点在 V_1 面上的新投影 a_1'、b_1'、c_1'；

③ 连线 $a_1'b_1'c_1'$ 成三角形，即为 $\triangle ABC$ 在 V_1 面的新投影，它反映平面 $\triangle ABC$ 的实形。

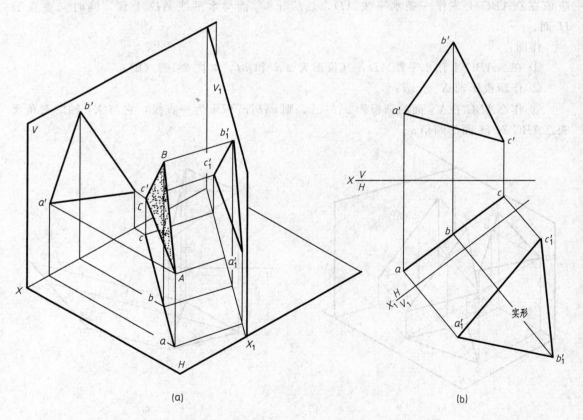

(a)　　　　　　　　　　　　　　　(b)

图 2-105　铅垂面变成 V_1 面的平行面

在图 2-106 中，是把正垂面变换成投影面的平行面，这时必须用 H_1 面替换 H 面，使 $H_1 /\!/ \triangle ABC$、$H_1 \perp V$，这样 $\triangle ABC$ 在 H_1/V 体系中就成为了平行于 H_1 面的平行面。作图时新轴 X_1 要平行于 $a'b'c'$（积聚投影），新投影 $a_1b_1c_1$ 反映 $\triangle ABC$ 的实形。

（6）把一般位置面变换成投影面的平行面　如图 2-107 所示，要把一般位置面变换成投影面的平行面需要两次换面，第一次要把平面 $\triangle ABC$ 变换成投影面的垂直面，第二次再把它变换成投影面的平行面。作图过程参看图 2-103 和图 2-106 作图方法。

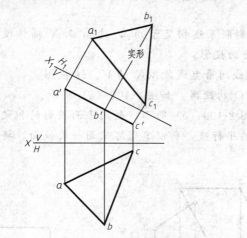
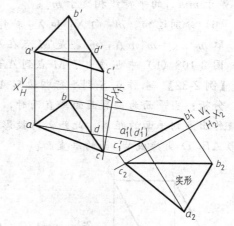

图 2-106　正垂面变换成 H_1 面的平行面　　　　图 2-107　一般位置面变换成 H_2 面的平行面

3. 应用举例

【例 2-31】　已知 M 点的水平投影 m 及 M 点到直线 AB 的距离 L，求 M 点的正面投影，如图 2-108（a）所示。

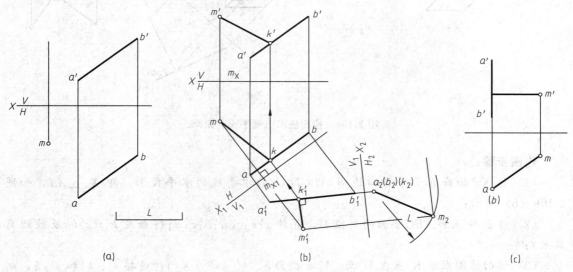

图 2-108　求点 M 的正面投影

分析：当直线 AB 为投影面垂直线时，直线积聚投影与 M 点投影之间的距离等于 M 点到 AB 线的实际距离，如图 2-108（c）所示。要把一般线变换为投影面的垂直线，需要二次变换。

作图步骤：

（1）作新轴 $X_1 /\!/ ab$，如图 2-108（b）所示；

（2）作出直线 AB 在 V_1 面的新投影 $a_1'b_1'$；

（3）作新轴 $X_2 \perp a_1'b_1'$；

（4）作出直线 AB 在 H_2 面上的新投影 $a_2(b_2)$；

（5）求 M 点在 H_2 面的新投影 m_2，是以 $a_2(b_2)$ 为圆心，以 L 为半径画圆，并与距离 X_2 等于 mm_{X1} 的平行线相交于 m_2；

（6）分别过 m、m_2 向 X_1 和 X_2 轴作投影联系线相交于 m_1'，过 m 向 X 轴作投影联系线，取 $m'm_X = m_1'm_{X1}$，m' 即是 M 点在 V 面的投影。

图 2-108（b）中也作出了 M 点到 AB 直线间垂直线段 MK 的 V、H 投影。

【例 2-32】 求作点 S 到平行四边形 $ABCD$ 的距离，如图 2-109（a）所示。

分析： 当平面为投影面的垂直面时，如图 2-109（c）所示，利用平面投影的积聚性，能直接作出点到平面的距离，此距离为投影面的平行线，所以本题可采用一次换面，将平行四边形 $ABCD$ 变换成 V_1 面的垂直面。

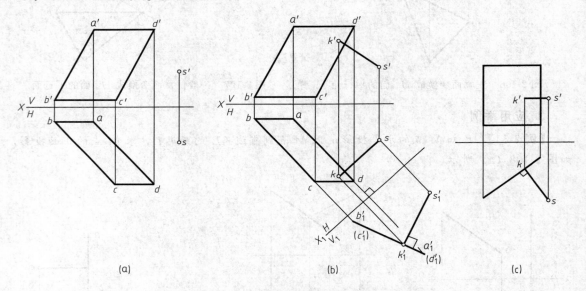

图 2-109　换面法求点到平面的距离

作图步骤：

（1）作 X_1 轴垂直于平行四边形 $ABCD$ 上的水平线的水平投影，即 $X_1 \perp ad$，如图 2-109（b）所示；

（2）作出 S 点和 $ABCD$ 面的新投影，并作 $s_1'k_1' \perp a_1'b_1'c_1'd_1'$ 得垂足 k_1'（$s_1'k_1'$ 反映距离实长）；

（3）返回作图求出 K 点在 H 面、V 面投影 k、k'（$sk /\!/ X_1$）；连接 s'、k' 和 s、k，则 $s'k'$ 和 sk 即为距离线段在 V 和 H 面上的投影。

【例 2-33】 求平面 ABC 与平面 ABD 之间的夹角，如图 2-110（a）所示；

分析： 当两平面同时垂直于某一投影面时，如图 2-110（b）所示，它们在投影面上的投影积聚为两段直线，此两直线间的夹角就反映空间两平面的二面角 θ。要将两平面变换成新投影面的垂直面，只要把它们的交线变换为新投影面的垂直线即可。本题若把一般位置线 AB 变换为投影面的垂直线，需要两次换面。

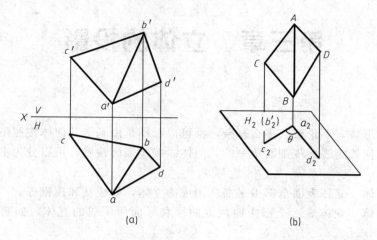

(a)   (b)

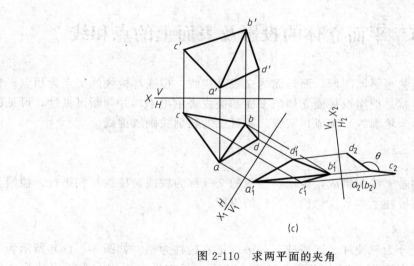

(c)

图 2-110　求两平面的夹角

作图步骤：

（1）作新轴 $X_1 // ab$，如图 2-110（c）所示；

（2）作出两平面各顶点的新投影 a_1'、b_1'、c_1'、d_1'；

（3）作新轴 $X_2 \perp a_1'b_1'$；

（4）作出两平面二次变换的新投影，积聚为两条直线 $a_2(b_2)\,c_2$ 和 $a_2(b_2)\,d_2$，则两直线的夹角就是两平面间的二面角 θ，如图 2-110（c）所示。

第三章　立体的投影

机械零件的形体，不论形状多么复杂，都可以看作是由基本几何体按照不同的方式组合而成的。基本几何体为表面规则而单一的几何体。按其表面性质，可以分为平面立体和曲面立体两类。

（1）平面立体　立体表面全部由平面所围成的立体，如棱柱和棱锥等。

（2）曲面立体　立体表面全部由曲面或曲面和平面所围成的立体，如圆柱、圆锥、圆球、圆环等。

第一节　平面立体的投影及表面上的点和线

平面立体的各表面都是平面图形，面与面的交线是棱线。棱线与棱线的交点为顶点。在投影图上表示平面立体就是把组成平面立体的平面和棱线表示出来，并判断可见性，可见的平面或棱线的投影（称为轮廓线）画成粗实线，不可见的轮廓线画成虚线。

一、棱柱

棱柱由两个底面和若干棱面组成，棱面与棱面的交线称为棱线，棱线互相平行。棱线与底面垂直的棱柱称为正棱柱。本节仅讨论正棱柱的投影。

1. 棱柱的投影

棱柱按棱线的数量分为三棱柱、四棱柱、……以正六棱柱为例。如图 3-1（a）所示为一正六棱柱，由上、下两个底面（正六边形）和六个棱面（长方形）组成。为了表达形体特征，以便看图和画图方便，设将其放置成上、下底面与水平投影面平行，并有两个棱面平行于正投影面。

图 3-1（b）所示是六棱柱的三面投影图。上、下两底面均为水平面，它们的水平投影重合并反映实形，正面及侧面投影积聚为两条相互平行的直线。六个棱面中的前、后两个为正平面，它们的正面投影反映实形，水平投影及侧面投影积聚为一直线。其他四个棱面均为铅垂面，其水平投影均积聚为直线，正面投影和侧面投影均为类似形。

正棱柱的投影特征：当棱柱的底面平行某一个投影面时，则棱柱在该投影面上投影的外轮廓为与其底面全等的正多边形，而另外两个投影则由若干个相邻的矩形线框所组成。

为保证六棱柱投影间的对应关系，三面投影图必须保证：正面投影和水平投影长对正，正面投影和侧面投影高平齐，水平投影和侧面投影宽相等。这也是三面投影图之间的"三等关系"。

2. 棱柱表面上点的投影

平面体表面上取点实际就是在平面或棱线（直线）上取点。不同的是平面体表面上的点

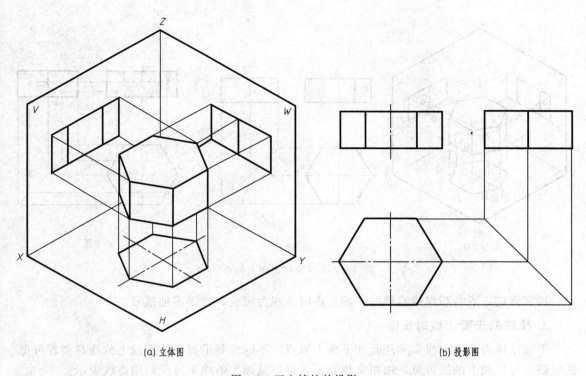

(a) 立体图   (b) 投影图

图 3-1　正六棱柱的投影

存在着可见性问题。规定点的投影用"○"表示，可见点的投影用相应投影面的投影符号表示，如 m、m'、m'' 等，不可见点的投影用相应投影面的投影符号加括号表示，如 (n)、(n')、(n'') 等。

棱柱表面上取点方法：利用点所在的面的积聚性法（因为正棱柱的各个面均为特殊位置面，均具有积聚性）。

首先应根据点的位置和可见性确定点位于立体的哪个平面上，并分析该平面的投影特性，然后再根据点的投影规律求得。

【例 3-1】　如图 3-2（a）、（b）所示，已知棱柱表面上点 M、N 的正面投影 m'、n'，求作它们的其他两面投影。

分析：因为 m' 可见，所以点 M 必在左前棱面 $ABCD$ 上。此棱面是铅垂面，其水平投影积聚成一条直线，故点 M 的水平投影 m 必在此直线上，再根据 m、m' 可求出 m''。由于 $ABCD$ 的侧面投影为可见，故 m'' 也为可见。因为 n' 不可见，所以点 N 必在右后棱面上。此棱面也是铅垂面，其水平投影积聚成一条直线，故点 N 的水平投影 n 必在此直线上，再根据 n、n' 可求出 n''。由于右后棱面的侧面投影不可见，故 n'' 也不可见。

作图步骤 ［如图 3-2（c）所示］：

（1）从 m' 向 H 面作投影连线与六棱柱左前棱面 $ABCD$ 的水平投影相交求得 m，由 m 和 m' 求得 m''。从 n' 向 H 面作投影连线与右后棱面的水平投影相交求得 n，由 n 和 n' 求得 n''。

（2）判断可见性：可见性的判断原则是若点所在面的投影可见（或有积聚性），则点的投影也可见。由此可知 m' 和 m'' 均可见，n' 和 n'' 均不可见。

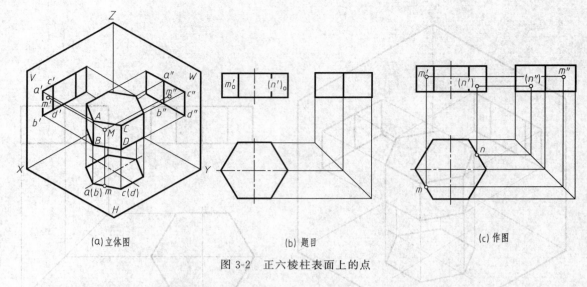

(a)立体图　　　　　　　　　(b) 题目　　　　　　　　(c) 作图

图 3-2　正六棱柱表面上的点

特别强调：点与积聚成直线的平面重影时，视为可见，投影不加括号。

3. 棱柱的表面上线的投影

平面立体表面上取线实际还是在平面上取点。不同的是平面立体表面上的线存在着可见性问题。可见面上的线可见，用粗实线表示，不可见面上的线不可见，用虚线表示。

方法：利用点所在的面的积聚性法（因为正棱柱的各个面均为特殊位置面，均具有积聚性）。

首先应确定点位于立体的哪个平面上，并分析该平面的投影特性，然后再根据点的投影规律求各点的投影，最后将各点的投影连线。

以六棱柱为例，五棱柱、三棱柱等的取线问题类推。

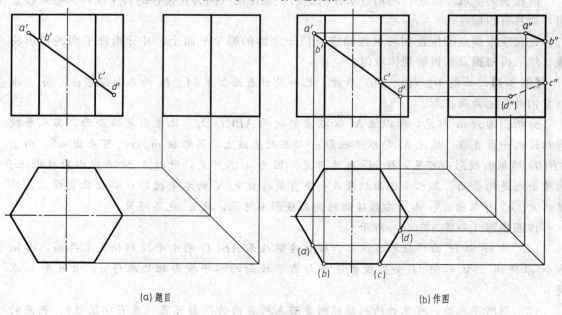

(a) 题目　　　　　　　　　　　　　　(b) 作图

图 3-3　正六棱柱表面上的线

【例 3-2】　如图 3-3（a）所示，已知六棱柱表面上线 $ABCD$ 的正面投影，求作它的其他两面投影。

分析：首先按照【例 3-1】的方法将 A、B、C、D 四个点的水平投影和侧面投影求出，然后将各点连线。连线时需判断可见性，即面可见，面上的线可见，反之亦然。作图步骤如图 3-3（b）所示。

机械零件千变万化，但无论怎样变化，都必须满足使用和安全要求，很多机械零件是在棱柱基础上做的变形，如图 3-4 所示。

图 3-4　棱柱在机械工程中的应用

二、棱锥

1. 棱锥的投影

棱锥由一个多边形的底面和侧棱线交于锥顶的平面组成。棱锥的侧棱面均为三角形平面，棱锥有几条侧棱线就称为几棱锥。以正三棱锥为例，如图 3-5（a）所示为一正三棱锥，它的表面由一个底面（正三边形）和三个侧棱面（等腰三角形）围成，设将其放置成底面与水平投影面平行，并有一个棱面垂直于侧投影面。把正三棱锥向三个投影面作正投影，得图 3-5（b）所示是三棱锥的三面投影图。

由于锥底面 $\triangle ABC$ 为水平面，所以它的水平投影反映实形，正面投影和侧面投影分别积聚为直线段 $a'b'c'$ 和 $a''(c'')b''$。棱面 $\triangle SAC$ 为侧垂面，它的侧面投影积聚为一段斜线 $s''a''(c'')$，正面投影和水平投影为类似形 $\triangle s'a'c'$ 和 $\triangle sac$，前者为不可见，后者可见。棱面 $\triangle SAB$ 和 $\triangle SBC$ 均为一般位置平面，它们的三面投影均为类似形。

棱线 SB 为侧平线，棱线 SA、SC 为一般位置直线，棱线 AC 为侧垂线，棱线 AB、BC 为水平线。

正棱锥的投影特征：当棱锥的底面平行某一个投影面时，则棱锥在该投影面上投影的外轮廓为与其底面全等的正多边形，而另外两个投影则由若干个相邻的三角形线框所组成。

构成三棱锥的各几何要素（点、线、面）应符合投影规律，三面投影图之间应符合"三等关系"。

2. 棱锥表面上点的投影

首先确定点位于棱锥的哪个平面上，再分析该平面的投影特性。

若该平面为特殊位置平面，可利用投影的积聚性直接求得点的投影；若该平面为一般位

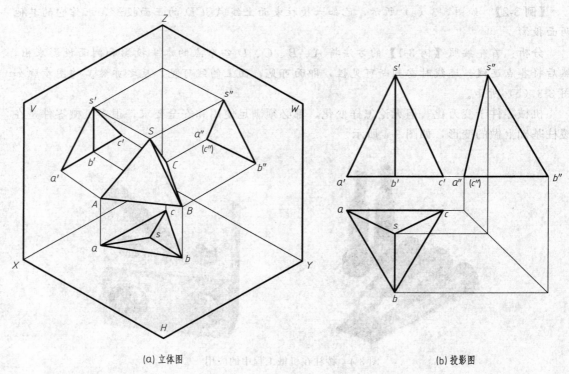

(a) 立体图　　　　　　　　　　　　　　　(b) 投影图

图 3-5　正三棱锥的投影

置平面，可通过辅助线法求得。

　　方法：① 利用点所在的面的积聚性法。

　　　　　② 辅助线法。

　　【例 3-3】　如图 3-6（b）所示，已知正三棱锥表面上点 M 的正面投影 m' 和点 N 的水平面投影 n，求作 M、N 两点的其余投影。

　　分析： 因为 m' 可见，因此点 M 必定在△SAB 上。△SAB 是一般位置平面，采用辅助线法，图 3-6（a）中过点 M 及锥顶点 S 作一条直线 SK，与底边 AB 交于点 K。即过 m' 作 $s'k'$，再作出其水平投影 sk。由于点 M 属于直线 SK，根据点在直线上的从属性可知 m 必在 sk 上，求出水平投影 m，再根据 m、m' 可求出 m''。

　　因为点 N 不可见，故点 N 必定在棱面△SAC 上。棱面△SAC 为侧垂面，它的侧面投影积聚为直线段 $s''a''(c'')$，因此 n'' 必在 $s''a''(c'')$ 上，由 n、n'' 即可求出 n'。

　　作图步骤：

　　（1）过 n' 向侧面作投影连线与△SAC 的侧面投影相交的 n''，由 n' 和 n'' 求得 n。

　　（2）过点 M 作辅助线 SK，即连线 $s'm'$ 交于底边 $a'b'$ 于 k'，然后求出 sk，由 m' 作投影线交 sk 于 m，再根据 m' 和 m 可求出 m''。

　　（3）判断可见性　△SAB 棱面的三投影都可见，因此 M 的三投影也都可见。△SAC 棱面的水平投影可见，侧面投影积聚，因此 n 和 n'' 均可见。

　　如图 3-6（c）所示，在△SAB 上，也可过 m' 作 $m'd'$ ∥ $a'b'$，交左棱 $s'a'$ 于 d'，过 d' 向 H 面引投影连线交 sa 于 d，过 d 作 ab 的平行线与过 m' 向 H 面引投影连线交于 m，再用"二补三"作图，求 m''。

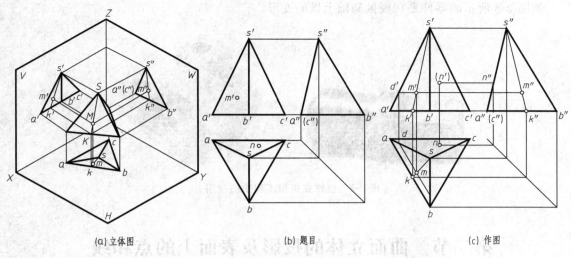

| (a)立体图 | (b)题目 | (c)作图 |

图 3-6　正三棱锥表面上的点

3. 棱锥表面上线的投影

以三棱锥的表面取线为例，四棱锥、六棱锥等的类推。

【例 3-4】 如图 3-7（a）所示，已知正三棱锥表面上线 DEF 的正面投影 $d'e'f'$，求作 DEF 的其余投影。

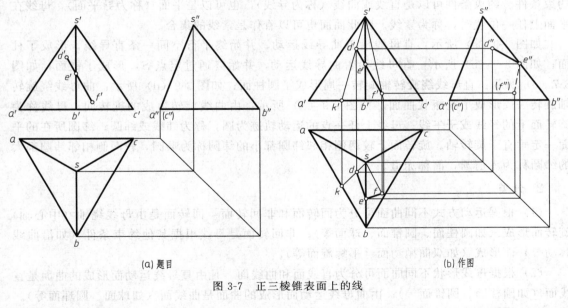

| (a)题目 | (b)作图 |

图 3-7　正三棱锥表面上的线

　　分析作图： 因为 d' 可见，因此点 D 必定在△SAB 上。△SAB 是一般位置平面，采用辅助线法，即过点 D 及锥顶点 S 作一条直线 SK，与底边 AB 交于点 K。如图 3-7（b）所示，过 d' 作 $s'k'$，再作出其水平投影 sk。由于点 D 属于直线 SK，根据点在直线上的从属性质可知 d 必在 sk 上，求出水平投影 d，再根据 d、d' 可求出 d''。F 点求法同。因为点 E 定在前棱 SB 上，故 e'' 必在 $s''b''$ 上，由 e'、e'' 即可求出 e。连线 DE、EF。EF 在右棱面 △SBC 上，侧面投影不可见，故 EF 侧面投影 $e''f''$ 连虚线。

如图 3-8 所示的零件是在棱锥基础上做的变形。

图 3-8　棱锥在机械工程中的应用

第二节　曲面立体的投影及表面上的点和线

一、曲面的形成和分类

1. 形成

在画法几何中，曲面可看作由一动线在空间连续运动所经过位置的总和。

形成曲面的动线叫做曲面的母线，曲面在形成过程中，母线运动的限制条件称为运动的约束条件。约束条件可以是直线或曲线（称为导线），也可以是平面（称为导平面），母线在平面上任一位置时，称为素线。因此曲面也可以看作是素线的集合。

如图 3-9（a）所示：直母线沿着曲导线运动，并始终平行空间一条直导线，形成了柱面；如图 3-9（b）所示：直母线沿着曲导线运动，并始终通过定点 S，形成了锥面；如图 3-7（c）所示：直母线绕旋转轴旋转一周形成了圆柱面；如图 3-9（d）所示：曲母线绕旋转轴旋转一周形成了花瓶状曲面。如图 3-9（d）所示：由曲线旋转生成的旋转面，母线称为旋转面上的经线或子午线；母线上任一点的运动轨迹为圆，称为纬线或纬圆；纬圆所在的平面一定垂直于旋转轴。旋转面上较两侧相邻纬圆都小的纬圆称为喉圆，较两侧相邻纬圆都大的纬圆称为赤道圆，简称赤道。

2. 分类

（1）根据运动方式不同曲面可分为回转面和非回转面　回转面是由母线绕轴（中心轴）旋转而形成（如圆柱面、圆锥面、球面等）；非回转面是母线根据其他约束条件（如沿曲线移动等）而形成（如双曲抛物面、平螺旋面等）。

（2）根据母线形状不同曲面可分为直线面和曲线面　凡由直母线运动而形成的曲面是直线面（如圆柱面、圆锥面等）；由曲母线运动而形成的曲面是曲线面（如球面、圆环面等）。

（3）根据母线运动规律不同曲面可分为规则曲面和不规则曲面　母线有规律地运动形成规则曲面；不规则运动形成不规则曲面。

3. 曲面的表示法

曲面的表示与平面相似，只要画出形成曲面几何元素的投影，如：母线、定点、导线、导平面等的投影，曲面就确定了。为了表示得更清楚曲面还要绘出：曲面的边界线、曲面外形轮廓线（轮廓线可能是边界线的投影）、有时还需要画出一系列素线的投影。

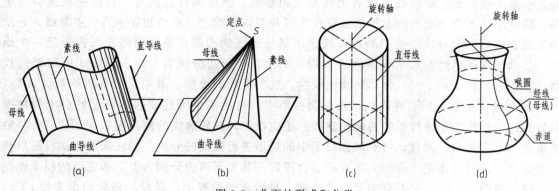

图 3-9　曲面的形成和分类

工程中常见的曲面立体是回转体，如圆柱、圆锥、球和环等。回转体是指完全由回转曲面或回转曲面和平面所围成的立体。在投影图上表示回转体就是把围成立体的回转面或平面与回转面表示出来。画曲面体的投影时，轴线用点画线画出，圆的中心线用相互垂直的点画线画出，其交点为圆心。所画点画线应超出圆轮廓线 3～5mm。

二、圆柱体

圆柱表面由圆柱面和两底面所围成。圆柱面可看作一条直母线 AA_1 围绕与它平行的轴线 OO_1 回转而成，如图 3-10（a）所示。圆柱面上任意一条平行于轴线的直线，称为圆柱面的素线。

1. 圆柱的投影

画图时，一般常使它的轴线垂直于某个投影面。如图 3-10（a）所示，直立圆柱的轴线

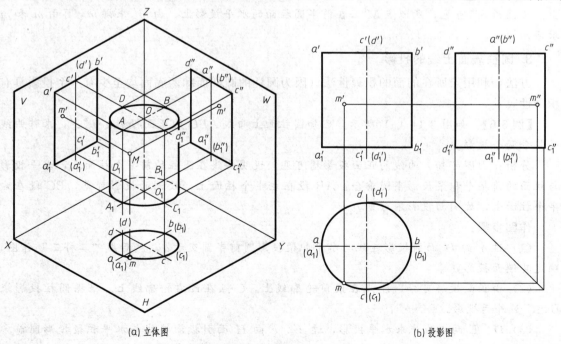

（a）立体图　　　　　　　　　　　　　（b）投影图

图 3-10　圆柱的投影及其表面上的点

垂直于水平投影面，圆柱面上所有素线都是铅垂线，因此圆柱面的水平投影积聚成为一个圆。圆柱上、下两个底面的水平投影反映实形并与该圆重合。两条相互垂直的点画线，表示确定圆心的对称中心线。图中的点画线表示圆柱轴线的投影。圆柱面的正面投影是一个矩形，是圆柱面前半部与后半部的重合投影，其上、下两边分别为上、下两底面的积聚性投影，左、右两边 $a'a_1'$、$b'b_1'$ 分别是圆柱最左、最右素线的投影。最左、最右两条素线 AA_1、BB_1 是圆柱面由前向后的转向线，是正面投影中可见的前半圆柱面和不可见的后半圆柱面的分界线，也称为正面投影的转向轮廓线。正面投影转向轮廓线的侧面投影 $a''a_1''$、$b''b_1''$ 与轴线重合，不需画出；同理，可对侧面投影中的矩形进行类似的分析。圆柱面的侧面投影也是一个矩形，是圆柱面左半部与右半部的重合投影，其上下两边分别为上下两底面的积聚性投影，前、后两边 $c''c_1''$、$d''d_1''$ 分别是圆柱最前、最后素线的投影。最前、最后两条素线 CC_1、DD_1 是圆柱面由左向右的转向线，是侧面投影中可见的左半圆柱面和不可见的右半圆柱面的分界线，也称为侧面投影的转向轮廓线。侧面转向轮廓线的正面投影 $c'c_1'$、$d'd_1'$ 也与轴线重合，不需画出。正面和侧面转向轮廓线的水平投影积聚在圆周最左、最右、最前、最后四个点上。

圆柱的投影特征：当圆柱的轴线垂直某一个投影面时，必有一个投影为圆形，另外两个投影为全等的矩形。

2. 圆柱面上点的投影

在圆柱面上取点时，可采用辅助直线法（简称素线法）。当圆柱轴线垂直于某一投影面时，圆柱面在该投影面上的投影积聚成圆，可直接利用这一特性在圆柱表面上取点、取线。

【例 3-5】 如图 3-10（b）所示，已知圆柱面上点 M 的正面投影 m'，求作点 M 的其余两个投影。

分析作图：因为圆柱面的水平投影具有积聚性，圆柱面上点的水平投影一定重影在圆周上。又因为 m' 可见，所以点 M 必在前半圆柱面的水平投影上，由 m' 求得 m，再由 m' 和 m 求得 m''。

3. 圆柱表面上线的投影

方法：利用点所在的面的积聚性法（因为圆柱的圆柱面和两底面均至少有一个投影具有积聚性）。

【例 3-6】 如图 3-11（a）所示，已知圆柱面上曲线 ABC 的正面投影 $a'b'c'$，求作曲线的其余两个投影。

分析：由图可知，曲线的正面投影均可见，说明曲线在圆柱的前半个柱面上，水平投影与柱面的前半个积聚投影半圆重合；AB 段在左半个柱面上，故侧面投影可见，BC 段在右半个柱面上，故侧面投影不可见。

作图步骤：

（1）过 a' 向 H 面引投影连线与水平积聚投影圆前半圆交于 a，然后用"二补三"作图，确定其侧面投影 a''。

（2）由正面投影可知，B 点在最前轮廓线上，C 点在最右轮廓线上。根据圆柱投影求 B、C 另外两投影。

（3）D、E 两点应先求水平投影，过 d'、e' 向 H 面引投影连线与水平积聚投影圆前半圆交于 d、e，然后用"二补三"作图，确定其侧面投影 d''、e''。

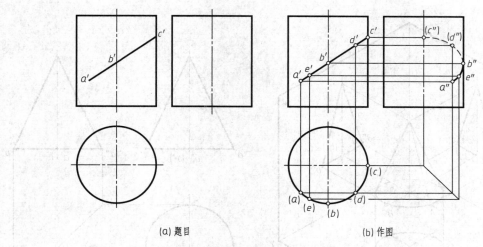

(a) 题目   (b) 作图

图 3-11   圆柱表面上的线

（4）曲线 *ABC* 的水平投影积聚在前半个圆周上的圆弧。侧面投影 *AB* 在左半个圆柱面上，故侧面投影 *a″b″* 可见，连实线。侧面投影 *BC* 在右半个圆柱面上，故侧面投影 *b″c″* 不可见，连虚线，如图 3-11（b）所示。

圆柱结构在机械工程中有着广泛的应用，如图 3-12 所示。

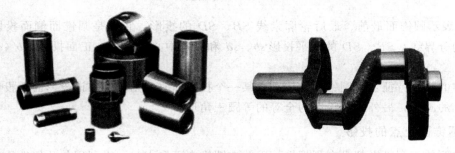

图 3-12   圆柱在机械工程中的应用

三、圆锥体

圆锥表面由圆锥面和底面所围成。如图 3-13（a）所示，圆锥面可看作是一条直母线 *SA* 围绕与它相交的轴线 *SO* 回转而成。在圆锥面上通过锥顶的任一直线称为圆锥面的素线。

1. 圆锥的投影

画圆锥面的投影时，也常使它的轴线垂直于某一投影面。

如图 3-13（a）所示圆锥的轴线是铅垂线，底面是水平面，图 3-13（b）是它的投影图。圆锥的水平投影为一个圆，与圆锥底面圆的投影重合，反映底面的实形，同时也表示圆锥面的投影，顶点的水平投影在圆心处。圆锥的正面、侧面投影均为等腰三角形，其底边均为圆锥底面的积聚投影。正面投影中三角形的两腰 *s′a′*、*s′c′* 分别表示圆锥面最左、最右轮廓素线 *SA*、*SC* 的投影，它们是圆锥面正面投影可见与不可见的分界线。*SA*、*SC* 的水平投影 *sa*、*sc* 和横向中心线重合，侧面投影 *s″a″*（*c″*）与轴线重合。侧面投影中三角形的两腰 *s″b″*、

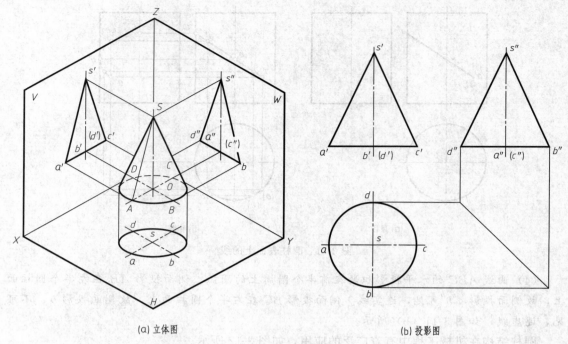

| (a) 立体图 | (b) 投影图 |

图 3-13　圆锥的投影

$s''d''$ 分别表示圆锥面最前、最后轮廓素线 SB、SD 的投影，它们是圆锥面侧面投影可见与不可见的分界线。SB、SD 的水平投影 sb、sd 和纵向中心线重合，正面投影 $s'b'(d')$ 与轴线重合。

　　圆锥的投影特征：当圆锥的轴线垂直某一个投影面时，则圆锥在该投影面上投影为与其底面全等的圆形，另外两个投影为全等的等腰三角形。

2. 圆锥面上点的投影

　　圆锥面的三个投影都没有积聚性，因此在圆锥表面取点时，需利用其几何性质，采用作简单辅助线的方法。

　　方法：① 过圆锥锥顶画辅助线法（素线法）。

　　　　　② 用垂直于轴线的圆作为辅助线法（纬圆法）。

　　【例 3-7】　如图 3-14 所示，已知圆锥表面上 M 的正面投影 m'，求作点 M 的其余两个投影。

　　分析：因为 m' 可见，所以 M 必在前半个圆锥面的左边，故可判定点 M 的另两面投影均为可见。

　　作图步骤：素线法。如图 3-14（a）所示，过锥顶 S 和 M 作一直线 SA，与底面交于点 A。点 M 的各个投影必在此 SA 的相应投影上。在图 3-14（b）中过 m' 作 $s'a'$，然后求出其水平投影 sa。由于点 M 属于直线 SA，根据点在直线上的从属性可知 m 必在 sa 上，求出水平投影 m，再根据 m、m' 可求出 m''。

　　【例 3-8】　如图 3-15 所示，已知圆锥表面上 N 的正面投影 n'，求作点 N 的其余两个投影。

　　分析：因为 n' 可见，所以 N 必在前半个圆锥面的右边，故可判定点 N 的侧面投影不

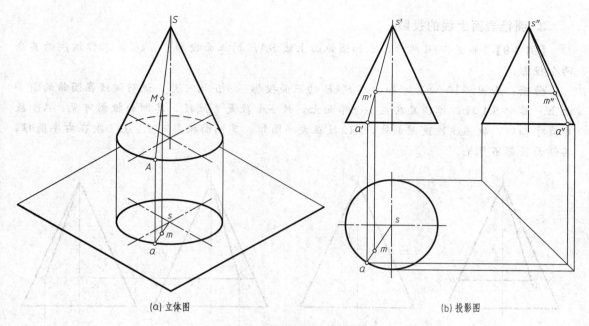

(a) 立体图　　　　　　　　　　(b) 投影图

图 3-14　圆锥表面素线法取点

可见。

作图步骤： 纬圆法。如图 3-15（a）所示，过圆锥面上点 N 作一垂直于圆锥轴线的辅助圆，点 N 的各个投影必在此辅助圆的相应投影上。在图 3-15（b）中过 n' 作水平线 $a'b'$，此为辅助圆的正面投影积聚线。辅助圆的水平投影为一直径等于 $a'b'$ 的圆，圆心为 s，由 n' 向 H 面引投影连线与此圆相交，且根据点 N 的可见性，即可求出 n。然后再由 n' 和 n 可求出 n''。

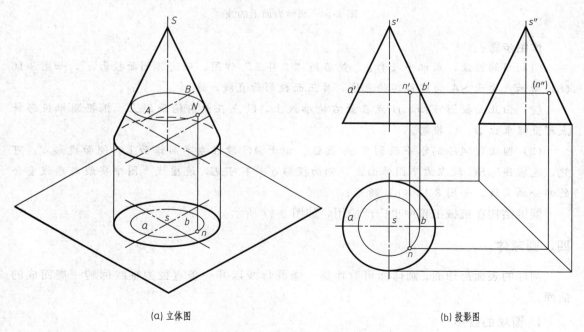

(a) 立体图　　　　　　　　　　(b) 投影图

图 3-15　圆锥表面纬圆法取点

3. 圆锥表面上线的投影

【例 3-9】 如图 3-16 所示，已知圆锥面上线 SAB 的正面投影 $s'a'b'$，求作该线的其余两个投影。

分析： 由图 3-16（a）可知，线 SAB 的正面投影 $s'a'b'$ 均可见，说明该线在圆锥的前半面上。其中 SA 段过锥顶且在左半个锥面上，故 SA 段是直线段，其侧面投影可见；AB 段垂直于轴线，故 AB 段是圆曲线，AC 段在左半圆锥，其侧面投影可见，BC 段在右半圆锥，其侧面投影不可见。

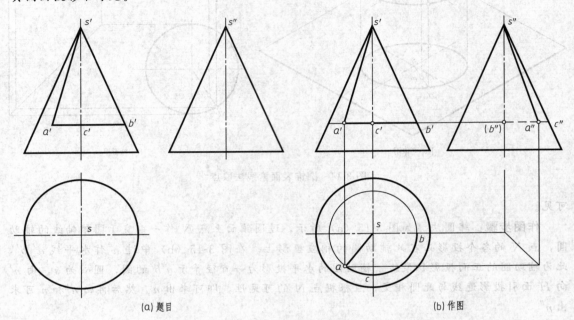

| (a) 题目 | (b) 作图 |

图 3-16　圆锥表面上的线

作图步骤：

（1）用纬圆法，求水平投影 a，然后用"二补三"作图，确定其侧面投影 a''，如图 3-16（b）所示。由于 SA 为过锥顶的素线，其三面投影为直线，连 $s'a'$、$s''a''$。

（2）由正面投影可知，B 点在最右轮廓线上，C 点在最前轮廓线上。根据圆锥投影特点可直接求出 B、C 投影。

（3）圆曲线 AB 的水平投影为 ab 圆弧。由于 AC 段在左半圆锥面上，侧面投影 $a''c''$ 可见，连实线。BC 段在右半圆锥面上，侧面投影 $b''c''$ 不可见，连虚线。图中实线与虚线重合的部分画实线，如图 3-16（b）所示。

圆锥结构在机械工程中也广泛应用，如图 3-17 所示。

四、圆球体

圆球的表面是球面，圆球面可看作是一条圆母线以其一条直径为轴线回转一周而成的曲面。

1. 圆球的投影

如图 3-18（a）所示为圆球的立体图、如图 3-18（b）所示为圆球的投影。圆球在三个

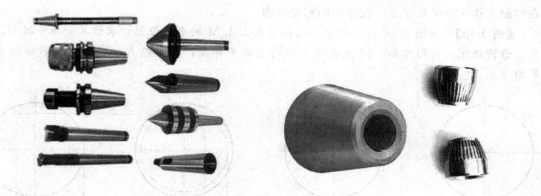

图 3-17　圆锥在机械工程中的应用

投影面上的投影都是直径相等的圆，但这三个圆分别表示三个不同方向的转向轮廓线的投影。正面投影的圆 a' 是平行于 V 面的正面转向轮廓线圆 A（它是可见前半球与不可见后半球的分界线）的投影。A 的水平投影 a 与水平投影的横向中心线重合，A 的侧面投影 a'' 与侧面投影的纵向中心线重合，都不画出。水平投影的圆 b 是平行于 H 面的转向轮廓线圆 B（它是可见上半球与不可见下半球的分界线）的投影。B 的正面投影 b' 与正面投影的横向中心线重合，B 的侧面投影 b'' 与侧面投影的横向中心线重合，都不画出。侧面投影的圆 c'' 是平行于 W 面的侧面转向轮廓线圆 C 的侧面投影（它是可见左半球与不可见右半球的分界线）；C 的水平投影和正面投影均在纵向中心线上，也都不画出。

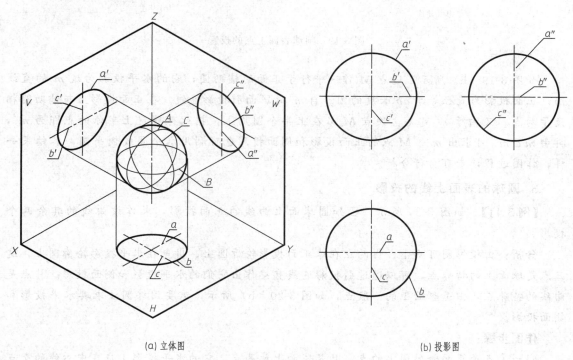

(a) 立体图　　　　　　　　　　　　　　　　　　(b) 投影图

图 3-18　圆球的投影

2. 圆球面上点的投影

圆球面的三个投影都没有积聚性，求作其表面上点的投影需采用辅助纬圆法，即过该点在球面上作一个平行于某一投影面的辅助纬圆。

【例 3-10】 如图 3-19（a）所示，已知球面上点 M 的水平投影，求作其余两个投影。

分析作图： 由图可知，M 点在上半球的左前半部分，为一般点，其正面投影和侧面投影均可见。

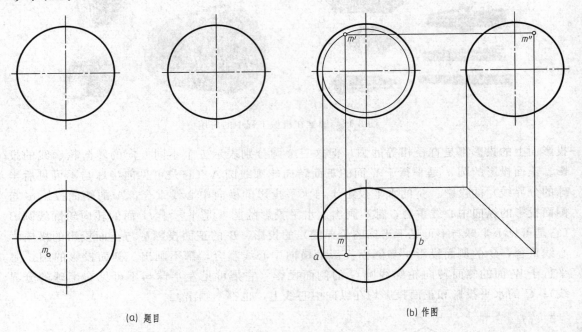

(a) 题目　　　　　　　　　　　　　　　　(b) 作图

图 3-19　圆球表面上点的投影

如图 3-19（b）所示，过点 M 作一平行于正面的辅助圆，它的水平投影为过 m 的直线 ab，正面投影为直径等于 ab 长度的圆。自 m 向 V 面引投影连线，在正面投影上与辅助圆相交于两点。又由于 m 可见，故点 M 必在上半个圆周上，据此可确定上半球的点即为 m'，再由 m、m' 可求出 m''。M 点的正面投影和侧面投影也可利用水平圆或侧平圆，其结果一样，作图过程读者可自行分析。

3. 圆球的表面上线的投影

【例 3-11】 如图 3-20 所示，已知圆球面上曲线的正面投影，求作该曲线的其余两个投影。

分析： 由投影图可知Ⅰ、Ⅳ两点在球正面投影轮廓圆上，Ⅲ点在水平投影轮廓圆上，这三点是球面上的特殊点，可以通过引投影连线直接作出它们的水平投影和侧面投影。Ⅱ点是曲线的特殊点，但是球面上的一般点，如图 3-20（b）所示，需要用纬圆法求其水平投影和侧面投影。

作图步骤：

（1）Ⅰ点是正面轮廓圆上的点，且是球面上最高点，它的水平投影 1 应在中心线的交点上，侧面投影应在竖向中心线于侧面投影轮廓圆的交点上。Ⅲ点是水平投影轮廓圆上的点，它的水平投影 3 应为自 3' 向下引投影线与水平投影轮廓圆前半周的交点，水平投影 3" 应在横向中心线上，可由水平投影引联系线求得。Ⅳ点是正面投影轮廓线上的点，它的水平投影应

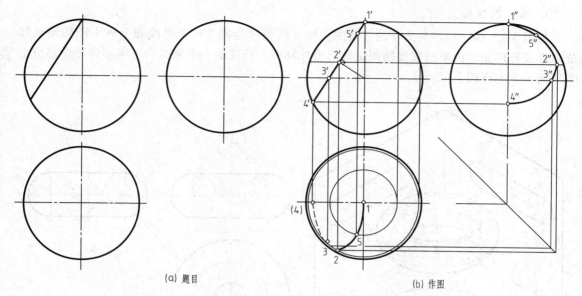

(a) 题目   (b) 作图

图 3-20   圆球表面上线的投影

为自 4' 向下引联系线与横向中心线的交点，侧面投影 4″ 应为自 4' 向右引联系线与竖向中心线的交点。

（2）用纬圆法求 Ⅱ 点得水平投影和侧面投影的作图过程是：在正面投影上过 2' 作平行横向中心线的直线，并与轮廓圆交于两个点，则两点间线段是过点 Ⅱ 纬圆的正面投影，在水平投影上，以轮廓圆的圆心为圆心，以纬圆正面投影线段长度为直径画圆，即为过点 Ⅱ 纬圆的水平投影，然后自 2' 向下引联系线与纬圆前半圆周的交点是 Ⅱ 点水平投影，然后用"二补三"作图确定侧面投影 2″。同理用纬圆法求 Ⅴ 点得水平投影和侧面投影。

（3）水平投影 123 段可见，连实线，34 段不可见，连虚线。侧面投影 1″2″3″4″ 均可见，连实线。

如图 3-21 所示为圆球在机械工程中的应用。

图 3-21   圆球在机械工程中的应用

五、圆环体

圆环是由圆环面围成的。圆环面可看成是母线圆绕圆外且与圆平面共面的轴线旋转所形成的曲面。

1. 圆环的投影

如图 3-22（a）所示为圆环的直观图，圆环的轴线为铅垂线，母线圆上外半圆弧绕轴线旋转形成外环面，内半圆弧绕轴线旋转形成外环面。母线的上半圆弧、下半圆弧旋转形成上半环面、下半环面。

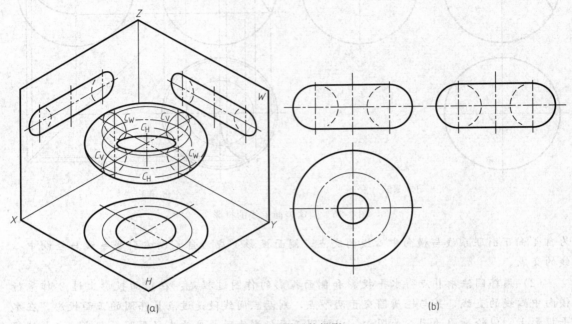

图 3-22　圆环的投影

图 3-22（b）为圆环的三面投影。在水平投影中，最大圆和最小圆为圆环面水平转向轮廓线（上半环面与下半环面分界线圆）的投影。它们将圆环面分为两部分，上半圆环面可见，下半圆环面不可见。单点长画线圆为母线圆中心轨迹的水平投影，也是内、外环面水平投影的分界线。

在正面投影中，如图 3-22（b）所示，左、右两个圆和与两圆相切的两直线段是圆环面正面转向轮廓线的投影，其中左、右两个圆为圆环面上最左、最右素线圆的投影，粗实线半圆在外环面上，虚线半圆在内环面上。上下两水平直线段为内外环面分界线圆的投影。在正面投影中，前半外环面可见，内环面和后半外环面不可见。

在侧面投影中，如图 3-22（b）所示，前、后两个圆与两圆相切的两直线段是圆环面侧面转向轮廓线的投影，其中前、后两个圆为圆环面上最前、最后素线圆的投影，粗实线半圆在外环面上，虚线半圆在内环面上。上下两水平直线段为内外环面分界线圆的投影。在侧面投影中，左半外环面可见，内环面和右半外环面不可见。

作图步骤如下：

① 用单点长画线绘制圆环的中心线和轴线；

② 绘制圆环正面转向轮廓线投影，利用投影关系作出圆环水平投影和侧面投影。

2. 圆环表面上取点

圆环面的素线为圆，母线上点的运动轨迹为圆，其表面取点，只能采用纬圆法。

【例 3-12】 如图 3-23（a）所示，已知圆环面上点 K、N、E 的一个投影，求作点的另外两个投影。

作图步骤：

（1）作 K 点的投影。如图 3-23（b）所示，由 K 点的水平投影可知，点 K 位于上半内环面的正面转向轮廓素线圆上。过 k 作投影线交正面转向轮廓素线圆于 k'，其侧面投影 k'' 位于圆环轴线的侧面投影上，由于内环面的正面投影和侧面投影不可见，故 k' 和 k'' 不可见。

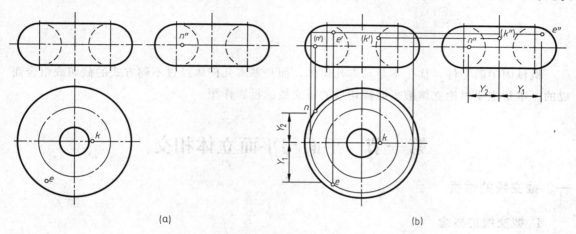

(a)　　　　　　　　　　　　　(b)

图 3-23　圆环面上取点

（2）作 N 点的投影。由点 N 的侧面投影可知，点 N 位于外环面的水平转向轮廓素线圆上。利用坐标差 y_2 作出水平投影 n，其正面投影 n' 位于上下环面分界线上且不可见。

（3）作 E 的投影。由点 E 的水平投影可知，E 点位于左半、上半外环面上。过 e 作纬圆的水平投影和正面投影，利用点的从属性作出 e'，其侧面投影 e'' 可利用坐标差 y_1 作出，且 e' 和 e'' 可见。

如图 3-24 所示为圆环在机械工程中的应用。

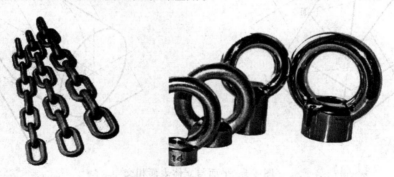

图 3-24　圆环在机械工程中的应用

第四章　立体表面的交线

机械图中的零件，往往不是基本几何体，而是基本几何体经过不同方式的截切或组合而成的。本章主要讨论立体被平面截切后的截交线的投影作图。

第一节　平面与平面立体相交

一、截交线的性质

1. 截交线的概念

平面与立体表面相交，可以认为是立体被平面截切，此平面通常称为截平面，截平面与立体表面的交线称为截交线。图 4-1 为平面与立体表面相交示例。

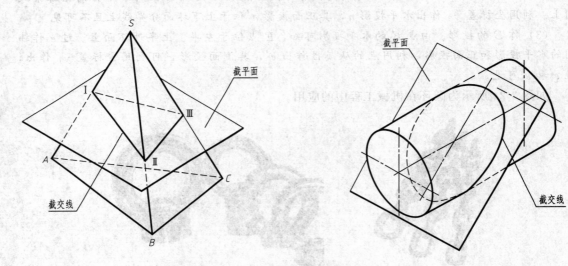

图 4-1　平面与立体表面相交

2. 截交线的性质

① 截交线一定是一个封闭的平面图形。

② 截交线既在截平面上，又在立体表面上，截交线是截平面和立体表面的共有线。截交线上的点都是截平面与立体表面上的共有点。

因为截交线是截平面与立体表面的共有线，所以求作截交线的实质，就是求出截平面与立体表面的共有点。

二、平面与平面立体相交

平面立体的表面是平面图形，因此平面与平面立体的截交线为封闭的平面多边形。多边形的各个顶点是截平面与立体的棱线或底边的交点，多边形的各条边是截平面与平面立体表面的交线。因此，求平面立体截交线的问题，可归为求两平面的交线或求直线与平面的交点问题。

截交线的可见性，决定于各段交线所在表面的可见性，只有表面可见，交线才可见，画成实线；表面不可见，交线也不可见，画成虚线。表面积聚成直线，其交线的投影不用判别可见性。

1. 平面与棱柱相交

通过例题讲解平面立体截交线的画法。

【例 4-1】 如图 4-2（a）所示，求作正垂面 P 与正六棱柱的截交线。

分析： 由于截平面 P 与六棱柱的六个侧棱相交，所以截交线是六边形，六边形的六个顶点即六棱柱的六条棱线与截平面的交点。截交线的正面投影积聚在 P_V 上，而六棱柱六个棱面的水平投影有积聚性，故截交线的水平投影与六棱柱的水平投影重合，侧面投影只需求出六边形的六个顶点即可。

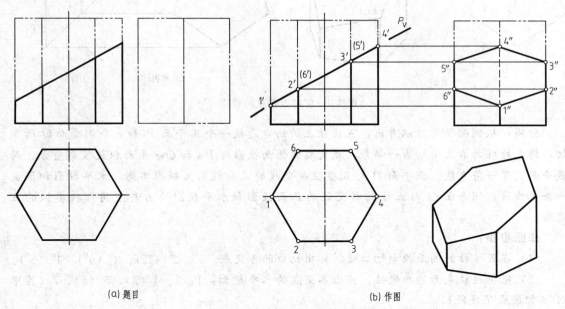

(a) 题目   (b) 作图

图 4-2　平面与正六棱柱相交

作图步骤：

（1）利用点的投影规律，可直接求出截平面与棱线交点的侧面投影即 $1''$、$2''$、$3''$、$4''$、$5''$、$6''$。

（2）依次连接六点即得截交线的侧面投影。

（3）判断可见性，截交线侧面投影均可见，故连成实线；六棱柱的右侧棱线侧面投影不可见，应画成虚线，虚线与实线重合部分画实线。

（4）将各棱线按投影关系补画到相应各点，完成六棱柱的侧面投影，如图 4-2（b）所示。

当用两个以上平面截切平面立体时，在立体上会出现切口、凹槽或穿孔等。作图时，只要作出各个截平面与平面立体的截交线，并画出各截平面之间得交线，就可作出这些平面立体的投影。

【例4-2】 如图4-3（a）所示，求作切口五棱柱的正面投影和水平投影。

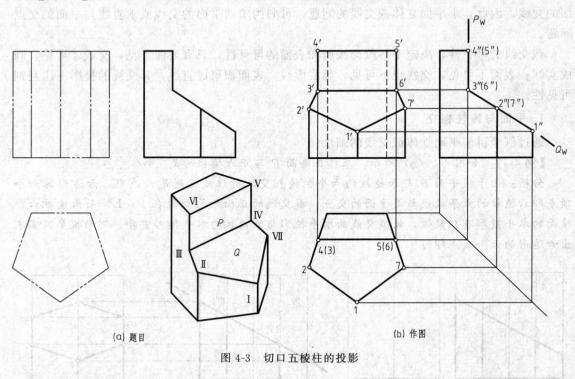

(a) 题目　　　　　　　　　　　　　(b) 作图

图 4-3 切口五棱柱的投影

分析：从侧面投影可以看出，五棱柱上的切口是被一个正平面 P 和一个侧垂面 Q 所截切，将五棱柱的右上角切去一部分。截交线的侧面投影与 P_W 和 Q_W 平面积聚投影重合，两截平面交于一条直线。正平面 P 与五棱柱截交线的正面投影为矩形实形，水平投影积聚成一条直线段；侧垂面 Q 与五棱柱截交线的正面投影和水平投影均为与空间形状类似的五边形。

作图步骤：

（1）在五棱柱的侧面投影切口处，标出切口的各交点：$1''$、$2''$（$7''$）、$3''$（$6''$）、$4''$（$5''$）。

（2）根据棱柱表面的积聚性，找出各交点的水平投影：1、2、4（3）、5（6）、7（其中3456积聚成了线段）。

（3）根据交点的水平投影和侧面投影，利用点的投影规律，作出各交点的正面投影：$1'$、$2'$、$3'$、$4'$、$5'$、$6'$、$7'$。

（4）依次连接正面投影中各点即得截交线的正面投影（其中 $3'4'5'6'$ 是矩形的实形，$1'2'3'6'7'$ 为与空间形状类似的五边形），连接过程中注意判断可见性，截交线正面投影可见，故连成实线。

（5）补全其他轮廓线，完成五棱柱切口体的投影，如图4-3（b）所示。

2. 平面与棱锥相交

【例4-3】 如图4-4（a）所示，一带切口的正三棱锥，已知它的正面投影，求其另两面投影。

　　分析：该正三棱锥的切口是由两个相交的截平面切割而形成。两个截平面一个是水平面，一个是正垂面，它们都垂直于正面投影，因此切口的正面投影具有积聚性。水平截面与三棱锥的底面平行，因此它与棱面△SAB 和△SAC 的交线 DE、DF 必分别平行于底边 AB 和 AC，水平截面的侧面投影积聚成一条直线。正垂截面分别与棱面△SAB 和△SAC 交于直线 GE、GF。由于两个截平面都垂直于正面，所以两截平面的交线一定是正垂线，作出以上交线的投影即可得出所求投影。

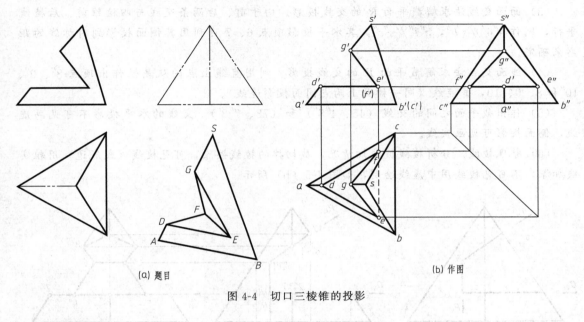

(a) 题目　　　　　　　　　　　(b) 作图

图 4-4　切口三棱锥的投影

作图步骤：

　　(1) 在正面投影上，标出各点的正面投影 d′、e′、f′、g′。

　　(2) DE、DF 线段分别于它们同面的底边平行，因此利用投影的平行规律，求出交点 D、E、F、G 的水平投影即 d、e、f、g，然后用"二补三"求它们的侧面投影 d″、e″、f″、g″。

　　(3) 依次连接各点即得截交线的水平投影和侧面投影。连线时必须要连接同一棱面及同一截面上的相邻两点。

　　(4) 判断可见性，截交线水平投影均可见，故连成实线，交线 EF 的水平投影 ef 不可见连成虚线；侧面投影积聚不判断可见性。

　　(5) 补全其他轮廓线，整理图面，完成三棱锥的投影，如图 4-4（b）所示。

　　【例 4-4】　如图 4-5（a）所示，完成正四棱锥被平面 P、Q、R 截切后的水平投影和侧面投影。

　　分析：截平面 Q 与四棱锥的四个棱面相交，截平面 R 与两个棱面相交，截平面 P 与四个棱面相交，故四棱锥表面截交线为空间十边形。三个截平面之间有两条交线，均为正垂线。由于三个截平面对 V 面具有积聚性，故截交线的正面投影落在截平面正面积聚性投影上，要求解的是水平投影和侧面投影。由于截平面 Q 为水平面，截切的四条交线为水平线，与四棱锥对应底边平行，截平面 R 为侧平面，截切的两条交线为侧平线，与四棱锥前、后棱线平行，这些交线均可用面面交线法求解。而截平面 P 为正垂面，截切的四条交线为一般位置线，其三个顶点位于四棱锥的三条棱线上，只能用线面交点法求解。

作图步骤：

（1）用细实线线作出正四棱锥的侧面投影。

（2）面面交线法求解截平面 Q 的交线投影。为方便作图说明，本例对截交线的各顶点进行了编号，如图 4-5（b）所示，过棱线 $s'a'$ 上 $1'$ 作投影线交 sa 于 1，利用两直线平行投影特性，作出四条交线的水平投影 12、24、13、35，其侧面投影落在截平面 Q 的侧面积聚性投影上，其中 $4''$、$5''$ 可利用其水平投影与对称线的距离来确定。

（3）面面交线法求解截平面 R 的交线投影。由于前、后两条交线与四棱锥前、后棱线平行，则作 $4''6'' /\!/ s''b''$，$5''7'' /\!/ s''c''$，其水平投影顶点 6、7 可利用其侧面投影到对称线的距离来确定。

（4）线面交点法求解截平面 P 的交线投影。利用直线上点的从属性作出顶点 $8''$、$9''$、$10''$ 和 8、9、10，并连线（同一棱面上两点同面投影连线）。

（5）作出截平面之间的交线（45、$4''5''$）和（78、$7''8''$）。交线的水平投影不可见画虚线，侧面投影可见画实线。

（6）整理棱线。分析棱线被截切情况，截切掉的棱线擦除，可见棱线（或底边）用粗实线加深，不可见棱线用中虚线绘制，如图 4-5（b）所示。

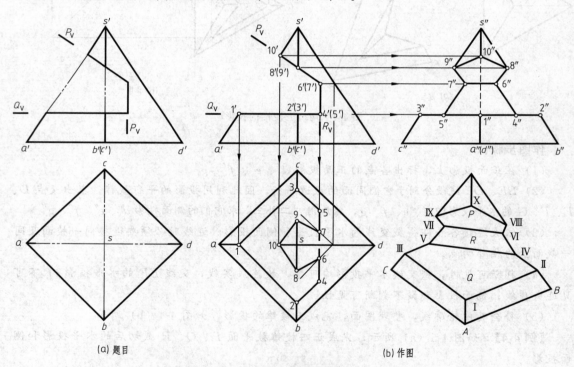

（a）题目　　　　　　　　　　　（b）作图

图 4-5　切口四棱锥的投影

第二节　平面与曲面立体相交

平面与曲面立体相交产生的截交线一般是封闭的平面曲线，也可能是由曲线与直线围成的平面图形，其形状取决于截平面与曲面立体的相对位置。

截交线是截平面和曲面立体表面的共有线，截交线上的点也都是它们的共有点。因此，在求截交线的投影时，先在截平面有积聚性的投影上，确定截交线的一个投影，并在这个投影上取一系列点；然后把这些点看成曲面立体表面上的点，用曲面立体表面定点的方法，求出它们的另外两个投影；最后，把这些点的同面投影光滑连接，并判断投影的可见性。

为准确求出曲面立体截交线的投影，通常要作出能确定截交线形状和范围的特殊点，即极限点（最高点、最低点、最前点、最后点、最左点、最右点）、投影轮廓线上的点、截交线固有的特殊点（如椭圆长短轴端点、抛物线和双曲线的顶点等），然后按需要再取一些一般点。

当截平面或曲面立体的表面垂直于某一投影面时，则截交线在该投影面上的投影具有积聚性，可直接利用面上取点的方法作图。

一、圆柱的截交线

平面截切圆柱时，根据截平面与圆柱轴线的相对位置不同，其截交线有三种不同的形状，见表 4-1。

① 当截平面垂直于圆柱的轴线时，截交线为圆。

② 当截平面通过圆柱的轴线或平行于圆柱轴线时，截交线为矩形。

③ 当截平面倾斜于圆柱的轴线时，截交线为椭圆。

表 4-1　圆柱截交线

截平面位置	垂直于轴线	平行于轴线	倾斜于轴线
立体图	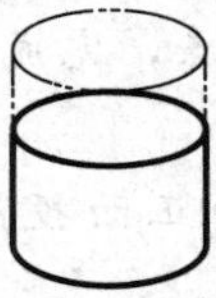	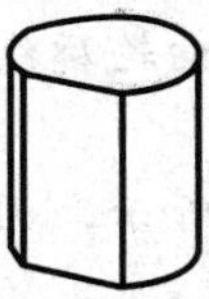	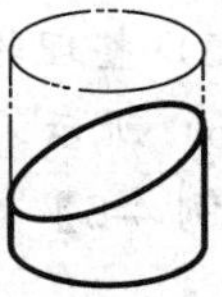
投影图	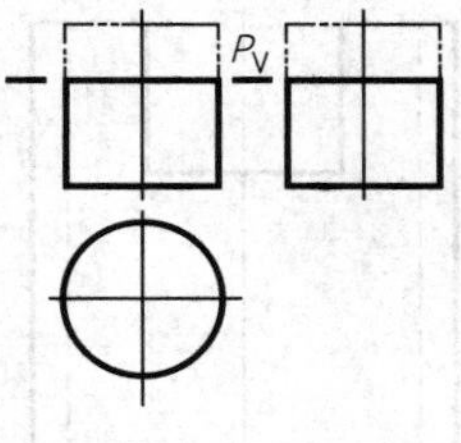	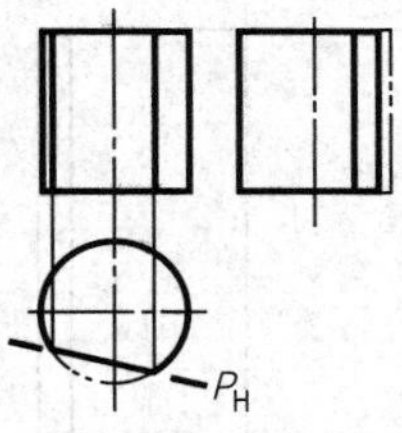	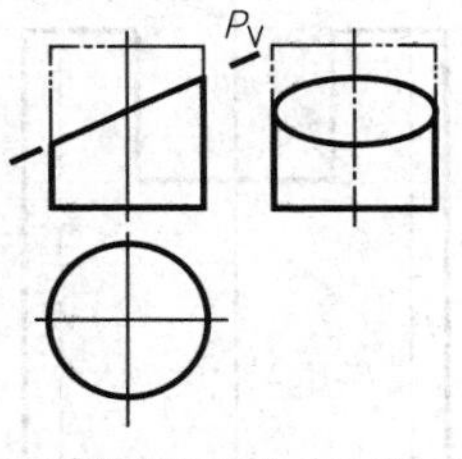
截交线形状	圆	矩形	椭圆

【例 4-5】　如图 4-6（a）所示，完成被截切圆柱的水平投影和侧面投影。

分析：由正面投影可知，圆柱是被一个侧平面 P 和一个正垂面 Q 切割，截交线是一段椭圆弧和一个矩形。正面投影分别积聚在 P_V 和 Q_V 上，水平投影分别积聚在圆周一段圆弧上和 P_H 上。利用"二补三"作图可以求得它们的侧面投影。

作图步骤：

(1) 在正面投影上，取椭圆长轴和短轴端点 $1'$、$2'$、$3'$，椭圆与矩形结合点 $4'$、$5'$，矩形端点 $6'$（$7'$）然后选取一般点 $8'$（$9'$）。

(2) 由这几个点的正面投影向 H 面引投影线，在圆周上找到它们的水平投影。

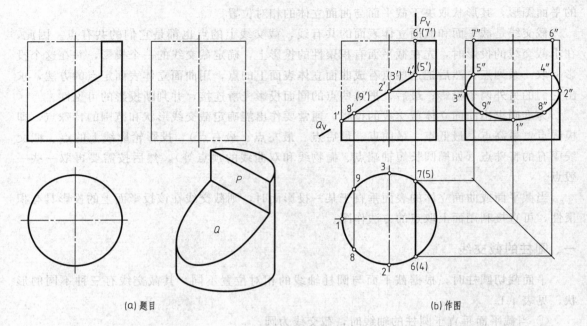

(a) 题目   (b) 作图

图 4-6　圆柱切割体

（3）用"二补三"作图，求它们的侧面投影。

（4）光滑连接 1″、2″、3″、4″、5″、8″、9″这几个点的侧面投影，即得椭圆的侧面投影。连接 4″、5″、6″、7″得矩形的侧面投影。

（5）整理轮廓线，侧面转向轮廓线应补画到 2″、3″点，完成圆柱切割体的投影，如图 4-6（b）所示。

【例 4-6】　如图 4-7（a）所示，已知圆管开通槽的正面投影和水平投影，求其侧面投影。

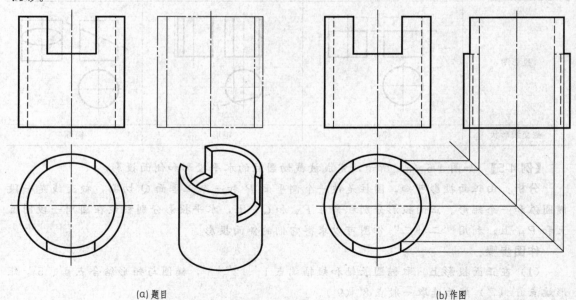

(a) 题目   (b) 作图

图 4-7　圆管开槽

分析作图： 圆管可看作两个同轴而直径不同的圆柱表面（外柱面和内柱面）。圆管上端开的通槽可看作是圆管被两平行于圆管轴线的侧平面及一个垂直于圆管轴线的水平面所截切。三个截面与圆管的内外表面均有截交线。截交线的正面投影与截切的三个平面重合在三段直线上，水平投影重合在四段直线和四段圆弧上，这四段圆弧重合在圆管的内外表面的水平投影圆上。两侧平面截圆管的截交线为矩形，水平面截圆管为前后各两段圆弧。可根据截交线的正面投影和水平投影，求其侧面投影。作图过程如图 4-7（b）所示，圆管开通槽后，圆管内、外表面的最前和最后素线在开槽部分已被截去，故在侧面投影中，槽口部分圆柱的内外轮廓线已不存在了，所以不画线。

二、圆锥的截交线

平面截切圆锥时，根据截平面与圆锥轴线的相对位置不同，其截交线有五种不同的情况。见表 4-2。

表 4-2　圆锥截交线

截平面位置	垂直于轴线	过锥顶	倾斜于轴线	平行于一条素线	平行于轴线
立体图					
投影图	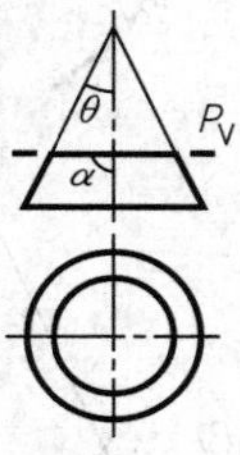			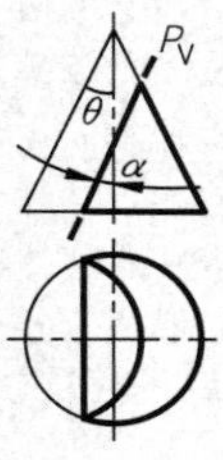	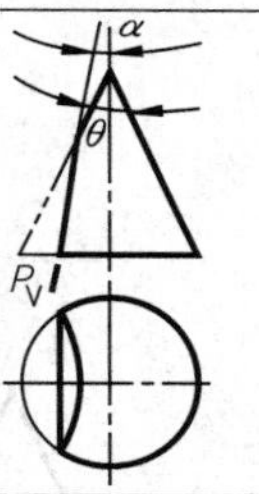
截交线形状	圆	等腰三角形	椭圆	抛物线	双曲线

由于圆锥面的投影没有积聚性，所以为了求解截交线的投影，可采用素线法或纬圆法求出截交线上的点，并将这些点的同面投影光滑连成曲线，同时要判断可见性，整理转向轮廓线，完成作图。

【例 4-7】 如图 4-8（b）所示，求作被正平面截切的圆锥的截交线。

分析： 因截平面为正平面，与轴线平行，故截交线为双曲线。截交线的水平投影和侧面投影都积聚为直线，只需求出正面投影。

作图步骤：

（1）在水平投影上，取特殊点 a、b、e，其中 a、b 为双曲线的端点，e 为双曲线的顶点。

（2）由 a、b 向 V 面引投影线，求出它们的正面投影 a'、b'；用纬圆法求出 E 点的正面投影 e'。然后用"二补三"求出它们的侧面投影 a''、b''、e''。

（3）用纬圆法求出一般点 C、D 的正面投影 c'、d'，再用"二补三"求出它们的侧面投影 c''、d''。

（4）光滑连接 a'、b'、c'、d'、e' 各点，求得的正面投影；连接 a''、b''、e''、c''、d''各点，求得侧面投影。

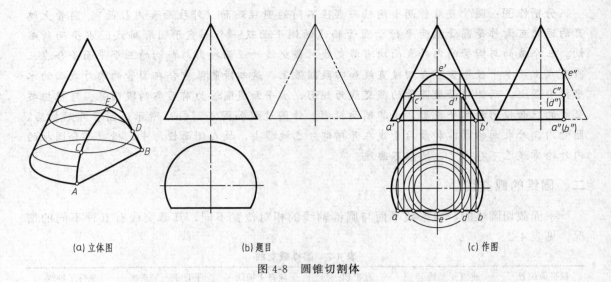

| (a) 立体图 | (b) 题目 | (c) 作图 |

图 4-8　圆锥切割体

（5）整理轮廓线，完成圆锥切割体的投影，如图 4-8（c）所示。

【例 4-8】　如图 4-9（b）所示，有缺口的圆锥正面投影已知，求作其水平投影。

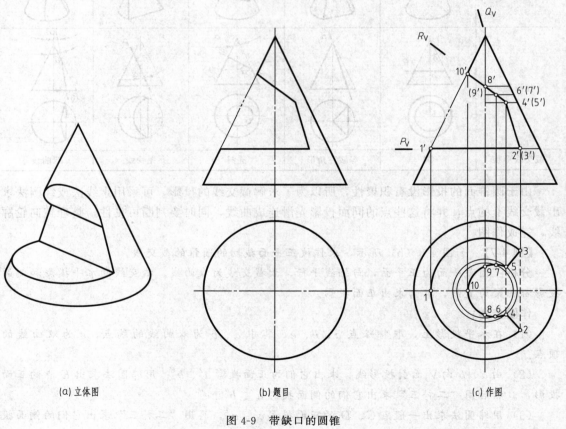

| (a) 立体图 | (b) 题目 | (c) 作图 |

图 4-9　带缺口的圆锥

　　分析：圆锥缺口部分可看做是被三个截面截切而成的。P 平面是垂直于圆锥轴线的水平面，截交线是圆的一部分；Q 平面是过锥顶的正垂面，截交线是两条交于锥顶的直线；R

120　画法几何与机械制图

平面也是正垂面，与圆锥轴线倾斜，且与轴线夹角大于锥顶角，截交线是部分椭圆弧。即缺口圆锥的截交线是由直线、圆弧、椭圆弧组成，截平面间的交线为虚线。

作图步骤：

（1）在正面投影上，选取特殊点 $1'$、$10'$、$8'$（$9'$）（为转向轮廓线上的点）；$2'$（$3'$）、$4'$（$5'$）（为各段截交线结合点）；$6'$（$7'$）（为椭圆端点，即 $6'$、$7'$ 点所在整个线段的中点处）。

（2）由 $1'$、$10'$ 向 H 面引投影线，可直接求出它们的水平投影 1、10；用纬圆法求出其余各点的水平投影。

（3）用纬圆法再求出一般点的水平投影（图略）。

（4）光滑连接各点的水平投影。三个截面间的两条交线均不可见，要画成虚线，如图 4-9（c）所示。

三、圆球的截交线

平面在任何位置截切圆球的截交线都是圆。

当截平面平行于某一投影面时，截交线在该投影面上的投影为圆的实形，在其他两面上的投影都积聚为线段（长度等于截圆直径）。

当截平面垂直于某一投影面时，截交线在该投影面上的投影为线段（长度等于截圆直径），在其他两面上的投影都为椭圆，见表 4-3。

表 4-3　圆球截交线

截平面位置	为投影面平行面	为投影面垂直面
立体图	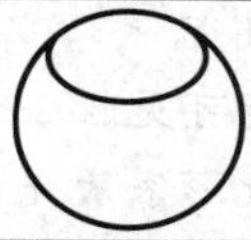	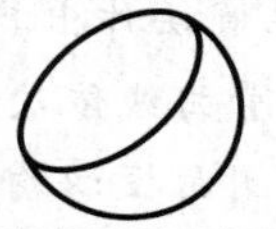
投影图	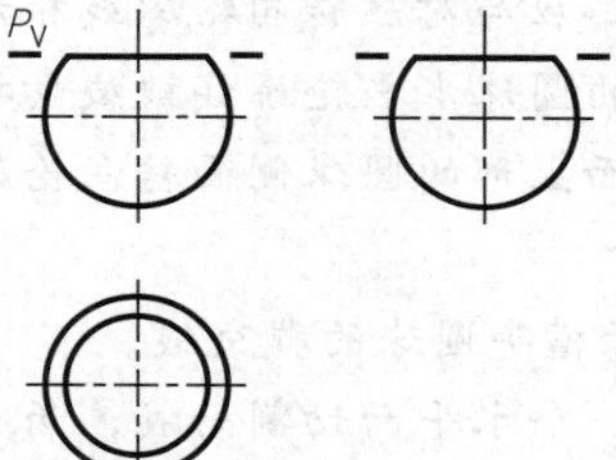	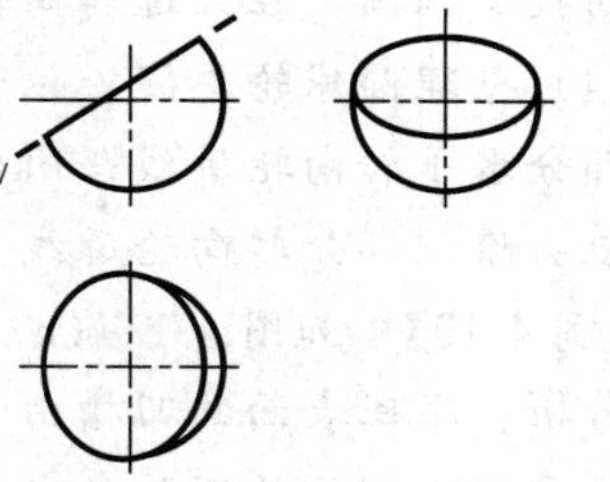
截交线形状	圆	

【例 4-9】　如图 4-10（a）所示，完成圆球切割体的水平投影和侧面投影。

分析： 截平面为正垂面，截交线为圆，其正面投影落在截平面的正面积聚性投影上。由于截平面与 H、W 面倾斜，故截交线圆的 H、W 投影均为椭圆。

作图步骤：

（1）作出截交线圆上特殊点的投影。点 A、B、C 和 D（在 H、W 投影中，分别为椭圆长、短轴的端点），点 A、B 位于圆球正面转向轮廓线上，其投影 A（a、a'、a''）、B（b、b'、b''），如图 4-10（b）所示；点 C、D 的正面投影（c'、d'）位于 $a'b'$ 的中点，其水平投影和侧面投影可利用纬圆法取点作图得到（c、c''）、（d、d''）；水平转向轮廓线上点 G（g、g'、g''）、H（h、h'、h''）和侧面转向轮廓线上点 E（e、e'、e''）、F（f、f'、f''），

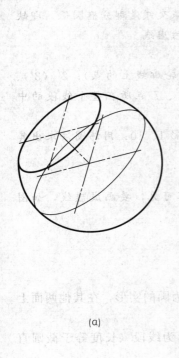

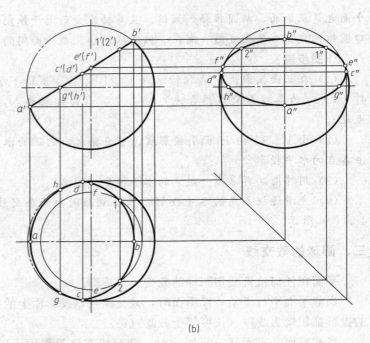

(a)

(b)

图 4-10　圆球切割体

如图 4-10（b）所示。

（2）作出截交线圆上一般点的投影。在截交线正面投影适当位置处取点Ⅰ、Ⅱ的正面投影 1′、2′，利用纬圆法作出其水平投影和侧面投影（1、1″）、（2、2″），如图 4-10（b）所示。

（3）用光滑曲线依次连接各点的同面投影并判断可见性。由于球的左上部分被截切，所以水平投影和侧面投影均可见，将所求各点的同面投影依次光滑连接成实线（应注意的是截交线的投影椭圆，在经过转向轮廓线上点时，应与对应转向轮廓线相切于此点）。

（4）整理圆球轮廓线。位于截平面左侧的圆球水平轮廓线被截切掉，在水平投影中应擦除该部分水平转向轮廓线；同样，位于截平面上部的圆球侧面转向轮廓线被截切掉，其侧面投影应去除该部分转向轮廓线。

【例 4-10】　如图 4-11（b）所示，完成开槽半圆球的截交线。

分析： 半球表面的凹槽由两个侧平面和一个水平面切割而成，两个侧平面和半球的交线为两段平行于侧面的圆弧，水平面与半球的交线为前后两段水平圆弧，截平面之间的交线为正垂线。

作图步骤：

（1）求水平面与半球的交线。交线的水平投影为圆弧，如图 4-11（c）所示，侧面投影为直线。

（2）求侧平面与半球的交线。交线的侧面投影为圆弧，如图 4-11（c）所示，水平投影为直线。

（3）补全半球轮廓线的侧面投影，并作出两截面交线的侧面投影，交线的侧面投影为虚线，如图 4-11（d）所示。

求解截交线时，首先应进行空间分析和投影分析，明确已知什么，要求解的是什么，明确作图方法与作图步骤。当截交线为平面曲线时，应作出截交线上足够多的公有点（所有的

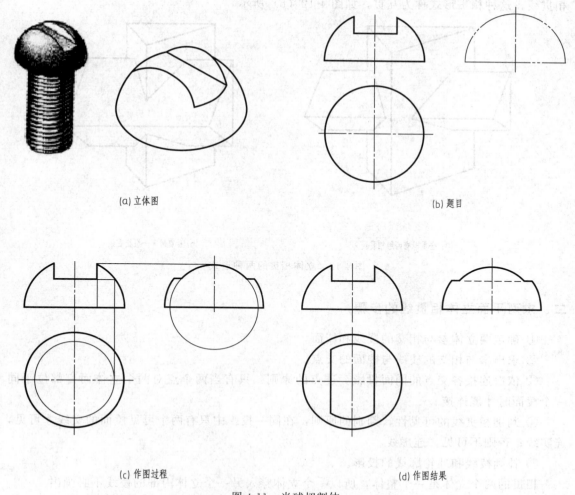

(a) 立体图　　　　　　　　　　　　　　　　　(b) 题目

(c) 作图过程　　　　　　　　　　　　　　　　(d) 作图结果

图 4-11　半球切割体

特殊点和一般点），判别可见性并用光滑曲线连接，最后整理立体棱线或曲面转向轮廓素线。

第三节　两平面立体相交

一、相贯线及其性质

两立体表面相交时所产生的交线称为相贯线。相贯线有以下性质：

① 相贯线是两立体表面的共有线，也是两立体表面的分界线。

② 一般情况下，相贯线是封闭的空间折线。

如图 4-12 所示，相贯线上每一段直线都是两平面立体表面的交线，而每一个折点都是一个平面立体的棱线与另一平面立体棱面的交点。因此，求两平面立体的相贯线，实际上就是求棱线与棱面的交点及棱面与棱面的交线。

当一个立体全部贯穿到另一立体时，在立体表面形成两组相贯线，这种相贯形式称为全贯，如图 4-12（a）所示；当两个立体各有一部分棱线参与相交时，在立体表面上形成一组相贯线，这种相贯形式称为互贯，如图 4-12 （b）所示。

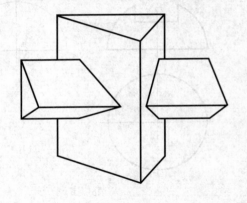
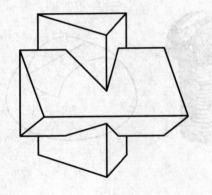

(a) 全贯时有两组相贯线   (b) 互贯时有一组相贯线

图 4-12   立体相贯的两种形式

二、求两平面立体相贯线的步骤

① 确定两立体参与相交的棱线和棱面。

② 求出参与相交的棱线与棱面的交点。

③ 依次连接各交点的同面投影。连点的原则：只有当两个点对两个立体而言都位于同一个棱面时才能连接。

④ 判别相贯线的可见性，判别的原则：在同一投影中只有两个可见棱面的交线才可见，连实线；否则不可见，连虚线。

⑤ 补画棱线和外轮廓线的投影。

相贯的两个立体是一个整体，所以一个立体穿入另一个立体内部的棱线不必画出。

【例 4-11】 求直立三棱柱与水平三棱柱相贯的正面投影，如图 4-13 （a）所示。

空间及投影分析： 从水平投影和侧面投影可以看出，两三棱柱相互贯穿，相贯线应是一组空间折线。

因为直立三棱柱的水平投影有积聚性，所以相贯线的水平投影必然积聚在直立三棱柱的水平投影轮廓线上；同样相贯线的侧面投影积聚在水平三棱柱的侧面投影轮廓线上。于是相贯线的三个投影，只需求出正面投影。

从立体图中可以看出，水平三棱柱的 D 棱、E 棱和直立三棱柱的 B 棱参与相交，每条棱线有两个交点，可见相贯线上总共有六个折点，连接各点便求出相贯线的正面投影。

作图步骤：

（1）在相贯线的已知投影上标出六个折点的投影 1 （2）、3 （5）、4 （6）和 1″、2″、3″（4″）、5″（6″）；

（2）过 3 （5）、4 （6）向上引联系线与 d' 棱 e' 棱相交于 3′、4′ 和 5′、6′，再由 1″、2″ 向左引联系线与 b' 棱相交于 1′、2′；

（3）连点并判别可见性（图中 3′5′ 和 4′6′ 两段线是不可见的，应连成虚线）；

（4）补画棱线和外轮廓的投影，如图 4-13 （b）所示。

124   画法几何与机械制图

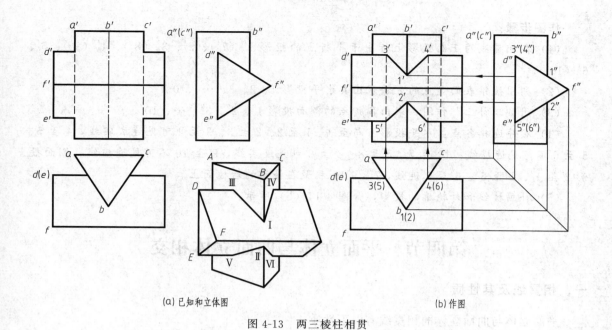

(a) 已知和立体图　　　　　　　　　　　(b) 作图

图 4-13　两三棱柱相贯

【例 4-12】　求三棱锥与四棱柱相贯的水平投影和侧面投影，如图 4-14（a）所示。

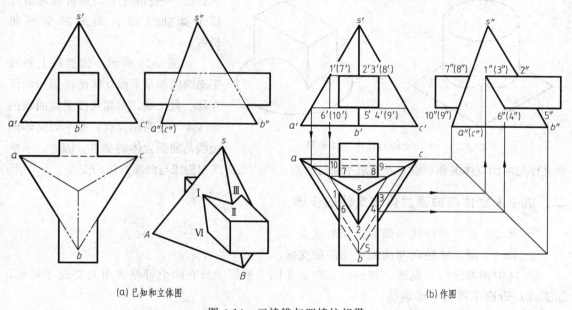

(a) 已知和立体图　　　　　　　　　　　(b) 作图

图 4-14　三棱锥与四棱柱相贯

空间及投影分析：

从三面投影可以看出，四棱柱从前向后整个贯入三棱锥，这种情况叫全贯。全贯时相贯线应是两组空间折线。

因为四棱柱的正面投影有积聚性，那么相贯线的正面投影必然积聚在四棱柱的正面投影轮廓线上，所以只需求出相贯线的水平投影和侧面投影。

从立体图中可以看出，四棱柱的四条棱线和三棱锥的一条棱线（SB）参与相交，相贯线上总共有十个折点，连接各点便求出相贯线的未知投影。

作图步骤：

（1）在相贯线的正面投影上标出十个折点的投影1′（7′）、2′、3′（8′）、4′（9′）、5′、6′（10′）。

（2）利用棱锥表面定点的方法求出其水平投影1、2、3、…、10。

（3）用"二补三"作图，求出各折点的侧面投影1″、2″、3″、…、10″。

（4）顺序连接各点：水平投影6与至1、1至2、2至3、3至4可见连成实线，4至5、5至6不可见连虚线；10至7、7至8、8至9可见连实线，9至10不可见连虚线。侧面投影2″至1″、1″至6″、6″至5″连线，7″8″9″10″积聚在棱锥的后棱面上。

（5）补画棱线和外轮廓的投影，如图4-14（b）所示。

第四节　平面立体与曲面立体相交

一、相贯线及其性质

平面立体与曲面立体的相贯线有以下性质：

① 相贯线是两立体表面的共有线，也是两立体表面的分界线。

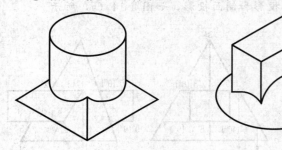

② 一般情况下，相贯线是由几段平面曲线结合而成的空间曲折线。

如图4-15所示，相贯线上每段平面曲线都是平面立体的棱面与曲面立体的截交线，相邻两段平面曲线的连接点（也叫结合点）是平面立体的棱线与曲面立体的交点。因此，求平面立体与曲面立体的相贯线，就是求平面与曲面立体的截交线和棱线与曲面立体的交点。

图4-15　平面立体与曲面立体相贯

二、求平面立体与曲面立体相贯线的步骤

① 求出平面立体棱线与曲面立体的交点。

② 求出平面立体棱面与曲面立体的截交线。

③ 判别相贯线的可见性，判别的原则：在同一投影中只有两个可见表面的交线才可见，连实线；否则不可见，连虚线。

④ 补画棱线和外轮廓线的投影。

【例4-13】 求四棱锥与圆柱相贯的正面投影和侧面投影，如图4-16（a）所示。
空间及投影分析：

从立体图及水平投影图可知，相贯线是由四棱锥的四个棱面与圆柱相交所产生的四段椭圆弧（前后对称，左右对称）组成的空间曲折线，四棱锥的四条棱线与圆柱的四个交点是四段椭圆弧的结合点。

由于圆柱的水平投影有积聚性，因此，相贯线上的四段圆弧及四个结合点的水平投影都积聚在圆柱的水平投影上，即相贯线的水平投影是已知的，而相贯线的V、W两投影需作

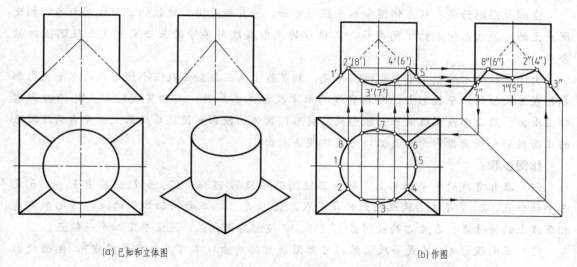

(a) 已知和立体图   (b) 作图

图 4-16　四棱锥与圆柱相贯

图求出。正面投影上，前后两段椭圆弧重影，左右两段椭圆弧分别积聚在四棱锥左右两棱面的正面投影上；侧面投影上，左右两段椭圆弧重影，前后两段椭圆弧分别积聚在四棱锥前后两棱面的侧面投影上；作图时注意对称性。

作图步骤：

（1）在相贯线的水平投影上，标出四个结合点的投影 2、4、6、8，并在四段椭圆弧的中点标出每段的最低点 1、3、5、7，这八个点是椭圆弧上的特殊点；在前后两段椭圆弧上还需确定四个一般点。

（2）利用棱锥表面定点的方法求出各点的正面投影和侧面投影。

（3）顺序连接各点。正面投影上，连接 2′（8′）、3′（7′）、4′（6′）及中间的一般点；在侧面投影上，连接 8″（6″）、1″（5″）、2″（4″），四段椭圆弧的另外一个投影积聚在棱锥四个棱面上，如图 4-16（b）所示。

【例 4-14】　求三棱柱与半球相贯的正面投影和侧面投影，如图 4-17（a）所示。

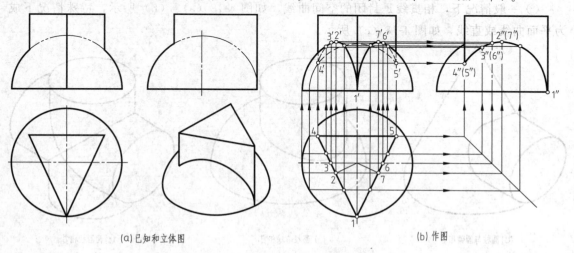

(a) 已知和立体图   (b) 作图

图 4-17　三棱柱与半球相贯

空间及投影分析：从立体图和水平投影可知，相贯线是由三棱柱的三个棱面与半球相交所产生的三段圆弧组成的空间曲线，三棱柱的三条棱线与半球的三个交点是三段圆弧的结合点。

由于棱柱的水平投影有积聚性，因此，相贯线上的三段圆弧及三个结合点的水平投影都积聚在三棱柱的水平投影上，即相贯线的水平投影是已知的，而相贯线的 V、W 两投影需作图求出。后面那段圆弧的正面投影反映实形，其侧面投影积聚在后棱面上；左右两段圆弧的正面投影和侧面投影为椭圆弧，可用纬圆法求出。

作图步骤：

（1）在相贯线的水平投影上，标出三段圆弧的投影 1234、45、5671；其中 1、4、5 是三个结合点，2、7 是左右两端圆弧的最高点，3、6 是半球正面轮廓线上的点，这七个点是相贯线上的特殊点；在左右两段圆弧上（V、W 投影为椭圆弧）还需确定四个一般点。

（2）正面投影 $4'5'$ 应是一段圆弧，可用圆规直接画出（不可见，画成虚线），侧面投影 $4''5''$ 积聚在后棱面上。

（3）用纬圆法在球表面上求出左右两段圆弧的正面投影 $1'2'3'4'$、$1'7'6'5'$ 和侧面投影 $4''$ $(5'')$、$3''$ $(6'')$、$2''$ $(7'')$、$1''$，及四个一般点的两面投影，然后连成椭圆弧（因该两段圆弧左右对称，侧面投影重合）。

（4）补画棱线和外轮廓的投影，如图 4-17（b）所示。

第五节　两曲面立体相交

一、相贯线及其性质

两曲面立体相交时，相贯线有以下性质：

① 相贯线是两立体表面的共有线，也是两立体表面的分界线，相贯线上的点是两曲面立体表面的共有点。

② 一般情况下，相贯线是封闭的空间曲线，如图 4-18（a）、（b）所示，特殊情况下成为平面曲线或直线，如图 4-18（c）所示。

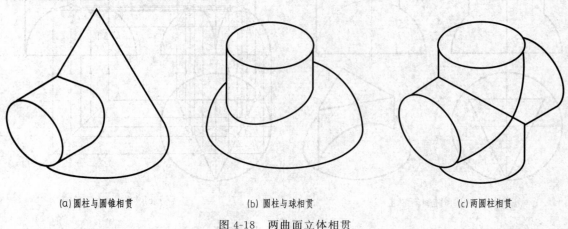

(a)圆柱与圆锥相贯　　　　　(b)圆柱与球相贯　　　　　(c)两圆柱相贯

图 4-18　两曲面立体相贯

二、求相贯线的方法及步骤

求相贯线常用的方法有表面取点法和辅助平面法。

求相贯线时首先应进行空间及投影分析，分析两相交立体的几何形状、相对位置，弄清相贯线是空间曲线还是平面曲线或直线。当相贯线的投影是非圆曲线时，一般按如下步骤求相贯线：①求出能确定相贯线投影范围的特殊点，这些点包括曲面立体投影轮廓线上的点和极限点，即最高、最低、最左、最右、最前、最后点；②在特殊点中间求作相贯线上若干个一般点；③判别相贯线投影可见性后，用粗实线或虚线依次光滑连线。

可见性的判别原则：只有同时位于两立体可见表面的相贯线才可见。

（一）表面取点法

当相交的两曲面立体之一，有一个投影有积聚性，相贯线上的点可利用积聚性通过表面取点法求得。

【例4-15】 求作轴线正交两圆柱相贯的正面投影，如图4-19（a）所示。

空间及投影分析：从立体图和投影图可知，两圆柱的轴线垂直相交，有共同的前后对称面和左右对称面，小圆柱横穿过大圆柱。因此，相贯线是左右对称的两组封闭空间曲线。

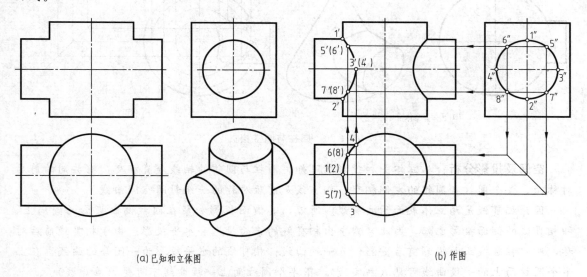

(a) 已知和立体图   (b) 作图

图4-19 两圆柱相贯

因为相贯线是两圆柱面的共有线，所以，其水平投影积聚在小圆柱穿过大圆柱处的左右两段圆弧上；侧面投影积聚在小圆柱侧面投影的圆周上，因此只需求出相贯线的正面投影。因相贯线前后对称，所以相贯线的正面投影重合，为左右各一段圆弧。

作图步骤：

（1）求特殊点 先在相贯线的水平投影和侧面投影上，标出左侧相贯线的最上、最下、最前、最后点的投影1、2、3、4和1″、2″、3″、4″，再利用"二补三"作图作出这四个点的正面投影1′、2′、3′、4′。由水平投影可看出，1（2）、3（4）又是相贯线上最左、最右点的投影。

（2）求一般点　　一般点决定曲线的趋势。任取对称点 Ⅴ、Ⅵ、Ⅶ、Ⅷ 的侧面投影 5″、6″、7″、8″，然后求出水平投影 5、6、7、8，最后求出正面投影 5′（6′）、7′（8′）。

（3）连曲线　　按各点侧面投影的顺序，将各点的正面投影连成光滑的曲线，即得左侧相贯线的正面投影。利用对称性作出右侧相贯线的正面投影。

（4）判别可见性　　两相贯体前后对称，其相贯线的正面投影前后重合，所以只画可见的 1′5′3′7′2′ 即可。

（5）整理外形轮廓线　　两圆柱正面投影外形轮廓线画到 1′、2′ 两点即可，而大圆柱外形轮廓线在 1′、2′ 之间不能画线，如图 4-19（b）所示。

【例 4-16】　　求作轴线正交的圆柱和圆锥相贯的正面投影和水平投影，如图 4-20（a）所示。

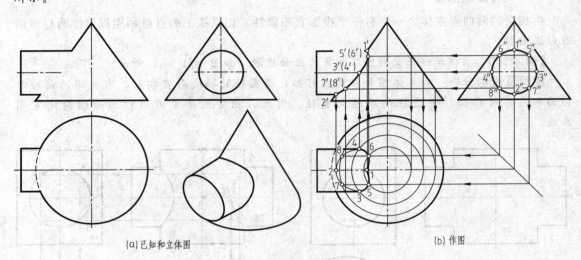

（a）已知和立体图　　　　　　　　　　　（b）作图

图 4-20　圆柱与圆锥相贯

空间及投影分析：从立体图和投影图可知，圆柱与圆锥的轴线垂直相交，有共同的前后对称面，整个圆柱在圆锥的左侧相交，相贯线是前后对称的一组封闭空间曲线。

因为相贯线是两立体表面的共有线。所以，其侧面投影积聚在圆柱侧面投影的圆周上，即相贯线的侧面投影已知，因此只需求出相贯线的正面投影和水平投影。由于相贯线前后对称，所以相贯线正面投影前后重影，为一段曲线；相贯线的水平投影为一闭合的曲线，在上半个圆柱面上的一段曲线可见（画实线），下半个圆柱面上一段曲线不可见（画虚线）。

作图步骤：

（1）求特殊点　　先在相贯线的侧面投影上，标出相贯线的最上、最下、最前、最后点的投影 1″、2″、3″、4″。其中 Ⅰ、Ⅱ 两点在圆锥的正面轮廓线上，又在圆柱上下两条素线上，所以在正面投影中可直接求出 1′、2′，水平投影 1、2 用"二补三"得出。Ⅲ、Ⅳ 两点在锥面同一个纬圆上，用纬圆法求出水平投影 3、4，再求出正面投影 3′、4′。

（2）求一般点　　任取对称点 Ⅴ、Ⅵ、Ⅶ、Ⅷ 的侧面投影 5″、6″、7″、8″，然后用纬圆法在锥表面上求出水平投影 5、6、7、8，最后求出正面投影 5′（6′）、7′（8′）。

（3）连曲线　　按各点侧面投影的顺序，将它们的正面投影和水平投影连成光滑的曲线。

（4）判别可见性　　正面投影上，两相贯体前后对称，其相贯线的正面投影前后重合，所以只画可见的 1′、5′、3′、7′、2′ 即可。水平投影上，以 3、4 为分界点，相贯线上半部分 3、

5、1、6、4可见画成实线，下半部分4、8、2、7、3不可见画成虚线。

（5）整理外形轮廓线 正面投影外形轮廓线画到1′、2′两点即可，水平投影上，圆柱外形轮廓线画到3、4两点，如图4-20（b）所示。

【例4-17】 求作轴线平行的圆柱和半球相贯的正面投影和侧面投影，如图4-21（a）所示。

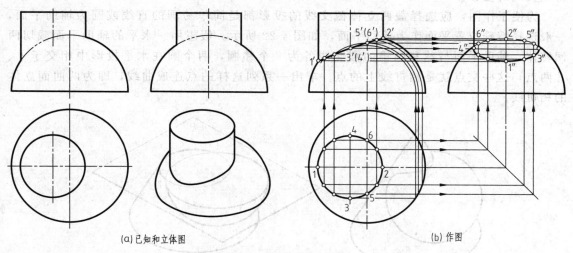

(a)已知和立体图   (b)作图

图4-21 圆柱与半球相贯

空间及投影分析： 从立体图和投影图可知，圆柱与半球的轴线互相平行，有共同的前后对称面，整个圆柱在半球的上面相交，相贯线是前后对称的一组封闭空间曲线。

因为相贯线是两立体表面的共有线。所以，其水平投影积聚在圆柱水平投影的圆周上，即相贯线的水平投影已知，因此只需求出相贯线的正面投影和侧面投影。由于相贯线前后对称，所以相贯线正面投影前后重影，为一段曲线；相贯线的侧面投影为一闭合的曲线，在左半个圆柱面上的一段曲线可见（画实线），右半个圆柱面上一段曲线不可见（画虚线）。

作图步骤：

（1）求特殊点 先在相贯线的水平投影上，标出相贯线上的最左、最右、最前、最后及半球侧面投影轮廓线点的投影1、2、3、4、5、6，其中Ⅰ、Ⅱ两点也是最下、最上的点。同前题，Ⅰ、Ⅱ两点的正面投影可直接求出1′、2′，侧面投影1″、2″用"二补三"得出；Ⅴ、Ⅵ两点的侧面投影可根据宽相等直接在侧面投影轮廓线上得出；Ⅲ、Ⅳ两点用纬圆法求出。

（2）求一般点 图中在水平投影中任取六个对称点，用纬圆法求出六个点的另两个投影。

（3）连曲线 按各点水平投影的顺序，将它们的正面投影和侧面投影连成光滑的曲线。

（4）判别可见性 正面投影上，两相贯体前后对称，其相贯线的正面投影前后重合，所以只画可见的1′、3′、5′、2′及三个一般点即可。侧面投影上，以3″、4″为分界点，相贯线上左部分4′、1′、3′可见画成实线，右半部分3′、5′、2′、6′、4′不可见画成虚线。

（5）整理外形轮廓线 正面投影外形轮廓线画到1′、2′两点即可，侧面投影上，圆柱外形轮廓线画到3″、4″两点，半球外轮廓画到5″、6″两点（在柱面右面的轮廓不可见），如图

4-21（b）所示。

（二）辅助平面法

辅助平面法就是假想用一个平面截切相交两立体，所得截交线的交点，就是相贯线上的点。在相交部分作出若干个辅助平面，求出相贯线上一系列点的投影，依次光滑连接，即得相贯线的投影。

为便于作图，应选择截两立体截交线的投影都是简单易画的直线或圆为辅助平面，一般选择特殊位置平面作为辅助平面，如图4-22所示。假想用一水平的辅助平面截切两回转体，辅助平面与球和圆锥的截交线各为一个纬圆，两个圆在水平投影中相交于Ⅰ、Ⅱ两点，这些交点就是相贯线上的点。求出一系列这样的点连成曲线，即为两曲面立体的相贯线。

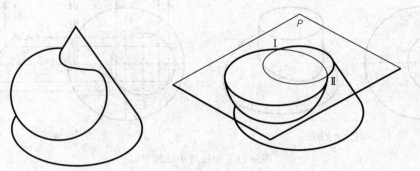

图 4-22　圆锥与球相贯

【例 4-18】 求作球和圆锥相贯的正面投影和水平投影，如图4-23（a）所示。

空间及投影分析： 从图4-23（a）可知，球的中心线与圆锥的轴线互相平行，有共同的前后对称面，相贯线是前后对称的一组封闭空间曲线。

因为两立体投影没有积聚性，因此，相贯线就没有已知投影，所以不能用表面取点法求相贯线上的点，而用辅助平面法可求出相贯线上的点。由于相贯线前后对称，所以相贯线正面投影前后重影，为一段曲线；相贯线的水平投影为一闭合的曲线，在球面上半部分的一段曲线可见（画实线），球面下半部分的一段曲线不可见（画虚线）。

作图步骤：

（1）求作相贯线上特殊点的投影　由于相贯体前后对称，圆锥和圆球的正面投影轮廓线的交点即为相贯线上最高点a'和最低点b'，作出其水平投影a、b和侧面投影a''、b''；圆球水平转向轮廓线上点c'、d'，其水平投影c、d可利用辅助平面法作出。

辅助平面法求公有点C、D。过球心作水平辅助平面P，与圆球的交线为圆（即为圆球水平转向轮廓线），与圆锥的交线也是圆（半径等于辅助面P与圆锥正面轮廓素线的交点至轴线的距离），两交线圆水平投影的交点即为c、d，其正面投影c'、d'位于截平面的正面积聚性投影上，其侧面投影c''、d''可利用点的投影规律求得，如图4-23（b）所示。

（2）求作相贯线上一般点的投影　利用辅助平面法作出Ⅰ、Ⅱ、Ⅲ、Ⅳ的三面投影，如图4-23（c）所示。

（3）判别可见性并连线　如图4-23（d）所示，相贯线正面投影可见性——由于相贯线前后对称，前半相贯线可见，画实线；后半相贯线不可见，其投影与前半相贯线重合。相贯

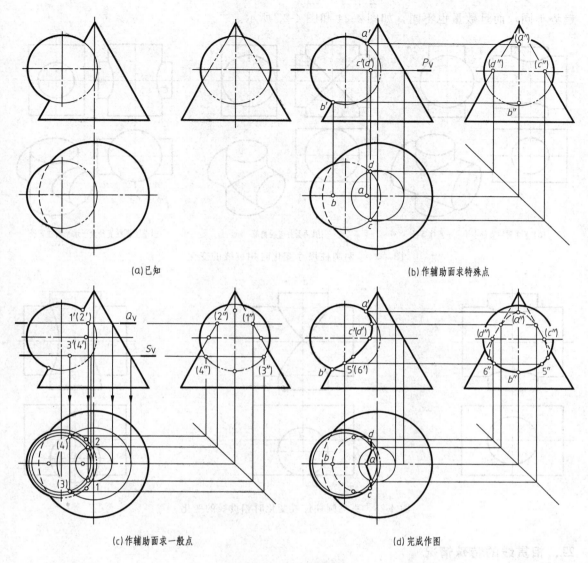

(a)已知　　　　　　　　　　　　　　　　(b)作辅助面求特殊点

(c)作辅助面求一般点　　　　　　　　　　(d)完成作图

图 4-23　圆锥与球相贯

线的水平投影可见性——位于上半球面的相贯线 *cad* 可见，画实线；位于下半球的相贯线 *d*
(*b*) *c* 不可见，画虚线。相贯线侧面投影的可见性——位于左半球上相贯线 5″*b*″6″ 可见，位
于右半球上相贯线5″(*c*″)(*a*″)(*d*″) 6″不可见，画虚线。其中球面上侧面转向轮廓线上点Ⅴ、
Ⅵ，是通过作出相贯线的正面投影后，其与圆球竖向中心线的交点 5′、6′，求得其侧面投影
5″、6″。

（4）整理圆球、圆锥轮廓素线的投影　所有曲面轮廓素线画至相贯线，可见则画实线，
不可见则画虚线，圆锥的底面是完整的，只需将被球遮挡的底圆轮廓画成虚线即可，如图
4-23（d）所示。

三、相贯线的变化

两曲面立体相交，由于它们的形状、大小和轴线相对位置不同，相贯线不仅形状和变化

趋势不同，而且数量也不同，如图 4-24 和图 4-25 所示。

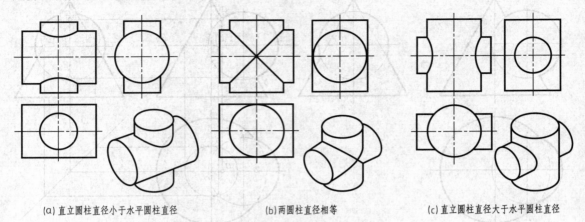

(a) 直立圆柱直径小于水平圆柱直径　　(b) 两圆柱直径相等　　(c) 直立圆柱直径大于水平圆柱直径

图 4-24　两圆柱尺寸变化时相贯线的变化

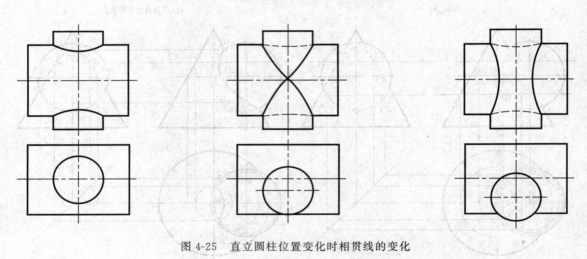

图 4-25　直立圆柱位置变化时相贯线的变化

四、相贯线的特殊情况

一般情况下，两曲面立体的相贯线是空间曲线，特殊情况下是平面曲线或直线。

① 两回转体共轴时，相贯线为垂直于轴线的圆。

如图 4-26（a）所示，是圆柱和球同轴；如图 4-26（b）所示，是圆锥台与球同轴，因为它们的轴线平行于正面，所以在正面投影中，相贯线圆的投影都是直线。

② 当相交两回转体表面共切于一球面时，其相贯线为椭圆。在两回转体轴线同时平行的投影面上，椭圆的投影积聚为直线。

图 4-27（a）为正交两圆柱，直径相等，轴线垂直相交，同时外切于一个球面，其相贯线为大小相等的两个正垂椭圆，其正面投影积聚为两相交直线，水平投影积聚在竖直圆柱的投影轮廓圆上。图 4-27（b）是正交的圆锥与圆柱共切于一球面，相贯线为大小相等的两正垂椭圆，其正面投影积聚为两相交直线，水平投影为两个椭圆。

③ 两个轴线相互平行的圆柱相交，或两个共顶点的圆锥相交时，其相贯线为直线段，如图 4-28 所示。

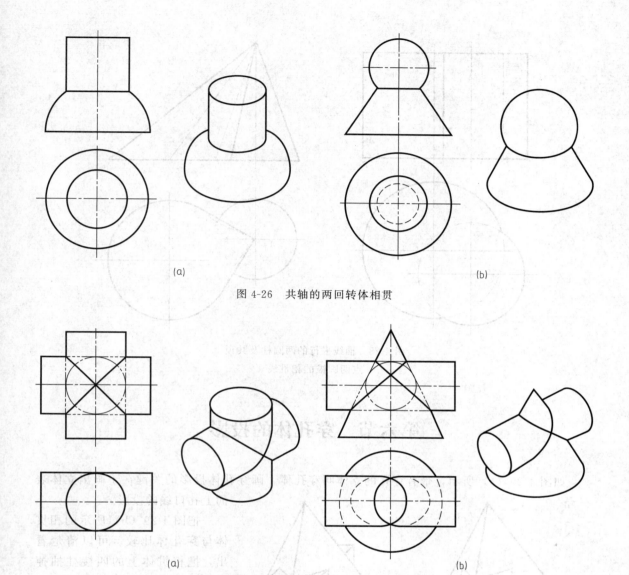

图 4-26　共轴的两回转体相贯

图 4-27　共切于球面的两回转体相贯

由上看出，两平面立体的相贯线为空间折线；平面立体与曲面立体的相贯线为多段平面曲线组合而成；两曲面立体的相贯线通常为空间曲线，特殊情况下可为平面曲线或直线段。相贯线的作图方法通常有以下三种：

①　当两立体表面具有积聚性，即已知相贯线的两个投影，求第三投影，可利用投影关系直接求出；

②　当其中一个立体表面具有积聚性，即已知相贯线的一个投影，求其余两个投影，可利用立体表面取点、取线方法作出；

③　两立体表面均无积聚性，可利用辅助平面法作出。

求解相贯线时，首先应进行空间分析和投影分析，明确已知什么，要求解的是什么，明确作图方法与作图步骤。当相贯线为空间曲线时，应作出相贯线上足够多的公有点（所有的特殊点和一般点），判别可见性并用光滑曲线连接，最后整理立体棱线或曲面转向轮廓素线。

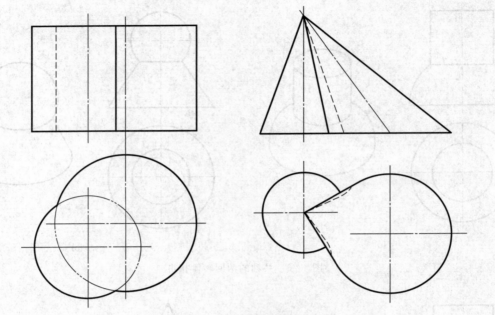

图 4-28　轴线平行的两圆柱及共顶
点两圆锥的相贯线

第六节　穿孔体的投影

如图 4-29（a）所示，带有穿孔的立体叫穿孔体。画穿孔体投影的关键在于画出立体表面上孔口线的投影。

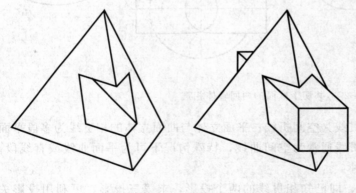

(a)穿孔体　　　　(b)相贯体

图 4-29　相贯体与穿孔体的比较

把图 4-29（b）所示的相贯体与穿孔体比较。可以清楚看出，把相贯体上的四棱柱抽掉后，就成了带有方孔的穿孔体。可见，穿孔体上的孔口线同相贯体上的相贯线实际是一回事。

【例 4-19】　作出三棱锥上长方孔的水平投影和侧面投影，如图 4-30（a）所示。

作图方法和步骤同图 4-18一样，用棱锥表面定点的方法求出前后两部分孔口线的水平投影和侧面投影。需要注意的是：方孔内的棱线是不可见的，应该画出虚线，如图 4-30（b）所示。

【例 4-20】　作出圆台上三角孔的水平投影和侧面投影，如图 4-31（a）所示。

空间及投影分析： 从立体图和正面投影可知，三角孔与圆台表面的交线相当于三棱柱与

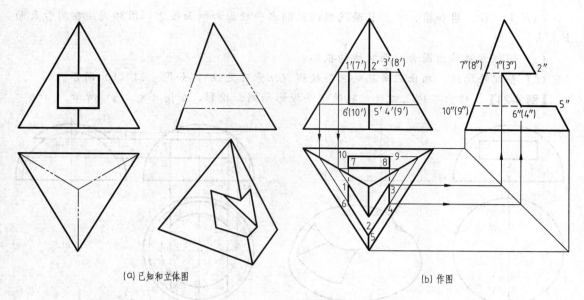

(a) 已知和立体图　　　　　　　(b) 作图

图 4-30　三棱锥穿孔体

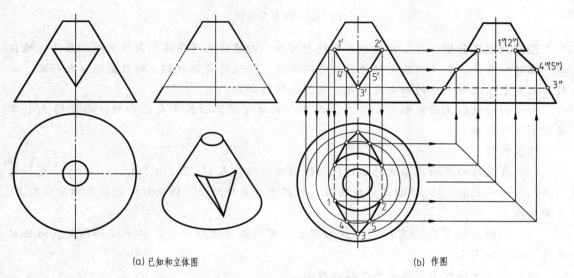

(a) 已知和立体图　　　　　　　(b) 作图

图 4-31　圆台穿孔体

圆台的相贯线，它是前后对称的两组空间曲线。每组空间曲线都是三段平面曲线结合而成，上面一段是圆弧，左右两段是相同的椭圆弧。三棱柱的三条棱线与圆台的三个交点是三段曲线的结合点。

由于三棱柱的正面投影有积聚性，因此，孔口线的正面投影是已知的，而它的 H、W 两投影需作图求出。

作图步骤：

(1) 在交线的正面投影上标出三段平面曲线的三个结合点 $1'$、$2'$、$3'$ 和一般点 $4'$、$5'$。

(2) 水平投影 12 应是一段圆弧，可用圆规直接画出，侧面投影积聚在三棱柱孔上棱面上。

（3）Ⅰ、Ⅳ、Ⅲ和Ⅲ、Ⅴ、Ⅱ两段椭圆弧的水平投影和侧面投影，用纬圆法在圆台表面上求出。

（4）同样方法作出圆台后面交线的投影。

（5）整理轮廓线。画出三角孔的三条棱线（注意可见性），如图 4-31（b）所示。

【例 4-21】 作出半球上四棱柱孔的水平投影和侧面投影，如图 4-32（a）所示。

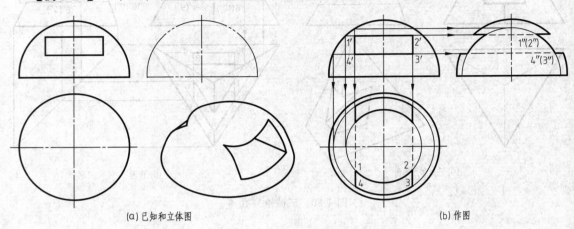

(a) 已知和立体图   (b) 作图

图 4-32 半球穿孔体

空间及投影分析： 从立体图和正面投影可知，四棱柱孔与半球表面的交线相当于四棱柱与半球的相贯线，它是前后对称的两组空间曲线。每组空间曲线都是四段圆弧结合而成。四棱柱的四条棱线与半球的四个交点是四段圆弧的结合点。

由于四棱柱的正面投影有积聚性，因此，孔口线的正面投影是已知的，而它的 H、W 两投影需作图求出。

作图步骤：

（1）在交线的正面投影上标出四段圆弧的四个结合点 1′、2′、3′、4′。

（2）水平投影 12、34 应是两段圆弧，可用圆规直接画出，侧面投影积聚在四棱柱孔上、下两棱面上。

（3）侧面投影 1″4″、（2″）（3″）投影重合，可用圆规直接画出，水平投影积聚在四棱柱孔左、右两棱面上。

（4）同样方法作出半球后面交线的投影。

（5）整理轮廓线。画出四棱柱孔的四条棱线（注意可见性），如图 4-32（b）所示。

【例 4-22】 已知圆锥上挖切圆柱槽，如图 4-33（a）所示，完成其水平投影和侧面投影。

空间及投影分析： 如图 4-33（a）所示，圆锥上挖切圆柱槽，可看成是实体圆锥与虚体圆柱相贯，相贯线为一条闭合的空间曲线。由于圆柱轴线为正垂线，故相贯线的正面投影与圆柱面的正面积聚性投影重合，所要求解的是相贯线的水平投影和侧面投影。相贯线上的公有点可利用圆锥面上取点方法（素线法或纬圆法）获得。首先求出相贯线上所有特殊点和一般点的投影，然后判别相贯线的可见性，并用光滑曲线连接各点，即为所求相贯线的投影。

作图步骤：

（1）求作相贯线上的特殊点的投影。由于相贯体前后对称，故相贯线前后对称，为表述

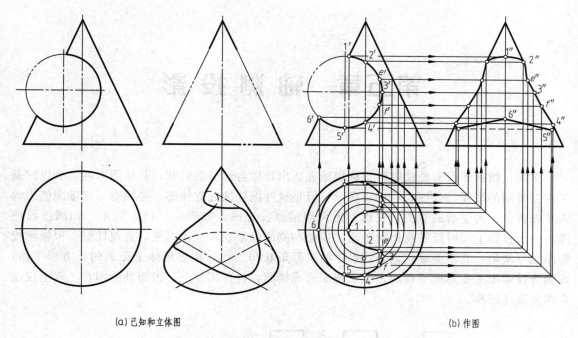

(a) 已知和立体图   (b) 作图

图 4-33 圆锥穿孔体

方便，故对前半相贯线上公有点进行编号。已知相贯线的正面投影，在其上取特殊点：最高
点 $1'$、最低点 $5'$（也是最前点）、最左点 $6'$、最右点 $3'$（也是圆柱水平转向轮廓线上点）、
圆锥侧面转向轮廓线上点 $2'$ 和 $4'$，利用圆锥面上取点方法（本例采用纬圆法）作出这些点
的水平投影和侧面投影，如图 4-33（b）所示。

（2）求作相贯线上一般点的投影。在相贯线正面投影上取一般点 e'、f'，利用纬圆法
作出水平投影 e、f 和侧面投影 e''、f''，如图 4-33（b）所示。

（3）判别可见性并连线。由于圆锥面水平投影可见，故相贯线的水平投影可见，用粗实
线连接各点。又由于圆柱为虚体，故相贯线的侧面投影也可见，用粗实线连接各点，如图
4-33（b）所示。

（4）整理圆柱、圆锥轮廓素线。圆柱面上最右水平转向轮廓素线不可见，画中粗虚线；
圆柱槽上最低素线的侧面投影不可见，画中粗虚线。圆锥面上最前、最后素线被圆柱面截去
中间部分，其侧面投影应擦除该部分锥面轮廓线。

第五章 轴测投影

多面正投影图通常能较完整、确切地表达出物体各部分的形状，且绘图方便，所以它是工程上常用的图样，如图 5-1（a）所示。但是这种图样缺乏立体感，必须有一定读图能力的人才能看懂。为了帮助看图，工程上还采用轴测投影图，如图 5-1（b）所示。轴测投影图能在一个投影上同时反映物体的正面、顶面和侧面的形状，立体感强，直观性好。但轴测投影图也有缺陷，它不能确切地表达形体的实际形状与大小，比如形体上原来的长方形平面，在轴测投影图上变形成平行四边形，圆变形成椭圆，且作图复杂，因而轴测图在工程上仅用来作为辅助图样。

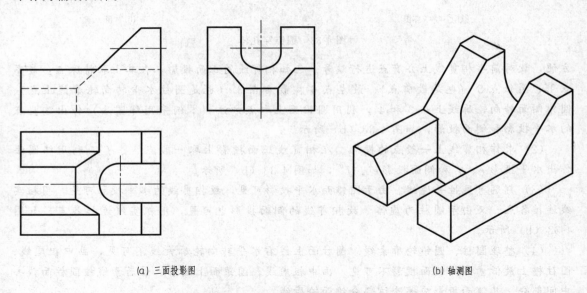

（a）三面投影图 　　　　　　　　　　　　　　（b）轴测图

图 5-1　多面正投影图与轴测图

第一节　基　本　知　识

一、轴测投影的形成

将物体和确定该物体位置的直角坐标系，按投影方向 S 用平行投影法投影到某一选定的投影面 P 上得到的投影图称为轴测投影图，简称轴测图；该投影面 P 称为轴测投影面。通常轴测图有以下两种基本形成方法，如图 5-2 所示。

① 投影方向 S_z 与轴测投影面 P 垂直，将物体倾斜放置，使物体上的三个坐标面和 P

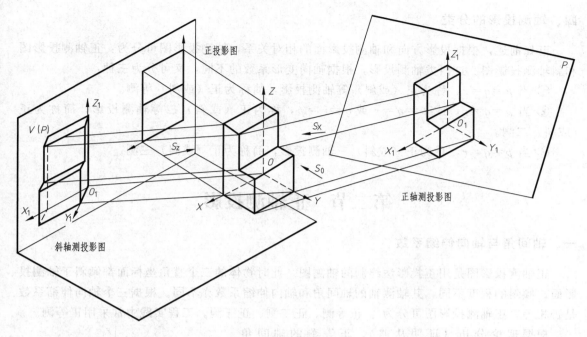

图 5-2　轴测投影的形成

面都斜交，这样所得的投影图称为正轴测投影图。

② 投影方向 S_x 与轴测投影面 P 倾斜，这样所得的投影图称为斜轴测投影图。把正立投影面 V 当做轴测投影面 P，所得斜轴测投影叫正面斜轴测投影；把水平投影面 H 当做轴测投影面 P，所得斜轴测投影叫水平斜轴测投影。

二、轴测轴、轴间角及轴向变形系数

（1）轴测轴　空间直角坐标轴 OX、OY、OZ 在轴测投影面 P 上的投影 O_1X_1、O_1Y_1、O_1Z_1 称为轴测投影轴，简称轴测轴。

（2）轴间角　轴测轴之间的夹角 $\angle X_1O_1Y_1$、$\angle X_1O_1Z_1$ 和 $\angle Y_1O_1Z_1$ 称为轴间角。

（3）轴向变形系数　也叫轴向伸缩系数。轴测轴上单位长度与相应坐标轴上单位长度之比称为轴向变形系数，分别用 p、q、r 表示。即 $p=O_1X_1/OX$、$q=O_1Y_1/OY$、$r=O_1Z_1/OZ$，则 p、q、r 分别称为 X、Y、Z 轴的轴向变形系数。

轴测轴、轴间角及轴向变形系数是绘制轴测图时的重要参数，不同类型的轴测图其轴间角及轴向变形系数是不同的。

三、轴测投影的投影特性

由于轴测投影仍然是平行投影，它具有平行投影的投影一般特性。即：

① 物体上互相平行的直线，其轴测投影仍平行。

② 物体上与轴平行的线段，其轴测投影平行于相应的轴测轴，其轴向伸缩系数与相应轴测轴的轴向伸缩系数相等。因此，画轴测图时，物体上凡平行于坐标轴的线段，都可按其原长度乘以相应的轴向伸缩系数得到轴测长度，这就是轴测图"轴测"二字的含义。

四、轴测投影的分类

已如前述，根据投影方向和轴测投影面的相对关系，轴测投影图可分为：正轴测投影图和斜轴测投影图。这两类轴测投影，根据轴向变形系数的不同，又可分为三种：

① 当 $p=q=r$，称为正（或斜）等轴测投影，简称为正（或斜）等测。

② 当 $p=q\neq r$，或 $p\neq q=r$ 或 $q\neq r=p$，称为正（或斜）二等轴测投影，简称为正（或斜）二测。

③ 当 $p\neq q\neq r$，称为正（或斜）三轴测投影，简称为正（或斜）三测。

第二节　正轴测投影

一、轴间角与轴向伸缩系数

正轴测投影图是用正投影法绘制的轴测图。此时物体的三个直角坐标面都倾斜于轴测投影面。倾斜的程度不同，其轴测轴的轴间角和轴向伸缩系数亦不同。根据三个轴向伸缩系数是否相等，正轴测投影图可分为：正等测、正二测、正三测。工程实践中常采用正等测。

根据理论分析（证明从略），正等测的轴间角 $\angle X_1O_1Y_1=\angle X_1O_1Z_1=\angle Y_1O_1Z_1=120°$。作图时，一般使 O_1Z_1 轴处于铅垂位置，则 O_1X_1 和 O_1Y_1 轴与水平线成 $30°$，可利用 $30°$ 三角板方便地作出，如图 5-3 所示。正等测的轴向变形系数 $p=q=r\approx0.82$。但在实际作图时，按上述轴向变形系数计算尺寸却是相当麻烦。由于绘制轴测图的主要目的是为了表达物体的直观形状，故为了作图方便起见，常采用一组轴向的简化变形系数，在正等测中，取 $p=q=r=1$，作图时就可以将视图上的尺寸直接度量到相应的 O_1X_1、O_1Y_1 和 O_1Z_1 轴上。如图 5-4（a）所示长方体的长、宽和高分别为 a、b 和 h，按轴向的简化变形系数作出的正等测，如图 5-4（b）所示。它与实际变形系数相比较，其形状不变，仅是图形按一定比例放大，图上线段的放大倍数为 $1/0.82\approx1.22$。

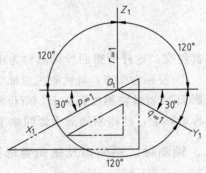

图 5-3　正等测的轴间角及
轴向变形系数

二、平面体的正等测画法

画轴测图的基本方法是坐标法，即根据形体各顶点的坐标值定出其在轴测投影中的位置，画出轴测图的作图方法称为坐标法。

但在实际作图时，还应根据物体的形状特点不同，结合切割法、特征面法（端面法）、叠加法等，灵活采用不同的作图步骤。

绘制正等轴测图一般将 O_1Z_1 轴画成铅垂，另外两个方向按物体所要表达的内容和形体特征选择，所绘图样尽可能将物体要表达的部分清晰表达出来。

【例 5-1】　作出如图 5-5（a）所示正六棱柱的正等轴测图。

分析：由于作物体的轴测图时，习惯上是不画出其虚线的，如图 5-4 所示，因此作正六

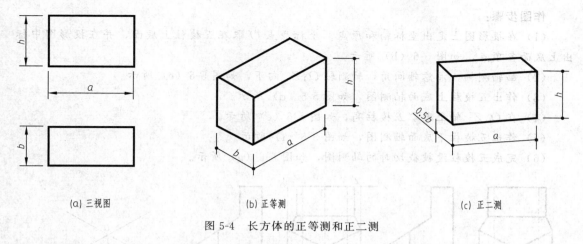

(a) 三视图　　　　　　　　　　(b) 正等测　　　　　　　　　　(c) 正二测

图 5-4　长方体的正等测和正二测

棱柱的轴测图时，为了减少不必要的作图线，宜选择坐标法，将六棱柱的上底面作为 XOY 面；又由于正六棱柱前后、左右均对称，故选其上底面的中心为坐标原点 O，则轴线为 OZ 轴，如图 5-5（a）所示。

作图步骤：

（1）在投影图上定出坐标轴和原点。取六棱柱上底面中心为原点 O，并标出上底面各顶点及坐标轴上的点 1、2、3、4、5、6、7、8，如图 5-5（a）所示。

（2）画轴测轴，按尺寸作出 1、4、7、8 各点的轴测投影 1_1、4_1、7_1、8_1；然后过 7_1、8_1 作 O_1X_1 轴的平行线，按 X 坐标值作出 2_1、3_1、5_1、6_1 四个顶点，连接各顶点，完成六棱柱上底面的轴测投影，如图 5-5（b）所示。

（3）过各顶点向下作 O_1Z_1 轴平行线，并量取棱高 h，得到下底面各顶点，连接各点，作出六棱柱下底面的轴测投影，如图 5-5（c）所示。

（4）最后擦去多余的作图线并描深，完成正六棱柱的正等测，如图 5-5（d）所示。

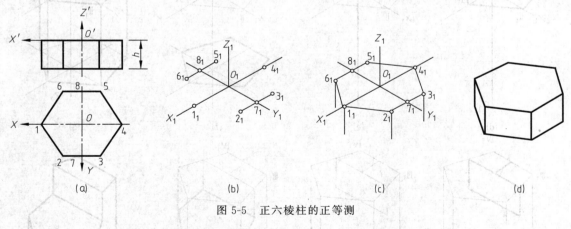

(a)　　　　　　　　(b)　　　　　　　　(c)　　　　　　　　(d)

图 5-5　正六棱柱的正等测

注意：在正等测轴测图中不与轴测轴平行的直线不能按 1∶1 量取，应先根据坐标定出两个端点，再连接而成。

【例 5-2】　作出如图 5-6（a）所示切口五棱柱的正等轴测图。

分析：本题详细求解过程见第四章【例 4-2】。绘制切割体的轴测图，主要是找出各顶点的轴测坐标即可。因为轴测图不画虚线，所以坐标原点的选择就尤为重要。

作图步骤：

（1）在投影图上定出坐标轴和原点。坐标原点 O 取在五棱柱上底面，并在投影图中标出上底面各顶点，如图 5-6（b）所示。

（2）画轴测轴，注意轴间角，轴测轴 O_1Z_1 向下，如图 5-6（c）所示。

（3）作出五棱柱上底面轴测图，如图 5-6（d）所示。

（4）在 O_1Z_1 轴上截取五棱柱高，如图 5-6（e）所示。

（5）作出五棱柱下底面轴测图，如图 5-6（f）所示。

（6）完成五棱柱没被截切时的轴测图，如图 5-6（g）所示。

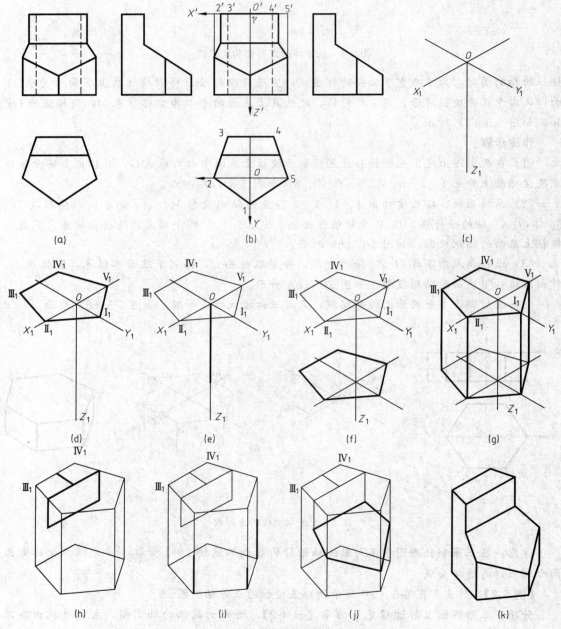

图 5-6 正五棱柱切割体的正等测

（7）作截切五棱柱的正平面，如图5-6（h）所示。

（8）按各点 Z 坐标找出截切五棱柱的侧垂面与竖直棱线交点，如图5-6（i）所示。

（9）完成五棱柱被侧垂面截切时的轴测图，如图5-6（j）所示。

（10）最后擦去多余的作图线并描深，完成正五棱柱切割体的正等测，如图5-6（k）所示。

【例5-3】　用特征面法（端面法）绘制如图5-7（a）所示形体的正等轴测图。

分析： 由图可知，形体的前表面和左表面反映形体的形状特征，所以可以采用特征面法（端面法）作其正等轴测图。

作图步骤：

（1）在已给的投影图上定出坐标轴和坐标原点，如图5-7（a）所示。

（2）画轴测轴，并将前表面和左表面按照1∶1比例画在相应的坐标面内，如图5-7（b）所示。

（3）沿着两表面各顶点分别作 O_1X_1、O_1Y_1 轴的平行线，使之对应相交，并补作表面交线，整理成图，如图5-7（c）所示。

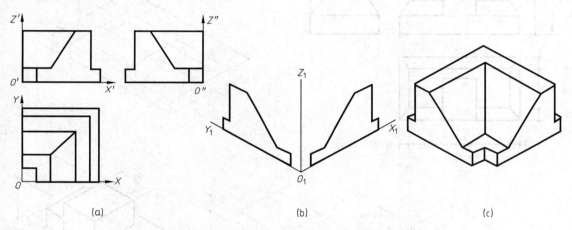

图5-7　用特征面法（端面法）绘制形体的正等轴测图

【例5-4】　用切割法绘制如图5-8（a）所示形体的正等轴测图。

分析： 该形体可视为由长方体切去了一个小长方体和一个角而形成。画轴测图时，可先画出完整的形体（原形），再逐步挖切，这种作图方法称为切割法。

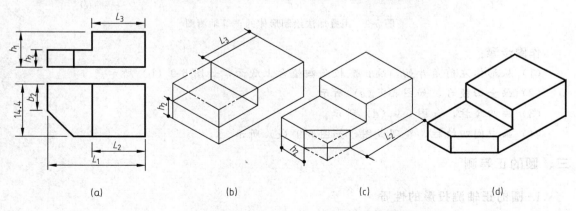

图5-8　用切割法绘制形体的正等轴测图

作图步骤：

（1）画出长方体的正等轴测图，并在左上方切去一块，如图5-8（b）所示；

（2）切去左前方的一个角（一定要沿轴向量取 b_2 和 L_2，来确定切平面的位置）如图5-8（c）所示；

（3）擦去多余的作图线，加深可见部分的轮廓线，如图5-8（d）所示。

【例5-5】 用叠加法绘制如图5-9（a）所示形体的正等轴测图。

分析： 画组合体的轴测图，首先应对组合体的构成进行分析，明确它的形状。从较大的形体入手，根据各部分之间的关系，逐步画出。如图5-9所示的形体可以看成若干基本体叠加，叠加法也称为组合法。

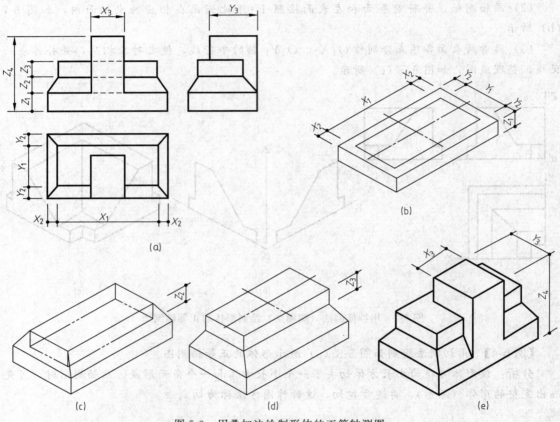

图5-9　用叠加法绘制形体的正等轴测图

作图步骤：

（1）从形体左前角开始，画出底板及四棱台上底面，如图5-9（b）所示。

（2）画全四棱台，如图5-9（c）所示。

（3）画四棱柱，如图5-9（d）所示。

（4）画中间四棱柱，整理成图，如图5-9（e）所示。

三、圆的正等测

1. 圆的正轴测投影的性质

在一般情况下，圆的轴测投影为椭圆。根据理论分析（证明从略）坐标面（或其平行面)上圆的轴测投影（椭圆）的长轴方向与该坐标面垂直的轴测轴垂直；短轴方向与该轴测轴平行，如图 5-10 所示。

在正等轴测图中，椭圆的长轴为圆的直径 d，短轴为 $0.58d$。如按简化变形系数作图，其长、短轴长度均放大 1.22 倍，即长轴长度等于 $1.22d$，短轴长度等于 $0.7d$，如图 5-10（a）所示。在正二等轴测图中，椭圆的长轴为圆的直径 d，在 $X_1O_1Y_1$ 及 $Y_1O_1Z_1$ 坐标面上短轴为 $0.33d$，在 $X_1O_1Z_1$ 坐标面上短轴为 $0.88d$。如按简化变形系数作图，其长、短轴长度均放大 1.06 倍，即长轴长度等于 $1.06d$，在 $X_1O_1Y_1$ 及 $Y_1O_1Z_1$ 坐标面上短轴长度等于 $0.35d$，在 $X_1O_1Z_1$ 坐标面上短轴长度等于 $0.94d$，如图 5-10（b）所示。

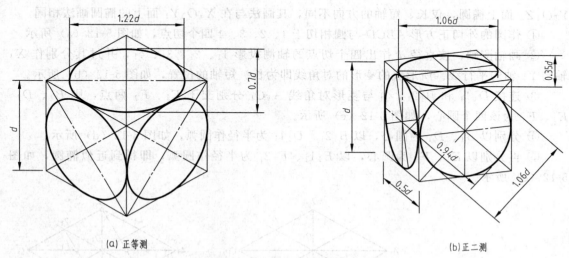

(a) 正等测   (b) 正二测

图 5-10　坐标面上圆的正等测和正二测

2. 圆的正轴测投影（椭圆）的画法

（1）一般画法——弦线法　对于处在一般位置平面或坐标面（或其平行面）上的圆，都可以用弦线法作出圆上一系列点的轴测投影，然后光滑地连接起来，即得到圆的轴测投影。如图 5-11（a）所示为一水平面上的圆，其正轴测投影的作图步骤如下：

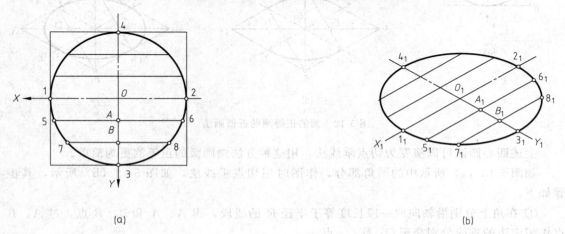

(a)   (b)

图 5-11　圆的正轴测投影的一般画法

① 首先画出 X_1、Y_1 轴，并在其上按直径大小直接定出 1_1、2_1、3_1、4_1 点，如图 5-11（b）所示。

② 过 OY 轴上的 A、B 等点作一系列平行于 OX 轴的平行弦，如图 5-11（a）所示，然后按坐标值相应地作出这些平行弦长的轴测投影，即求得椭圆上的 5_1、6_1、7_1、8_1 等点，如图 5-11（b）所示。

③ 光滑地连接 1_1、2_1、3_1、4_1、5_1、6_1、7_1、8_1 等各点，即为该圆的轴测投影（椭圆）。

（2）近似画法——四心圆法　为了简化作图，通常采用椭圆的近似画法——四心圆法。如图 5-12 所示，表示直径为 d 的圆在正等测中 $X_1O_1Y_1$ 面上椭圆的画法；$X_1O_1Z_1$ 和 $Y_1O_1Z_1$ 面上椭圆，仅长、短轴的方向不同，其画法与在 $X_1O_1Y_1$ 面上的椭圆画法相同。

① 作圆的外切正方形 $ABCD$ 与圆相切于 1、2、3、4 四个切点，如图 5-12（a）所示。

② 画轴测轴，按直径 d 作出四个切点的轴测投影 1_1、2_1、3_1、4_1，并过其分别作 X_1 轴与 Y_1 轴的平行线。所形成的菱形的对角线即为长、短轴的位置，如图 5-12（b）所示。

③ 连接 $D_1 1_1$ 和 $B_1 2_1$，并与菱形对角线 $A_1 C_1$ 分别交于 E_1、F_1 两点，则 B_1、D_1、E_1、F_1 为该四个圆心，如图 5-12（c）所示。

④ 分别以 B_1、D_1 为圆心，以 $B_1 2_1$、$D_1 1_1$ 为半径作圆弧，如图 5-12（d）所示。

⑤ 再分别以 E_1、F_1 为圆心，以 $E_1 1_1$、$F_1 2_1$ 为半径作圆弧，即得到近似椭圆，如图 5-12（e）所示。

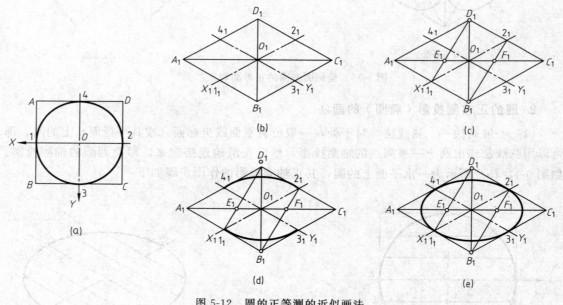

图 5-12　圆的正等测的近似画法

上述四心圆法可以演变为切点垂线法，用这种方法画圆弧的正等测更为简单。

如图 5-13（a）所示中的圆角部分，作图时用切点垂线法，如图 5-13（b）所示，其步骤如下：

① 在角上分别沿轴向取一段长度等于半径 R 的线段，得 A、A 和 B、B 点，过 A、B 点作相应边的垂线分别交于 O_1 及 O_2 点。

② 以 O_1 及 O_2 为圆心，以 $O_1 A$ 及 $O_2 B$ 为半径作弧，即为顶面上圆角的轴测图。

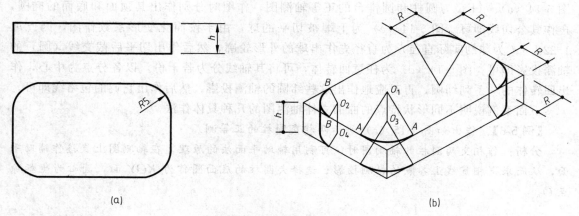

(a)

(b)

图 5-13　圆角的正等测画法

　　③ 分别将 O_1 和 O_2 点垂直下移，取 O_3、O_4 点，使 $O_1O_3=O_2O_4=h$（物体厚度）。以 O_3 及 O_4 为圆心，作底面上圆角的轴测投影，再作上、下圆弧的公切线，即完成作图。

四、曲面立体的正等测画法

　　掌握了圆的正轴测投影画法后，就不难画出回转曲面立体的正轴测图，如图 5-14 所示。

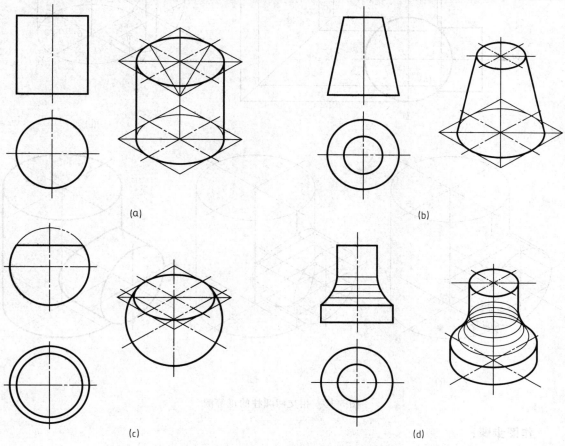

(a)

(b)

(c)

(d)

图 5-14　几种回转曲面立体的轴测图

图 5-14（a）、（b）为圆柱和圆锥台的正等轴测图，作图时分别作出其顶面和底面的椭圆，再作其公切线即可。图 5-14（c）为上端被切平的球，由于按简化变形系数作图，因此取 $1.22d$（d 为球的实际直径）为直径先作出球的外形轮廓，然后作出切平后截交线（圆）的轴测投影即可。图 5-14（d）为任意回转体，可将其轴线分为若干份，以各分点为中心，作出回转体的一系列纬圆，再对应地作出这些纬圆的轴测投影，然后作出它们的包络线即可。

下面举例说明不同形状特点的曲面立体轴测图的几种具体作法。

【例 5-6】 作出如图 5-15（a）所示两相交圆柱的正等测。

分析： 作相交两圆柱的轴测图时，可利用辅助平面法的原理，在轴测图上直接作辅助平面，从而求得相贯线上各点的轴测投影。选择大圆柱的底面圆作为 XOY 面，圆心为坐标原点 O。

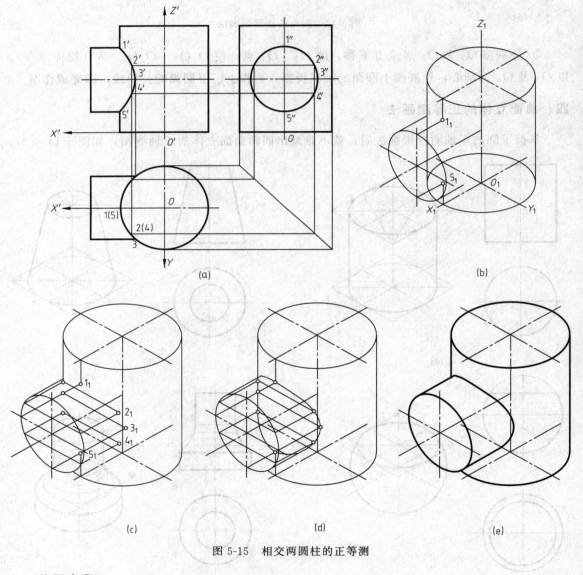

图 5-15　相交两圆柱的正等测

作图步骤：

（1）在投影图上定出坐标轴和原点。取大圆柱的底面圆心为原点 O，如图 5-15（a）

150　画法几何与机械制图

所示。

（2）画轴测轴，作出两圆柱的轴测投影，如图5-15（b）所示。

（3）用辅助平面法作出相贯线上各点的轴测投影，如图5-15（c）所示。

（4）依次光滑连接各点，即得到相贯线的轴测投影，如图5-15（d）所示。

（5）最后擦去多余的作图线并描深，完成相交两圆柱的正等测，如图5-15（e）所示。

【例5-7】 作出如图5-16（a）所示组合体的正等测。

分析：通过形体分析，可知组合体是由底板、竖板和三角形肋板三部分叠加而成的。底板前端一侧为四分之一圆角，且底板中间有一个圆柱孔；竖板底面与底板等长，上面开有圆柱孔。画这类组合体的轴测投影时，宜采用叠加法，将其分解为多个基本体，按其相对位置逐一画出它们的轴测图，最后得组合体轴测图。

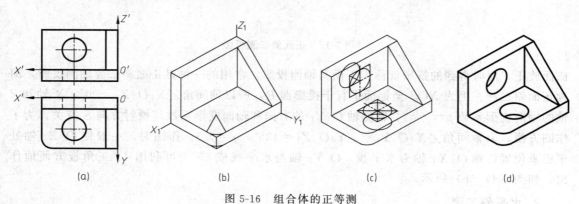

(a)　　　　　　　(b)　　　　　　　(c)　　　　　　　(d)

图5-16　组合体的正等测

作图步骤：

（1）在投影图上定出坐标轴和原点。取底板上表面右后点为原点O，如图5-16（a）所示。

（2）画轴测轴，按底板、竖板和三角形肋板的尺寸作出其轴测投影，用切点垂线法画出底板上四分之一圆角的轴测投影，如图5-16（b）所示。

（3）按近似画法作出底板和竖板上圆的轴测投影，如图5-16（c）所示。

（4）最后擦去多余的作图线并描深，完成组合体的正等测，如图5-16（d）所示。

第三节　斜轴测投影

工程上常用的斜轴测投影是斜二测，它画法简单，立体感好。本节主要讨论斜二测的画法。

一、斜二测的轴间角和轴向变形系数

1. 正面斜二测

从图5-17（a）可看出，在斜轴测投影中通常将物体放正，即使物体上某一坐标面平行于轴测投影面P，投射方向S倾斜于P面，因而该坐标面或其平行面上的任何图形在P面上的投影总是反映实形。若将正立投影面V作为轴测投影面P，使物体XOZ坐标面平行于

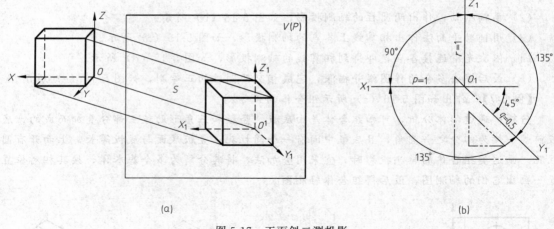

图 5-17 正面斜二测投影

P 面放正，此时得到的投影就称为正面斜轴测投影，常用的一种是正面斜二等轴测投影，简称正面斜二测。因为 XOZ 坐标面平行于投影面 P，所以轴间角 $\angle X_1O_1Z_1 = 90°$，X 轴和 Z 轴的轴向变形系数 $p = r = 1$。轴测轴 O_1Y_1 的方向和轴向变形系数与投射方向 S 有关，为了作图方便，取轴间角 $\angle X_1O_1Y_1 = \angle Y_1O_1Z_1 = 135°$，$q = 0.5$。作图时，一般使 O_1Z_1 轴处于铅垂位置，则 O_1X_1 轴为水平线，O_1Y_1 轴与水平线成 $45°$，可利用 $45°$ 三角板方便地作出，如图 5-17（b）所示。

2. 水平斜二测

将水平投影面 H 作为轴测投影面 P，使物体 XOY 坐标面平行于 P 面，此时得到的投影就称为水平斜轴测投影，如图 5-18（a）所示。常用的一种是水平斜二等轴测投影，简称水平斜二测。因为 XOY 坐标面平行于投影面 P，所以轴间角 $\angle X_1O_1Y_1 = 90°$，X 轴和 Y 轴的轴向变形系数 $p = q = 1$。为了作图方便，取轴间角 $\angle X_1O_1Z_1 = 120°$，$\angle Y_1O_1Z_1 = 150°$，$r = 0.5$。作图时，习惯上使 O_1Z_1 轴处于铅垂位置，则 O_1X_1 轴与水平线成 $30°$，而 O_1X_1 轴和 O_1Y_1 轴成 $90°$，可利用 $30°$ 三角板方便地作出，如图 5-18（b）所示。

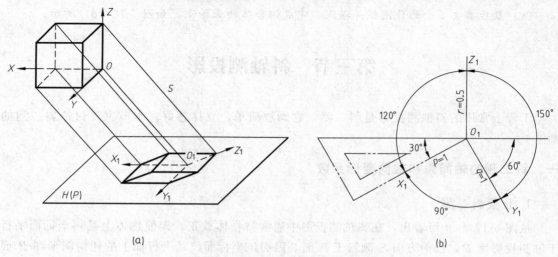

图 5-18 水平斜二测投影

二、斜二测的画法

画图之前，首先要根据物体的形状特点选定斜二测的种类，通常情况下选用正面斜二测，只有画一些建筑物的鸟瞰图时才选用水平斜二测，工程上常用来绘制一个区域的总平面布置或绘制一幢建筑物的水平剖面。

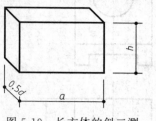

图 5-19　长方体的斜二测

作斜二测时，只要采用上述轴间角和轴向变形系数，其作图步骤和正等测、正二测完全相同，长方体的斜二测如图 5-19 所示。

在斜二测中，由于 XOZ 面（或其平行面）的轴测投影仍反映实形，因此应把物体形状较为复杂的一面作为正面，尤其具有较多圆或圆弧连接时，此时采用斜二测作图就非常方便。

【例 5-8】　作出如图 5-20（a）所示切口四棱柱的斜二测。

分析：根据所给的两面投影图可知，形体是在四棱柱上用侧平面和正垂面，将四棱柱的左上角切掉。因此，可在完整的四棱柱基础上进行切割。

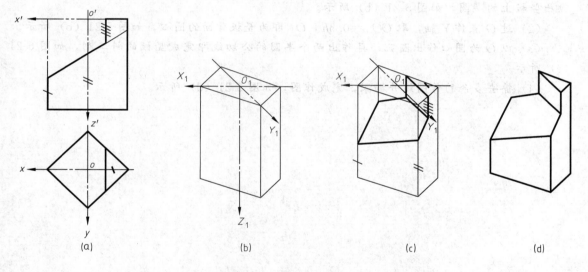

图 5-20　切口四棱柱的斜二测

作图步骤：

（1）在投影图上定出坐标轴和原点。取上表面中心为原点 O，如图 5-20（a）所示。

（2）画轴测轴及完整的四棱柱，如图 5-20（b）所示。

（3）根据截平面的位置，在轴测图上画出两截平面与四棱柱的截交线，如图 5-20（c）所示。

（4）擦去多余的作图线并描深，完成切口四棱柱的正面斜二测，如图 5-20（d）所示。

【例 5-9】　根据轴座的主、俯视图，如图 5-21（a）所示，画出它的斜二轴测图。

分析：轴座的正面有两个不同直径的圆或圆弧，在斜二等轴测图中都能反映实形。

作图步骤：

（1）先作出轴座下部平面立体的斜二测，并在竖板的前表面上确定圆心 O 的位置，并

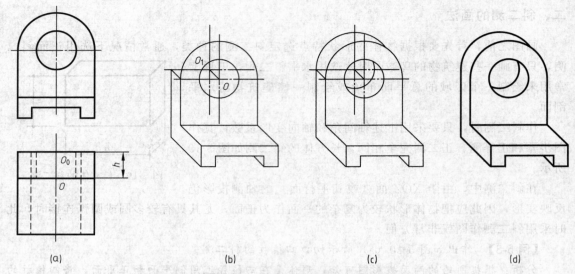

(a)   (b)   (c)   (d)

图 5-21　轴座斜二等轴测图的作图步骤

画出竖板上的半圆，如图 5-21（b）所示。

　　（2）过 O 点作 Y 轴，取 $OO_1 = 0.5h$，O_1 即为竖板背面的圆心，如图 5-21（b）所示。

　　（3）以 O 为圆心作出圆孔，再作出两个半圆的公切线即完成竖板的斜二测，如图 5-21（c）所示。

　　（4）擦去多余的作图线并描深，完成作图，如图 5-21（d）所示。

第六章 组 合 体

第一节 组合形体的组成与分析

一、组合体的三视图

1. 三视图的形成

在绘制工程图样时，将物体向投影面作正投影所得到的图形称为视图。在三面投影体系中可得到物体的三个视图，其正面投影称为主视图，水平投影称为俯视图，侧面投影称为左视图，如图 6-1 所示。

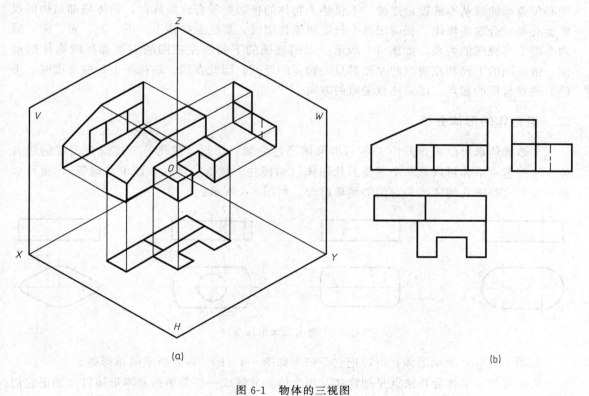

(a)   (b)

图 6-1 物体的三视图

在工程图上，视图主要用来表达物体的形状，不需要表达物体与投影面间的距离。因此在绘制视图时就没有必要画出投影轴。为了使图形清晰可见，也不必画出投影间的连线，如图 6-1 （b）所示。通常视图间的距离可根据图纸幅面、尺寸标注等因素来确定。

2. 三视图的位置关系和投影规律

在绘制三视图时虽然不需要画出投影轴和投影间的连线，但三视图间仍应保持各投影之间的位置关系和投影规律。如图6-2所示，三视图的位置关系为：俯视图在主视图的下方；左视图在主视图的右方。按照这种位置配置视图时，国家标准规定一律不标注视图名称。

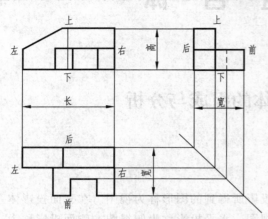

图 6-2　三视图的位置关系和投影规律

对照图6-1（a）和图6-2还可以看出：

主视图反映了物体上下、左右的位置关系，即反映了物体的高度和长度；

俯视图反映了物体前后、左右的位置关系，即反映了物体的长度和宽度；

左视图反映了物体上下、前后的位置关系，即反映了物体的高度和宽度。

由此可知三视图之间的投影规律为：

主、俯视图——长对正；

主、左视图——高平齐；

俯、左视图——宽相等。

"长对正、高平齐、宽相等"是画图和读图必须遵循的最基本的投影规律。不仅整个物体的投影要符合这条规律，物体局部结构的投影也必须符合这条规律。在应用这个投影规律作图时，要注意物体上、下、左、右、前、后六个部位与视图的关系，如图6-2所示。如俯视图的下面和左视图的右面都反映物体的前面，俯视图的上面和左视图的左面都反映物体的后面，因此在俯、左视图上量取宽度时，不但要注意量取的起点，还要注意量取的方向。

二、组合体的形体分析

多数物体都可以看作是由一些基本形体经过叠加、切割、穿孔等方式组合而成的组合体。这些基本形体可以是一个完整的几何体（如棱柱、棱锥、圆柱、圆锥、球等），也可以是一个不完整的几何体或是它们的简单组合，如图6-3所示。

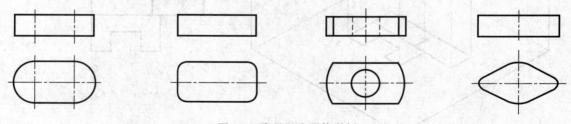

图 6-3　常见基本形体举例

如图6-4（a）所示形体，可以把它分解为如图6-4（b）、（c）所示简单形体。

由此可见，形体分析法就是把物体（组合体）分解成一些简单的基本形体以及确定它们之间组合形式的一种思维方法。画图、读图和尺寸标注时，经常要运用形体分析法，使复杂问题变得较为简单。

1. 基本形体的叠加

基本形体的叠加有简单叠加、相切和相交三种情况。

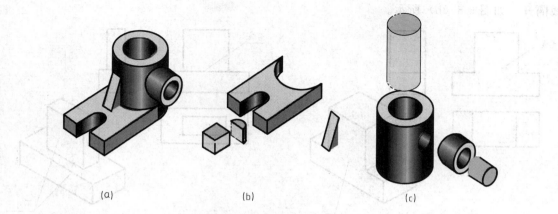

图 6-4　组合体的组成与分解

（1）简单叠加　所谓简单叠加是指两基本形体的表面相互结合。图 6-5 为一组合体的形体分析图，该组合体可看成由底部的底板（四棱柱）、后面的竖板（四棱柱）和右面的肋板（三棱柱）简单叠加而成。图 6-5（a）表示底部的四棱柱底板；图 6-5（b）表示底板的后上部有一四棱柱竖板，因为竖板的长度和底板的长度相同，四棱柱底板的左右面和四棱柱竖板的左右面对齐，因此在左视图上两形体的结合处就不存在隔开线；图 6-5（c）表示底部和竖板之间的右侧有一三棱柱肋板。

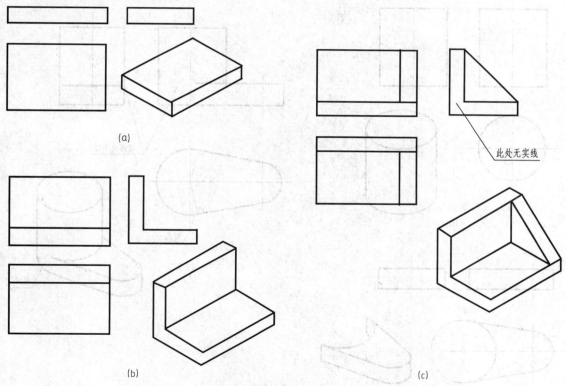

图 6-5　组合体的形体分析图——简单叠加

在此必须注意，当两形体叠加时，形体之间存在两种表面连接关系：对齐与不对齐。两形体的表面对齐时，中间没有线隔开，如图 6-6（a）所示；两形体的表面不对齐时，中间有线隔开，如图 6-6（b）所示。

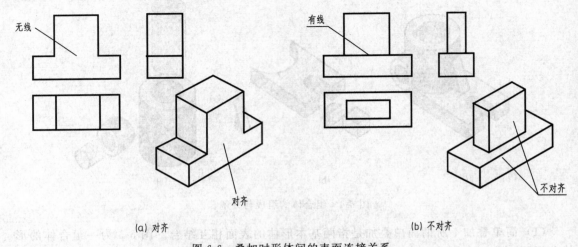

(a) 对齐   (b) 不对齐

图 6-6 叠加时形体间的表面连接关系

（2）相切 所谓相切是指两基本形体的表面光滑过渡。当曲面与曲面、曲面与平面相切时，在相切处不存在轮廓线。图 6-7 为一组合体的形体分析图。图 6-7（a）表示该组合体中间的圆柱；图 6-7（b）表示左端的底板；图 6-7（c）表示底板和圆柱相切组合，在主、左

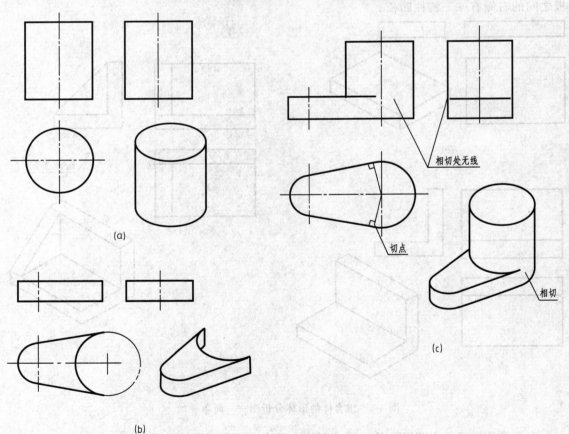

图 6-7 组合体的形体分析图——相切

视图上相切处不要画轮廓线，且底板上表面的投影要画到切点处为止。

（3）相交　所谓相交是指两基本形体的表面相交，在相交处会产生各种性质的交线。图6-8为一组合体的形体分析图。图6-8（a）表示该组合体中间的半圆柱；图6-8（b）表示半圆柱上部与另一小圆柱相交，于是在两圆柱表面产生了交线，在左视图上必须分别画出这些曲面与曲面间交线（相贯线）的投影；图6-8（c）表示该组合体左右分别与两四棱柱相交，因此其上表面与半圆柱面产生了交线，在俯视图上必须画出这些平面与曲面间交线（相贯线）的投影。

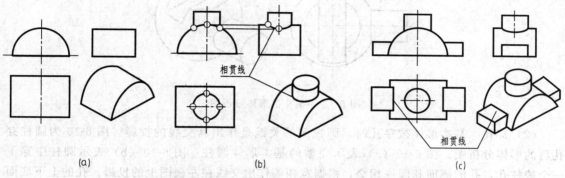

图 6-8　组合体的形体分析图——相交

2. 基本形体被切割或穿孔

基本形体被切割或穿孔时，可以有各种不同情况。如一个基本形体被几个平面所切割，也可能有两个以上的基本形体被同一个平面切割或被同一个孔贯穿等。

（1）切割　基本形体被平面切割时，画视图的关键是作出其截交线的投影。图6-9为手柄头的形体分析图。图6-9（a）表示手柄头是由基本形体圆柱和球共轴相交而成，因而交线为一个圆，它在主、俯视图上的投影为直线；图6-9（b）表示球的上、下分别被水平面所切割，截交线在俯视图上的投影为圆；图6-9（c）表示球的上端又开了一个凹槽，槽的底面与球相交，截交线在俯视图上的投影为一圆弧，槽的侧面和球相交，所得截交线在左视图上的投影为一圆弧。

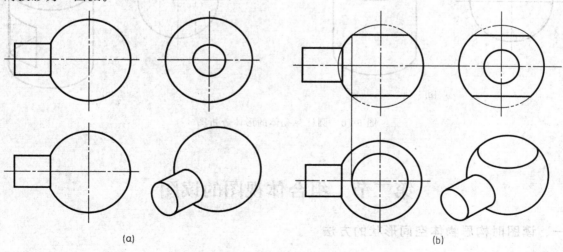

图 6-9

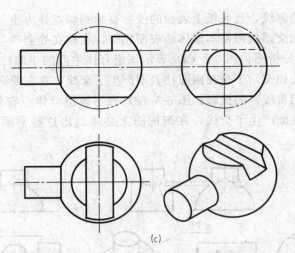

图 6-9   手柄头的形体分析图

（2）穿孔   基本形体被穿孔时，画视图的关键是作出其交线的投影。图 6-10 为圆柱穿孔后的形体分析图。图 6-10（a）表示完整的基本形体圆柱；图 6-10（b）表示圆柱中穿了一个棱柱孔，孔的侧面和圆柱相交，根据宽相等作出交线在左视图上的投影。孔的上下底面和圆柱相交，交线为一圆弧，左视图上的投影是直线。

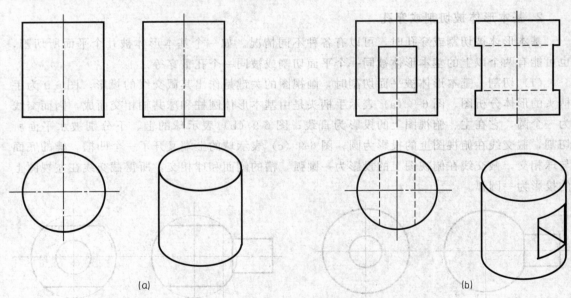

图 6-10   圆柱穿孔体的形体分析图

第二节   组合体视图的读图

一、读图时构思物体空间形状的方法

读图和画图是学习本课程的两个重要环节。画图是把空间物体用正投影方法表达在平面上，读图则是运用正投影方法，根据平面图形（视图）想象出空间物体的结构形状的过程。本节举例说明读组合体视图的基本方法，为今后读工程图样打下基础。

1. 把几个视图联系起来进行构思

通常一个视图不能确定较复杂物体的形状，因此在读图时，一般要根据几个视图运用投影规律进行分析、构思，才能想象出空间物体的形状。图 6-11 表明了根据三视图构思出该物体形状的过程。图 6-11（a）为给出的三视图。首先根据主视图，只能够想象出该物体是一个⌐形物体，如图 6-11（b）所示，但无法确定该物体的宽度，也不能判断主视图内的三条虚线和一条实线是表示什么。在上面构思的基础上，进一步观察俯视图并进行想象，如图 6-11（c）所示，即能确定该物体的宽度，以及其左端的形状为前、后各有一个 45°的倒角，中间开了一个长方形槽；但右端直立部分的形状仍无法确定。最后观察左视图并进一步想象，如图 6-11（d）所示，便能确定右端是一个顶部为半圆形的竖板，中间开了一个圆柱孔（在主、俯视图上用虚线表示）。经过这样构思与分析，最终完整地想象出了该物体的形状。

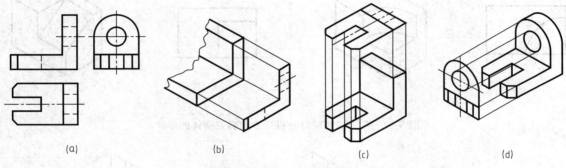

图 6-11　根据三视图构思出物体形状的过程

图 6-12（a）～（d）给出了四组视图，它们的主视图均相同，图 6-12（a）～（c）的左视图也相同，图 6-12（a）、（d）的俯视图相同，但它们却是四种不同形状物体的投影。由此可见，读图时必须将几个视图结合起来，互相对照，同时分析，这样才能正确地想象出物体的形状。

2. 通过读图实践，逐步提高空间构思能力

为了正确、迅速地读懂视图和培养空间思维能力，还应当通过读图实践，逐步提高空间构思能力。图 6-13（a）仅给出了物体的一个视图，因而可以构思出它可能是多种不同形状的物体的投影，图 6-13（b）～（f）仅表示了其中五种物体的形状。随着空间物体形状的改变，则在同样一个主视图上，它的每一条线及每个封闭线框所表示的意义均不相同。通过分析图 6-13 所示的例子，我们可以得到以下三点性质。

① 视图上的每一条线可以是物体上下列要素的投影。

a. 两表面的交线：如视图上的直线 m，可以是物体上两平面交线的投影，如图 6-13（c）所示或平面与曲面交线的投影，如图 6-13（d）、（e）所示。

b. 垂面的投影：如视图上的直线 m 和 n，可以是物体上相应侧平面 M 和 N 的投影，如图 6-13（b）所示。

c. 曲面的转向轮廓线：如视图上的直线 n，可以是物体上圆柱的转向轮廓线的投影，如

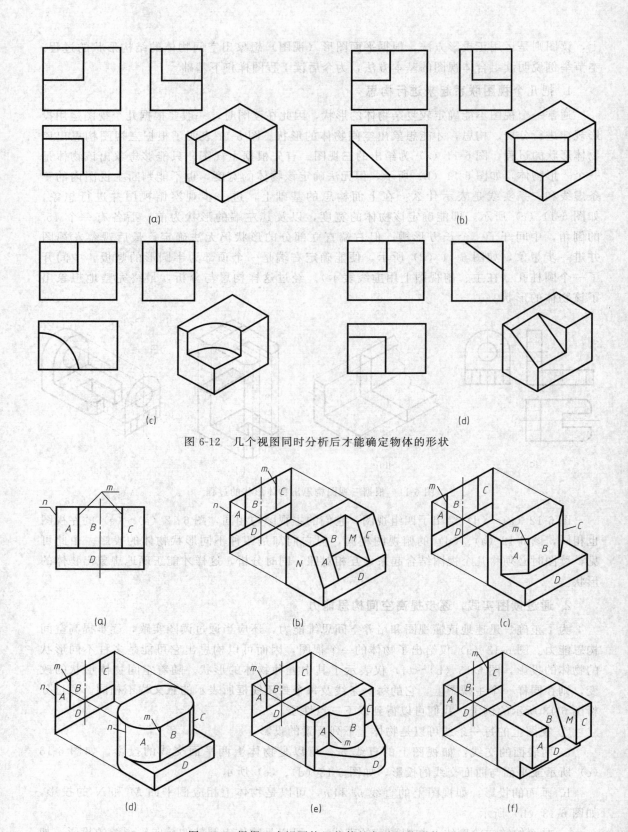

图 6-12　几个视图同时分析后才能确定物体的形状

图 6-13　根据一个视图构思物体的各种可能形状

图 6-13（d）所示。

② 视图上的每一封闭线框（图线围成的封闭图形），可以是物体上不同位置平面或曲面的投影，也可以是通孔的投影。

a. 平面：如视图上的封闭线框 A，可以是物体上平行面的投影，如图 6-13（e）、（f）所示，或斜面的投影，如图 6-13（b）、（c）所示。

b. 曲面：如视图上的封闭线框 A，可以是物体上圆柱面的投影，如图 6-13（d）所示。

c. 曲面和其切平面：如视图上的封闭线框 D，可以是物体上圆柱面以及和它相切平面的投影，如图 6-13（e）所示。

d. 通孔的投影：如图 6-13（a）左视图上圆形线框表示圆柱通孔的投影。

③ 视图上任何相邻的封闭线框，必定是物体上相交的或有前后的两个面（或其中一个是通孔）的投影。

如图 6-13（c）～（e）中，线框 C 和 B 表示为相交的两个面（平面或曲面）的投影；图 6-13（b）、（f）中，线框 C 和 B 表示为前后两个面的投影。

上述性质在读图时非常有用，它可以帮助我们提高构思能力，下面在分析读图的具体方法中还要进一步运用它。

二、读图的基本方法

1. 形体分析法

形体分析法是读图的最基本方法。通常从最能反映物体形状特征的主视图着手，分析物体是由哪些基本形体组成以及它们的组成形式；然后运用投影规律，逐个找出每个形体在其他视图上的投影，从而想象出各个基本形体的形状以及各形体之间的相对位置关系，最后想象出整个物体的形状。

图 6-14（a）所示为一组合体的三视图。从主视图上大致可看出它由四个部分组成，图 6-14 中分别表示组合体四个组成部分的读图分析过程。图 6-14（b）表示其下部底板的投影，它是一个左右两端各有一圆柱孔的倒 L 形棱柱。图 6-14（c）表示底板上部中间有一开有半圆柱孔的长方体，从俯视图上看出它在底板的后部。图 6-14（d）表示在底板上的长方体两侧各有一三角形肋板。这样逐一分析形体，最后就能想象出组合体的整体形状。

2. 线面分析法

线面分析法是根据面、线的空间性质和投影规律，分析形体的表面或表面间的交线与视图中的线框和图线的对应关系进行读图的方法。读图时，在运用形体分析法的基础上，对局部较难看懂的地方，常常要结合线面分析法来帮助读图。

（1）分析面的相对关系　前面已分析过视图上任何相邻的封闭线框，必定是物体上相交的或有前后的两个面的投影，但这两个面的相对位置究竟如何，必须根据其他视图来分析。现仍以图 6-13（b）、（f）为例，图 6-15 为其分析方法。在图 6-15（a）中，比较面 A、B、C 和面 D，由于在俯视图上都是实线，故只可能是 D 面凸出在前，A、B、C 面凹进在后。再比较 A、C 和 B 面，由于左视图上出现虚线，从主、俯视图来看，只可能 A、C 面在前，B 面在后。又左视图的右面是条斜线，虚线是条垂直线，故 A、C 面是侧垂面，B 面为正平面。弄清楚了面的前后关系，就能想象出该物体的形状。图 6-15（b）中，由于俯视图左右出现虚线，中间为实线，故可断定 A、C 面相对 D 面凸出在前，B 面处在 D 面的后部。又

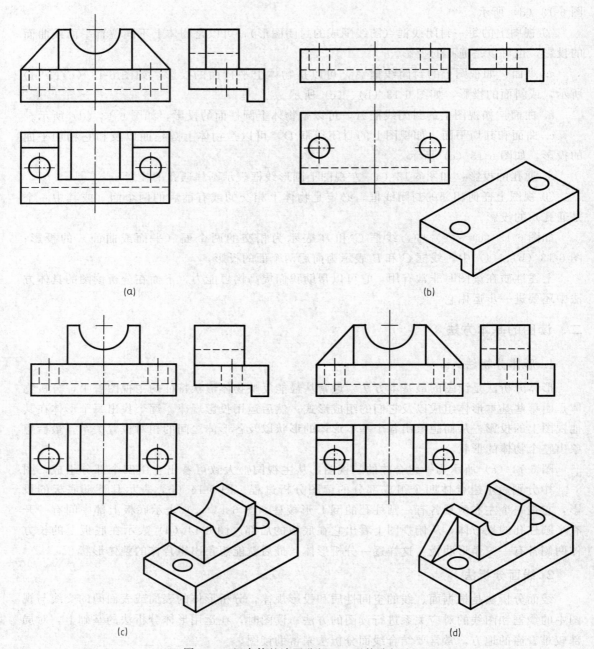

(a)

(b)

(c)

(d)

图 6-14　组合体的读图分析——形体分析法

左视图上出现一条斜虚线，可知凹进的 B 面是一侧垂面，正好和 D 面相交。下面举例说明此种方法在读图中的应用。

【例 6-1】　图 6-16（a）为组合体的主、俯视图，要求补画出其左视图。

分析：首先运用形体分析方法，根据给出的主、俯视图分析组合体是由三个基本形体叠加组成，并挖去一个圆柱孔；然后运用投影规律，分别找出每个形体在主、俯视图上的投影，从而想象出各个基本形体的形状，结合线面分析法得到各形体之间的相对位置关系，最后想象出整个组合体的形状。

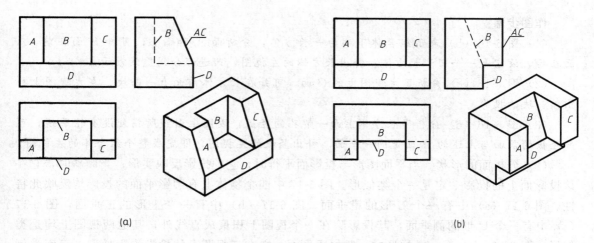

(a)

(b)

图 6-15　分析面的相对关系

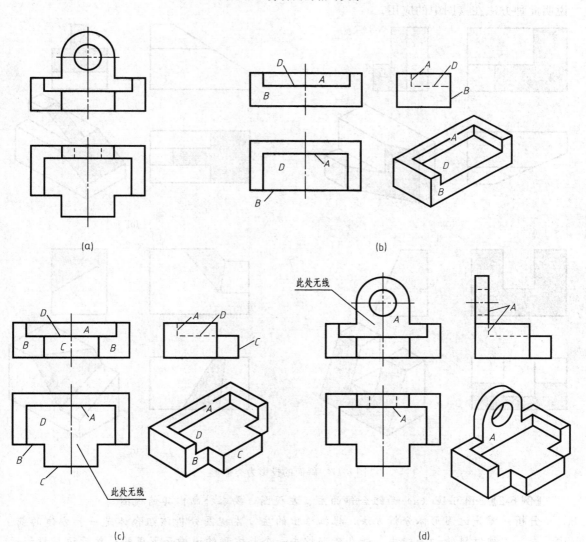

(a)

(b)

(c)

(d)

图 6-16　组合体的补图分析——分析面的相对关系

作图步骤：

（1）图 6-16（b）表示组合体下部为一长方体，分析面 *A* 和面 *B*，可知 *B* 面在前，*A* 面在后，故它是一个凹形长方体。补出长方体的左视图，凹进部分用虚线表示。

（2）图 6-16（c）分析了主视图上的 *C* 面，可知在长方体前面有一凸块，在左视图上补出该凸块的投影。

（3）图 6-16（d）分析了长方体上面一带孔的竖板，因图上引线所指处没有轮廓线，可知竖板的前面与上述的 *A* 面是同一平面。补出竖板的左视图，即完成整个组合体的左视图。

（2）分析面的形状　当平面图形与投影面平行时，它的投影反映实形；当倾斜时，它在该投影面上的投影一定是一个类似形。图 6-17 中四个物体上有阴影平面的投影均反映此特性。图 6-17（a）中有一个 L 形的铅垂面，图 6-17（b）中有一个⊥形的正垂面，图 6-17（c）中有一个 U 形的侧垂面，其投影除在一个视图上积聚成直线外，其他两视图上均是类似形；图 6-17（d）有一个梯形的一般位置平面，它在三视图上的投影均为梯形。下面举例说明此种方法在读图中的应用。

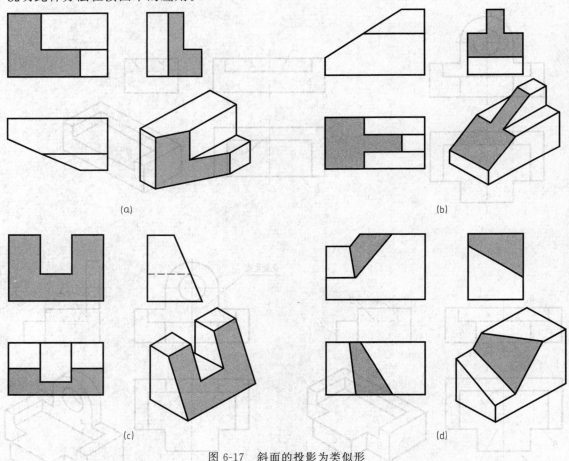

图 6-17　斜面的投影为类似形

【例 6-2】　图 6-18（a）为组合体的主、左视图，要求补画出其俯视图。

分析：首先运用形体分析方法，根据给出的主、左视图分析该组合体是一长方体的前、后、左、右被倾斜的切去四块，并在底部挖去一个长方形的通槽而形成的；然后运用投影规律，结合线面分析法想象出组合体各表面之间的相对位置和具体形状，最后想象出整个组合体的形状。

作图步骤：

（1）图 6-18（b）中分析该组合体为一长方体的前、后、左、右被倾斜地切去四块。补俯视图时，除了画出长方形轮廓外，还应画出斜面之间的交线的投影，如正垂面 P 和侧垂面 Q 的交线的投影。这时正垂面 P 是梯形，它的水平投影和侧面投影均为梯形。

（2）图 6-18（c）表示组合体的底部挖去了一个长方形的通槽，这时 P 面的水平投影和侧面投影应为类似形，运用投影规律，作出 P 面的水平投影。图 6-18（d）为最后完成的组合体三视图，通过分析斜面的投影为类似形而想象出组合体的形状。

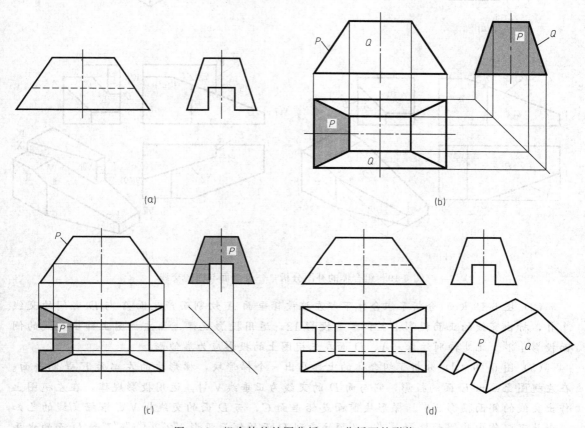

图 6-18 组合体的补图分析——分析面的形状

（3）**分析面与面的交线**　当视图上出现较多面与面的交线时，会给读图带来一定困难，这时必须运用画法几何方法，对交线性质及画法进行分析，才能读懂视图。下面举例说明如何通过分析交线来帮助读图和补图。

【例 6-3】　图 6-19（a）为组合体的主、俯视图，要求补画出其左视图。

分析：首先运用形体分析方法，根据给出的主、俯视图分析组合体是由两个基本形体叠加组成，其中一个形体可以看成是长方体斜切两刀，另一个为梯形块；然后运用投影规律，分别找出两个形体在主、俯视图上的投影，从而想象出这两个基本形体的形状，结合线面分析法得到各形体之间的相对位置关系，最后想象出整个组合体的形状。

作图步骤：

（1）图 6-19（b）分析了组合体的下部为一长方体被正垂面 D 切割，并补出组合体的左视图。

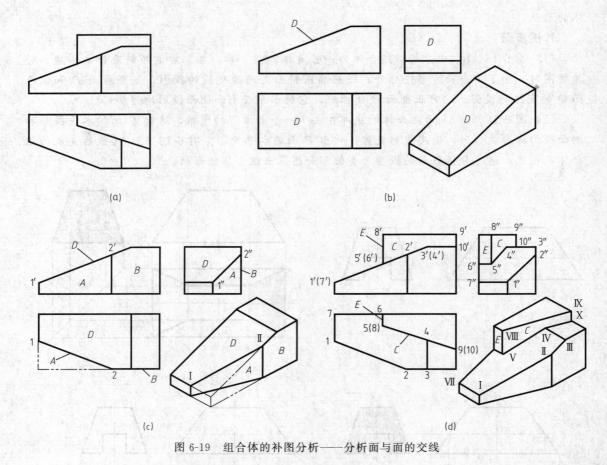

图 6-19 组合体的补图分析——分析面与面的交线

(2) 图 6-19 (c) 分析了组合体下部左端被铅垂面 A 切割而产生面 A 与 D 之间的交线 ⅠⅡ，标出交线的正面投影 $1'2'$ 和水平投影 12，运用投影规律，在左视图上作出交线的侧面投影 $1''2''$。此处特别注意，A、D 面在三视图上的投影应为类似形。

(3) 图 6-19 (d) 分析了组合体的上部凸出一个梯形块，梯形块的左端面 E 是侧平面。在左视图上画出 E 面的投影，它与面 D 的交线为正垂线 ⅤⅥ，运用投影规律，在左视图上作出交线的侧面投影 $5''6''$。梯形块前面是铅垂面 C，与 D 面的交线 ⅣⅤ，根据交线的已知投影就可以作出其侧面投影 $4''5''$。必须注意到 D 面的侧面投影 $1''2''3''4''5''6''7''$ 和 D 面的水平投影为类似形。同理，C 面的主、左视图也为类似形，根据此投影特性，作出 C 面的侧面投影 $4''5''8''9''10''$，即最后完成组合体的左视图。

三、读图步骤小结

归纳以上的读图实例，可总结出读图的具体步骤如下。

1. 分线框，对投影，初步了解

根据组合体的已知视图，初步了解它的大概形状，并按形体分析法分析它由哪几个基本形体组成，如何组成。一般从较多地反映物体形状特征的主视图着手。

2. 逐个分析，识形体，定位置

采用形体分析法和线面分析法，对组合体各组成部分的形状和线面逐个进行分析，想象出各形体的形状，并确定它们的相对位置以及相互间的关系。

3. 综合起来想整体

通过各种分析了解组合体的各部分形状后，确定了它们的相对位置以及相互间的关系，完整的组合体的形状就清楚了，从而想象出组合体的整体形状。

【例6-4】 图 6-20（a）为组合体的主、左视图，要求补画出其俯视图。

分析： 首先运用形体分析方法，根据给出的主、左视图分析组合体是由上下两部分形体叠加组合而成。下部是一个四棱柱，其中下部又挖去一个小四棱柱；上部是一个七棱柱，其前后端面被两个侧垂面各切去一部分，如图 6-20（b）所示。然后运用投影规律，结合线面分析法想象出组合体各表面之间的相对位置和具体形状，最后想象出整个组合体的形状。

作图步骤：

（1）分线框，对投影，初步了解。

如图 6-20（a）所示，组合体主视图有两个封闭线框，对照投影关系，左视图也有两个封闭线框与之相对应，可初步判断该组合体由两个基本形体组成。下部是一个四棱柱，其中下部又挖去一个小四棱柱；上部是一个七棱柱，其前后端面被两个侧垂面各切去一部分，如图 6-20（b）所示。

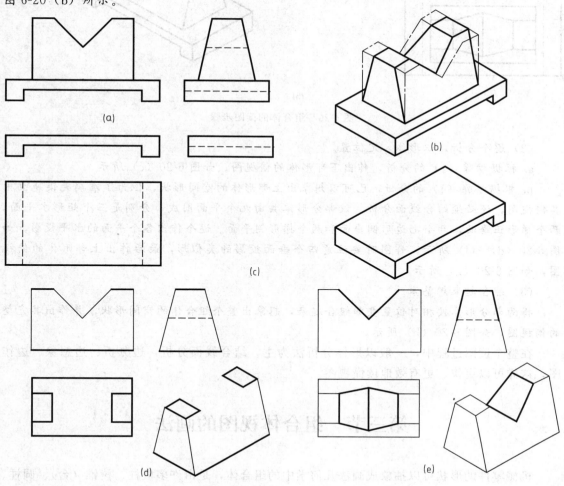

图 6-20

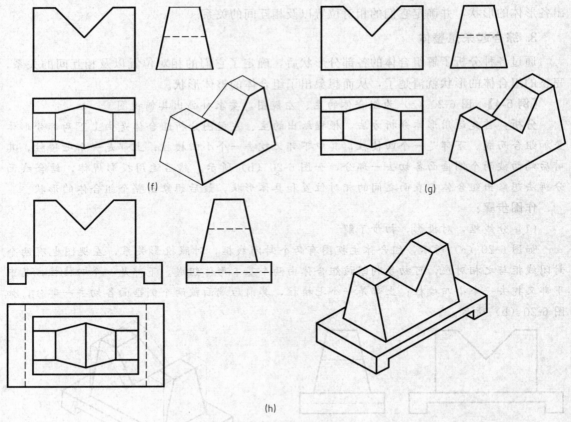

图 6-20　组合体的读图步骤

（2）逐个分析，识形体，定位置。

a. 根据步骤（1）的分析，作出下部形体的俯视图。如图 6-20（c）所示。

b. 根据步骤（1）的分析，已可以想象出上部形体的空间形状，但为了准确无误地画出其俯视图，还必须结合线面分析。该部分形体共由九个平面围成，分别是三个矩形水平面，两个梯形正垂面，两个七边形侧垂面和两个梯形侧平面。逐个作出各个平面的水平投影，如图 6-20（d）～（f）所示，作图时要注意四个垂面投影的类似形，最后作出上部形体的俯视图，如图 6-20（g）所示。

（3）综合起来想整体。

将两部分形体按相对位置叠加组合起来，想象出整个组合体的空间形状，并作出其完整的俯视图，如图 6-20（h）所示。

在整个读图过程中，一般以形体分析法为主，结合线面分析，边分析、边想象、边作图，这样可以更快、更有效地读懂视图。

第三节　组合体视图的画法

机械零件的形状可以抽象成画法几何学中的组合体，是由许多棱柱、棱锥（台）、圆柱、圆锥、圆球等基本形体按一定方式组合而成的。绘制机件的投影图时，在表达清楚的情况下，视图的数量越少越好。一般来说应采用形体分析的方法，将复杂的形体"分解"为若干个基本形体，分析它们的组合形式和相对位置，然后再绘制成投影图。

一、叠加式形体的画法

以如图 6-21（a）所示的组合体为例来说明绘图过程。

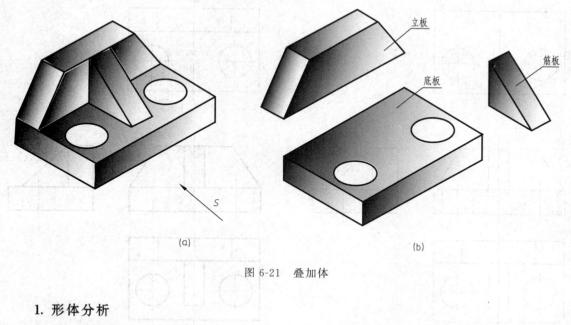

图 6-21　叠加体

1. 形体分析

应用形体分析法，我们可以把它分解成三个部分：底板、立板、筋板，如图 6-21（b）所示。

2. 选择视图

在三视图中，主视图是最主要的视图，因此主视图的选择最为重要。选择主视图时通常将物体放正，而使物体的主要平面（或轴线）平行或垂直于投影面。一般选取最能反映物体结构形状特征的这一个视图作为主视图。通常将底板、立板的对称平面放成平行于投影面的位置。显然，选取 S 方向作为主视图的投影方向最好，因为组成该组合体的各基本形体及它们间的相对位置关系在此方向表达最为清晰，最能反映该组合体的结构形状特征。

3. 选比例、定图幅

根据机件的具体大小和结构选取比例，尽量选用 1∶1 比例，选好比例后确定图纸的幅面。

4. 布图，画定位线，画图

具体步骤如图 6-22 所示。

（1）布置视图　画出各个视图的定位线、主要形体的轴线和中心线，并注意三个视图的间距，使视图均匀布置在图幅内，如图 6-22（a）所示。

（2）画底稿　从每一形体具有形状特征的视图开始，用细线逐个地画出它们的各个投影。

画图的一般顺序是：先画主要部分，后画次要部分；先画大形体，后画小形体；先画整

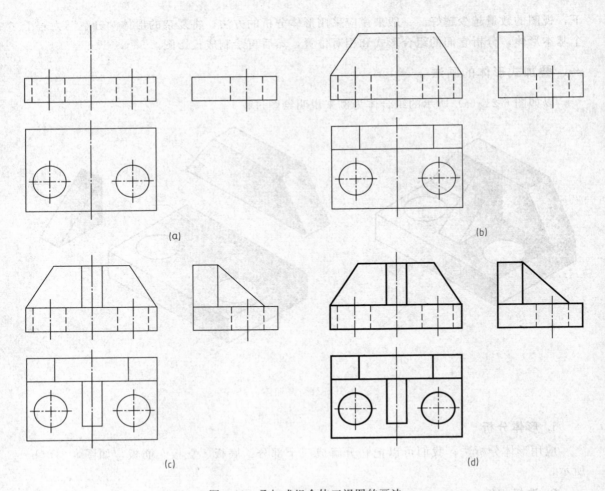

图 6-22　叠加式组合体三视图的画法

体形状，后画细节形状，如图 6-22（a）所示画底板，图 6-22（b）所示画立板，图 6-22（c）所示画筋板。

5. 检查、加深

底稿完成后，应仔细检查。检查时要分析每个形体的投影是否都画全了，相对位置是否都画对了，表面过渡关系是否都表达正确了。最后，擦去多余线，经过修改再加深，如图 6-22（d）所示。

在画图时应注意的几个问题：

① 画图时，常常不是画完一个视图后再画另一个视图，而是尽可能做到三个视图同时画，以便利用投影之间的对应关系。

② 各形体之间的相对位置，要保持正确。例如在绘制如图 6-22（a）所示图时，孔应位于底板左右对称位置。在绘制如图 6-22（b）所示图时，底板与立板的后表面应对齐。绘制图 6-22（c）所示图时，筋板要画在左右对称中间。

③ 各形体之间的表面结合线要表示正确。例如：筋板与底板前表面不对齐，因此在画俯视图时，底板与筋板的结合处是有实线的。

二、挖切式形体的画法

以如图 6-23（a）所示的垫块为例来说明绘图过程。

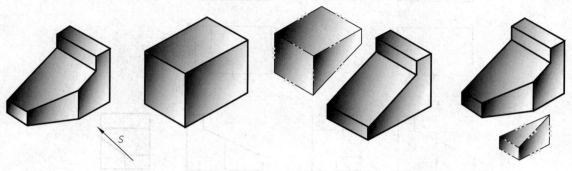

图 6-23　挖切体

1. 形体分析

如图 6-23 所示的垫块可以看作是由四棱柱切去一个梯形四棱柱（双点画线）和一个斜面三棱柱（双点画线）而形成的。它的形体分析和上面讲的叠加式组合体基本相同，只不过各个形体是一块块挖切下来，而不是叠加上去罢了。

2. 选择主视图

选取 S 方向作为主视图的投影方向最好，最能反映该组合体的结构形状特征。

3. 选比例、定图幅

尽量选用 1∶1 比例，选好比例后确定图纸的幅面。

4. 布图，画定位线，画图

如图 6-24 中表示了该形体的画图步骤。

① 画四棱柱的三视图：注意三个视图的间距，如图 6-24（a）所示。

② 逐个画切去形体后的三视图：如图 6-24（b）所示是画切去梯形四棱柱后的三视图，注意三个视图产生的交线。如图 6-24（c）所示是画切去斜面三棱柱后的三视图，注意三个视图产生的交线。

5. 检查、加深

底稿完成后，应仔细检查缺少的线和多余线，经过修改再加深，如图 6-24（d）所示。在画图时要注意以下两个问题。

① 对于被切去的形体应先画出反映其形状特征的视图，然后再画其他视图。例如图 6-24（b）所示，切去梯形四棱柱后应先画主视图。

② 画挖切式组合体，当斜面比较多时，除了对物体进行形体分析外，还应对一些主要的斜面进行线面分析。根据前面讲的平面的投影特性，一个平面在各个视图上的投影，除了有积聚性的投影外，其余的投影都应该表现为一个封闭线框，各封闭线框的形状应与该面的实形类似。例如图 6-24（c）所示，画切去斜面三棱柱后的原形体前面左下角出现一个梯形四边形，主视图与左视图都出现了与实形类似的梯形的类似形的投影。在作图时，利用这个特性，对面的投影进行分析、检查，有助于我们正确地画图和看图。

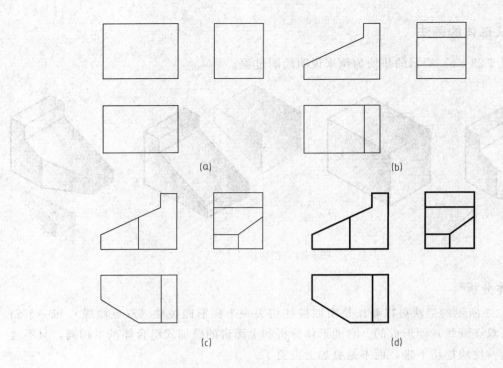

图 6-24 挖切式组合体三视图的画法

第四节 组合体视图的尺寸标注

机件的视图只能反映它的形状，其真实大小及其相对位置要通过尺寸标注来确定。组合体尺寸标注的基本原则是要符合正确、完整和清晰的要求。正确，是指尺寸标注要符合国家标准的有关规定。完整，是指尺寸标注要齐全，不能遗漏。清晰，是指尺寸布置要整齐，不重复，便于看图。

一、尺寸分类

组合体的尺寸，不仅能表达出组成组合体的各基本形状的大小，而且还能表达出各基本形体相互间的位置及组合体的整体大小。因此，组合体的尺寸可分为定形尺寸、定位尺寸和总体尺寸三类尺寸。

1. 定形尺寸

确定基本形体大小的尺寸，称为定形尺寸。常见的基本形体有棱柱、棱锥、棱台、圆柱、圆锥、圆台、球等。这些常见的基本形体的定形尺寸标注，如图 6-25 所示。

2. 定位尺寸

确定各基本形体之间相互位置所需要的尺寸，称为定位尺寸。标注定位尺寸的起始点，称为尺寸的基准。基准分为主要基准和辅助基准。在组合体的长、宽、高三个方向上标注的

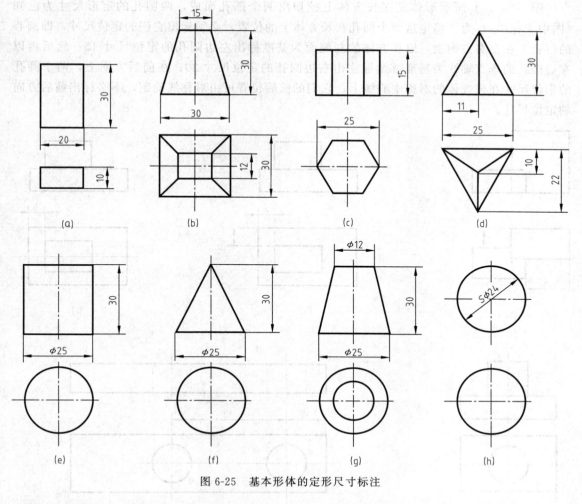

图 6-25　基本形体的定形尺寸标注

尺寸都要有基准。通常把组合体的底面、侧面、对称线、轴线、中心线等作为尺寸基准。根据需要，还可以选一些其他几何元素作为辅助基准。主要基准和辅助基准之间应有直接或间接的尺寸联系。

图 6-26 是各种定位尺寸标注的示例：图 6-26（a）所示形体是两长方体组合而成的，两形体有共同的底面，高度方向不需要定位，但是应该标注出两形体前后和左右的定位尺寸 a 和 b。标注尺寸 a 时选后一长方体的后面为基准，标注尺寸 b 时选后一长方体的左侧面为基准。

图 6-26（b）所示形体是由两个长方体叠加而成的，两长方体有一重叠的水平面，高度方向不需要定位，但是应该标注其前后和左右两个方向的尺寸 a 和 b，它们的基准分别为下一长方体的后面和右面。

图 6-26（c）所示形体是由两个长方体前、后对称叠加而成的，则它们的前后位置可由对称线确定，而不必标出前后方向的定位尺寸，只需标注出左、右方向的定位 b 即可，其基准为下一长方体的右面。

图 6-26（d）所示形体是由圆柱和长方体叠加而成的。叠加时前后、左右方向上都对称，相互位置可以由两条对称线确定。因此，长、宽、高三个方向的定位尺寸都可省略。

图 6-26 (e) 所示形体是在长方体上挖切出两个圆孔而成，两圆孔的定形尺寸为已知（图中未标出），为了确定这两个圆孔在长方体上的位置，必须标出它们的定位尺寸，即圆心的位置。在左右方向上，以长方体的左侧面为基准标出左边圆孔的定位尺寸 15；然后再以左边圆孔的垂直轴线为基准继续标注出右边圆孔的定位尺寸 30；在前后方向上，两个圆孔的定位尺寸在长方体的对称中心线上，它们的前后位置可由对称线确定，不必标出前后方向的定位尺寸。

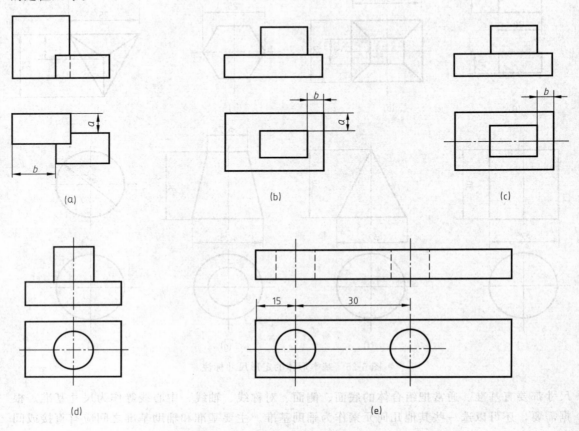

图 6-26　组合体的定位尺寸标注

3. 总体尺寸

确定组合体外形总长、总宽、和总高的尺寸，称为总体尺寸，为了能够知道组合体所占面积或体积的大小，一般需标注出组合体的总体尺寸。

在组合体的尺寸标注中，只有把上述三类尺寸都准确地标注出来，尺寸标注才符合完整要求。

二、尺寸标注要注意的几个问题

① 尺寸标注要明显，一般布置在视图的轮廓之外，并位于两个视图之间。通常属于长度方向的尺寸应标注在正立面图与平面图之间；高度方向的尺寸应标注在正立面图与左侧立面图之间；宽度方向的尺寸应标注在平面图与左侧立面图之间。此外，尺寸应标注在形体特征明显的视图上，如图 6-27 所示。半径 R 值应标注在反映圆弧的视图上。直径 ϕ 值一般标

注在非圆的视图上，也可标注在反映圆弧的视图上，如图 6-28 所示。

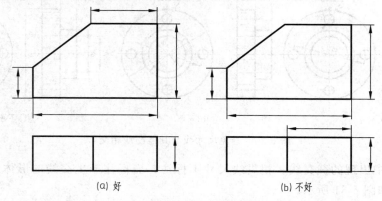

(a) 好　　　　　　　　　(b) 不好

图 6-27　尺寸标注在形体特征明显的视图上

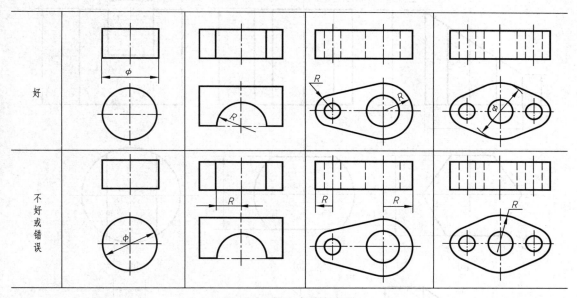

图 6-28　标注直径和半径

② 同一方向的尺寸尽量集中起来，排成几道，小尺寸在内，大尺寸在外，相互间要平行等距，距离 7~10mm，如图 6-29 所示。尺寸线与尺寸线不应相交，尽量避免尺寸线与尺寸线、尺寸界线、轮廓线相交，如图 6-30 所示。

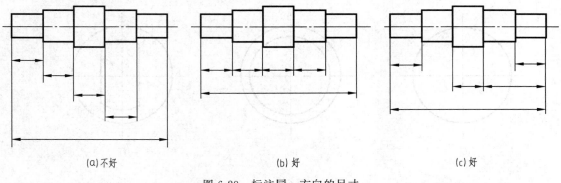

(a) 不好　　　　　　　　(b) 好　　　　　　　　(c) 好

图 6-29　标注同一方向的尺寸

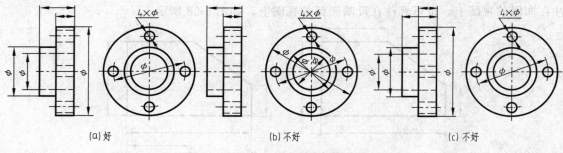

(a)好   (b)不好   (c)不好

图 6-30   避免尺寸线与其他图线相交

③ 组合体中出现的截交线、相贯线尺寸不标注，而标注产生交线的形体或截面的定形和定位尺寸，如图 6-31 所示。

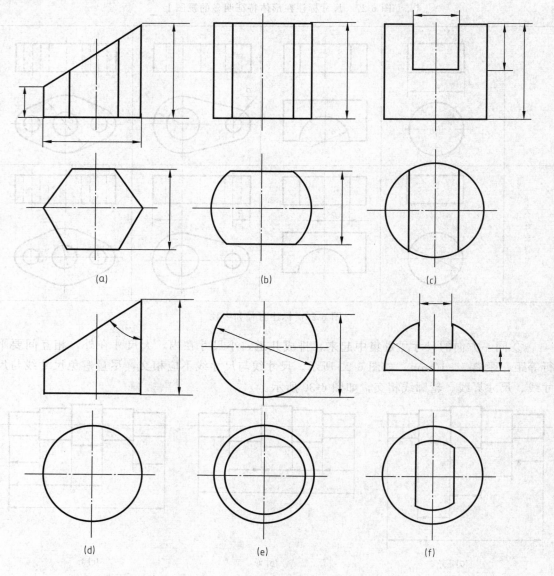

(a)   (b)   (c)

(d)   (e)   (f)

图 6-31

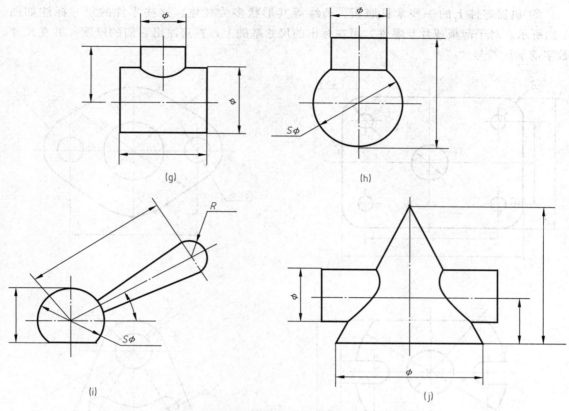

图 6-31　截交线、相贯线位置的尺寸标注

④ 当组合体的端部不是平面而是回转面时，该方向一般不直接标注整体尺寸，而是由回转面轴线的定位尺寸和回转面的定形尺寸（半径或直径）来间接确定，如图 6-32 所示。

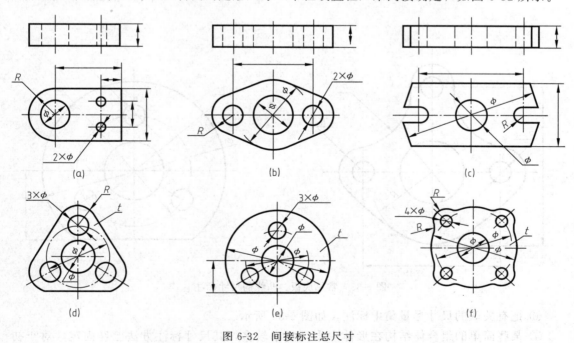

图 6-32　间接标注总尺寸

⑤ 机器零件上的一些常见底板、凸缘等其形状多为柱体。这些零件的尺寸标注如图6-33所示。对于薄板或片状零件，可在标出的尺寸基础上，直接注出它们的厚度，并在尺寸数字前加注符号"t"。

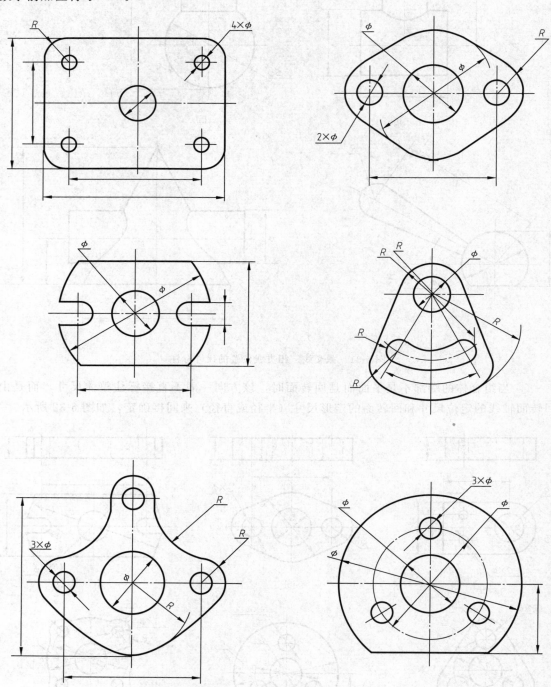

图 6-33　常见底板、凸缘的尺寸标注

⑥ 把有关联的尺寸尽量集中标注，如图 6-34 所示。

⑦ 某些简单的组合体结构在形体中出现频率较多，其尺寸标注方法已经固定，对于初

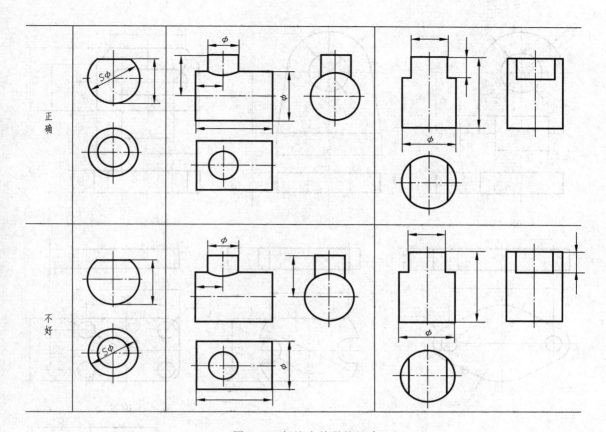

图 6-34　标注有关联的尺寸

学者只要模仿标注即可。如图 6-35 所示，仅供参考。

三、尺寸标注的步骤

标注组合体尺寸的步骤如下：

① 确定出每个基本形体的定形尺寸；

② 选定各个方向的定位基准，确定出每个基本形体相互间的定位尺寸；

③ 确定出总体尺寸；

④ 确定这三类尺寸的标注位置，分别画出尺寸界线、尺寸线、尺寸起止等符号；

⑤ 注写尺寸数字；

⑥ 检查调整。

现举例说明组合体尺寸标注。

【例 6-5】　标注如图 6-36（a）所示组合体的尺寸。

由形体分析知：该组合体是由底板、立板和筋板组合而成的形体，在底板上挖切出两个圆孔。

① 定形尺寸的确定：底板的长、宽、高分别为 50、34、10；立板的长、宽、高分别为 50、30、10、16；筋板的长、宽、高分别为 8、18、16；底板上的圆孔直径为 12，孔深为 10；底板上的两个 1/4 圆角，圆角的半径为 5，如图 6-36（b）所示。

② 尺寸基准和定位尺寸的确定：底板的下底面作为高度方向的主要尺寸基准，组合体

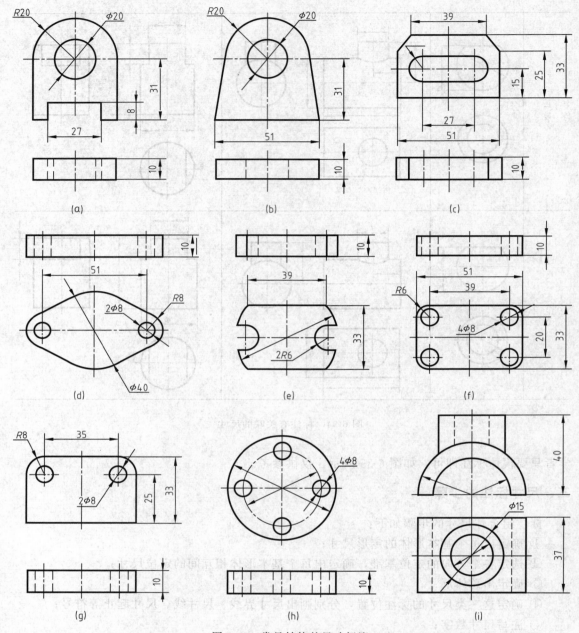

图 6-35　常见结构的尺寸标注

的左右对称面作为长度方向的尺寸基准，底板和立板的后端面作为宽度方向的尺寸基准。

立板在底板的上面，其左、右和后面与底板对齐，所以在长度、高度、宽度方向上的定位都可省略；筋板在底板上面中间，其后面与立板的前面相靠，所以其高度、宽度、长度方向定位尺寸可省略。在底板上的两圆孔以底板的中心对称面为基准，在长度方向上的定位尺寸是 32，宽度方向以底板后面为基准定位尺寸是 20，如图 6-36（c）所示。

③ 总体尺寸的确定：总体尺寸为 $50 \times 34 \times 26$。

④ 按尺寸标注的有关国家标准规定进行标注，如图 6-36（d）所示。

⑤ 检查调整（去掉了立板和筋板的高度尺寸）以保证尺寸的清晰性。

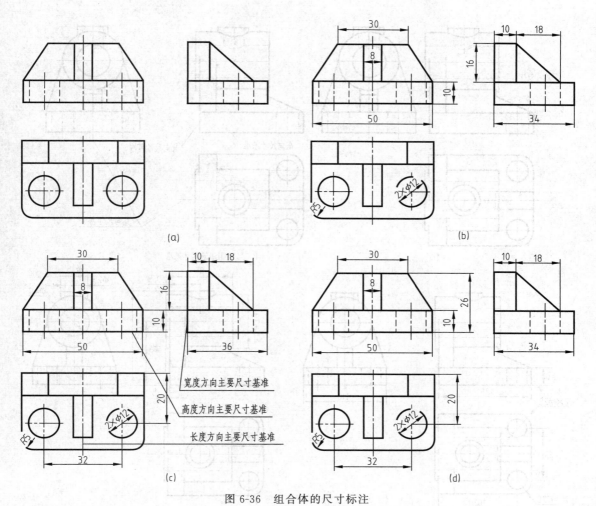

图 6-36　组合体的尺寸标注

【例 6-6】　标注如图 6-37（a）所示轴承座的尺寸。

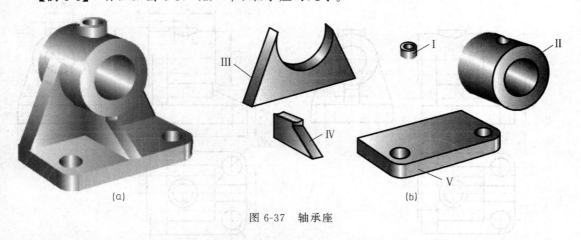

图 6-37　轴承座

　　用形体分析法可将轴承座分成五个简单形体，Ⅰ小圆筒、Ⅱ大圆筒、Ⅲ支承板、Ⅳ肋板、Ⅴ底板，如图 6-37（b）所示。

　　采用方法一标注尺寸，如图 6-38 所示。

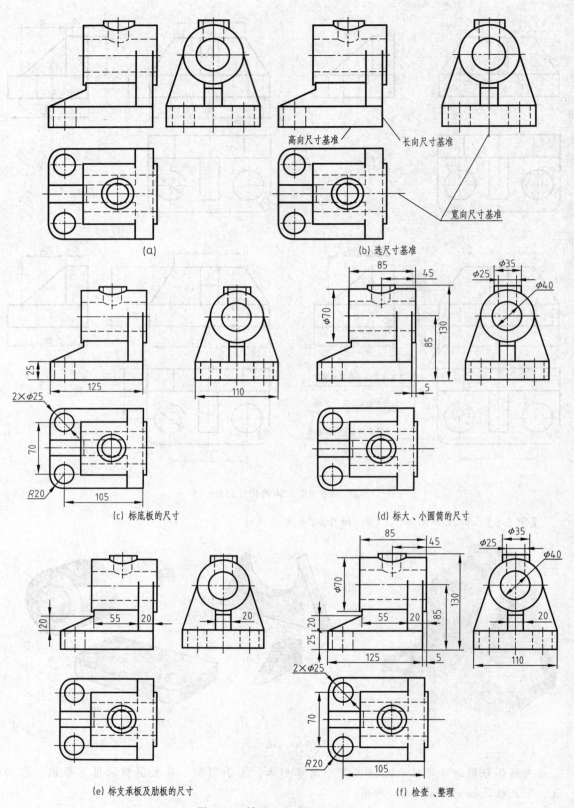

图 6-38 轴承座尺寸标注（法一）

① 选定尺寸基准：底板的下底面作为高度方向的尺寸基准；轴承座的前后对称面作为宽度方向的尺寸基准；底板和支承板的后端面作为长度方向的尺寸基准，如图 6-38（b）所示。

② 逐一标注每个形体的定形尺寸、定位尺寸：底板定形尺寸为长 125、宽 110、高 25；底板的两圆柱小孔和两圆角的定形尺寸 $\phi25$ 和 $R20$，深度和底板高度相同，因同一尺寸只能标注一次，不再重标，其定位尺寸宽度方向为 70，长度方向为 105，如图 6-38（c）所示。大圆筒定形尺寸直径为 $\phi70$、$\phi40$，长度为 85，其定位尺寸高度方向为 85，长度方向为 5，小圆筒定形尺寸直径为 $\phi35$、$\phi25$，长度按相贯位置确定，其定位尺寸高度方向为 130，长度方向为 45，如图 6-38（d）所示。支承板宽度 20，因其下部长度与底板相同，而上部圆柱面与圆筒一样，相关尺寸分别注在底板和圆筒体上。肋板宽度 20，长度为 55 和 125（与底板相同），高度为 20，最上部圆柱面与圆筒一样，总高尺寸按相贯位置确定，如图 6-38（e）所示。

③ 总体尺寸的确定：总体尺寸为（125+5）×110×130。

④ 检查调整以保证尺寸的清晰性，如图 6-38（f）所示。

采用方法二标注尺寸，如图 6-39 所示。

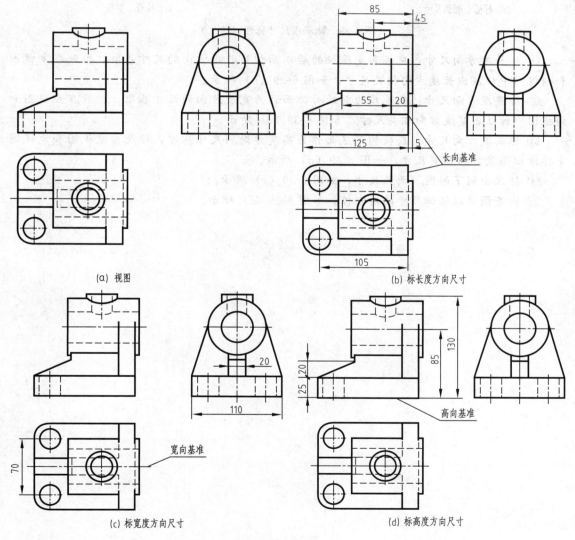

图 6-39

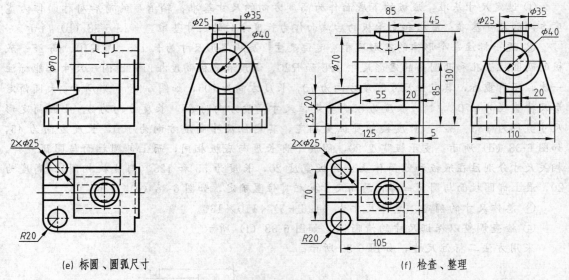

(e) 标圆、圆弧尺寸   (f) 检查、整理

图 6-39 轴承座尺寸标注（法二）

① 标长度方向尺寸：底板和支承板的后端面作为长度方向的尺寸基准，按此在主视图和俯视图中标注出长度方向相关尺寸，如图 6-39（b）所示。

② 标宽度方向尺寸：轴承座的前后对称面作为宽度方向的尺寸基准，按此在左视图和俯视图中标注出宽度方向相关尺寸，如图 6-39（c）所示。

③ 标高度方向尺寸：底板的下底面作为高度方向的尺寸基准，按此在主视图和左视图中标注出高度方向相关尺寸，如图 6-39（d）所示。

④ 标注出剩下的圆、圆弧尺寸，如图 6-39（e）所示。

⑤ 检查调整以保证尺寸的清晰性，如图 6-39（f）所示。

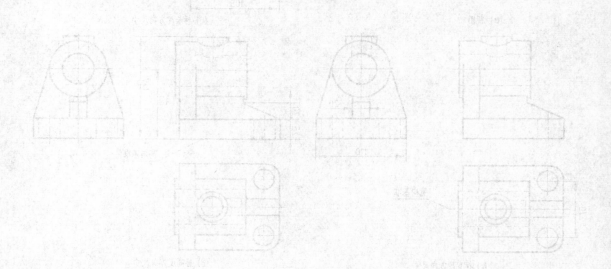

第七章 机件的表达方法

机械图中的零件很多内外形状结构都比较复杂，仅采用三视图的方法不能完整、清晰地把它们表达清楚。为了满足生产用图的需要，国家标准《技术制图》规定了视图、剖视图、断面图以及规定画法和简化画法等常用表达方法，绘图时可根据机件的形状特征选用，以达到将其内外结构表达清楚的目的。

第一节 机件的视图

视图是机件向投影面作正投影所得到的图形。它主要用于表达机件的外部结构与形状。在视图中一般只画出机件的可见部分，必要时才用虚线画出其不可见的投影。根据国家标准《技术制图》规定，视图分为基本视图、向视图、局部视图和斜视图。

一、基本视图

用正投影法在三个投影面（V、H、W）上获得机件的三个投影图，在工程上叫做三视图。其中，正面投影图叫做主视图，水平投影图叫做俯视图，侧面投影图叫做左视图。从投影原理上讲，机件的形状一般用三面投影图均可表示。三视图的排列位置以及它们之间的"三等关系"如图 7-1 所示。所谓三等关系，即主视图和俯视图反映机件的同一长度，主视图和左视图反映机件的同一高度，俯视图和左视图反映机件的同一宽度。也就是：长对正，高平齐，宽相等。

图 7-1 三视图

但是，当机件的形状比较复杂时，它的六个面的形状都可能不相同。若单纯用三面投影图表示则看不见的部分在投影图中都要用虚线表示，这样在图中各种图线易于密集、重合，

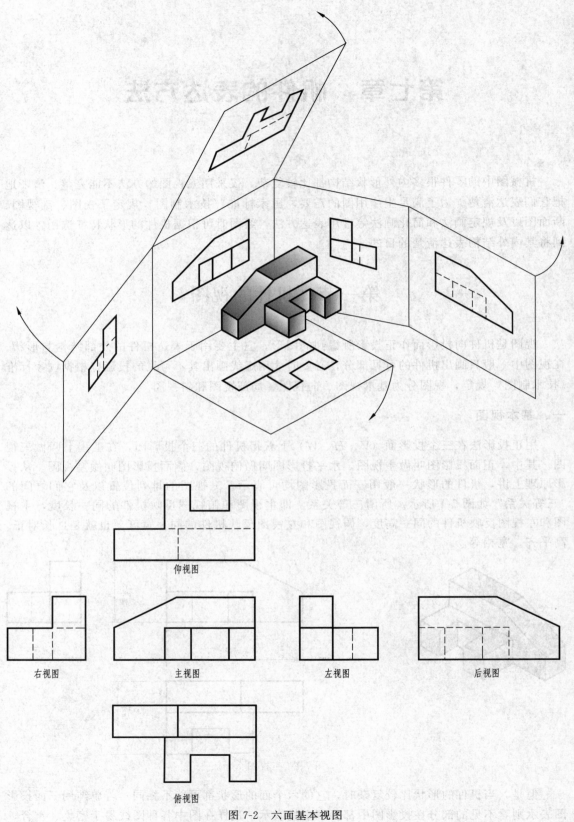

仰视图

右视图　　　　　　主视图　　　　　　　左视图　　　　　　　后视图

俯视图

图 7-2　六面基本视图

不仅影响图面清晰，有时也会给读图带来困难。为了清晰地表达机件的六个方面，标准规定在三个投影面的基础上，再增加三个投影面组成一个方形立体。构成立方体的六个投影面称为基本投影面。

把机件放在立方体中，将机件向六个基本投影面投影，可得到六个基本视图。这六个基本视图的名称是：从前向后投射得到主视图，从上向下投射得到俯视图，从左向右投射得到左视图，从右向左投射得到右视图，从下向上投射得到仰视图，从后向前投射得到后视图。

六个投影面的展开方法，如图 7-2 所示。正立投影面保持不动，其他各个投影面按箭头所指方向逐步展开到与正立投影面在同一个平面上。

六个视图的投影对应关系是：

① 六视图的度量对应关系，仍保持"三等"关系，即主视图、后视图、左视图、右视图高度相等；主视图、后视图、俯视图、仰视图长度相等；左视图、右视图、俯视图、仰视图宽度相等。

② 六视图的方位对应关系，除后视图外，其他视图在远离主视图的一侧，仍表示机件的前面部分。

③ 在实际工作中，并非所有的机件都需要画出六个基本视图，应根据机件的形状特点，选用必要的视图。一般来讲，主视图应尽可能反映机件的主要特征，其他投影图的选用，可在保证机件表达完整、清晰的前提下，使投影图数量为最少，力求制图简便。如图 7-3 所示机件采用了三个基本视图，其中主视图画出了全部虚线，左视图和右视图只画出了可见轮廓，省略了全部虚线。

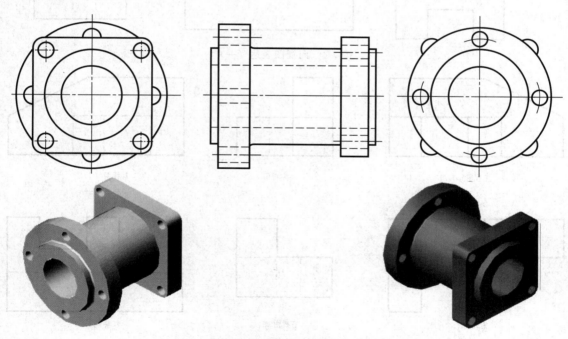

图 7-3　基本视图的应用

二、向视图

将机件从某一方向投射所得到的视图称为向视图。向视图是可自由配置的视图。根据专业的需要，只允许从以下两种表达方式中选择其一。

① 若六视图不按上述位置配置时，也可用向视图自由配置。即在向视图的上方用大写拉丁字母标注，同时在相应视图的附近用箭头指明投射方向，并标注相同的字母，如图 7-4 所示。

② 在视图下方标注图名。标注图名的各视图的位置，应根据需要和可能，按相应的规则布置，如图 7-5 所示。

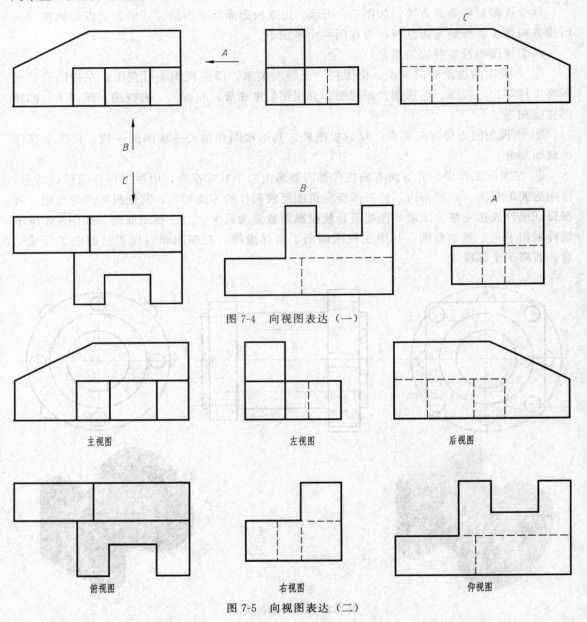

图 7-4　向视图表达（一）

图 7-5　向视图表达（二）

三、局部视图

如果机件主要形状已在基本视图上表达清楚，只有某一部分形状尚未表达清楚。这时，可将机件的某一部分向基本投影面投影，所得的视图称为局部视图，如图 7-6 表示。

画局部视图时应注意下列几点：

① 局部视图可按基本视图的配置形式配置，如 A 向视图；也可按向视图的配置形式配置，如 B 向视图，如图 7-6（c）表示。

② 标注的方式是用带字母的箭头指明投射方向，并在局部视图上方用相同字母注明视图的名称，如图 7-6（b）所示。

③ 局部视图的周边范围用波浪线表示，波浪线是细实线，如 A 向视图。但若表示的局部结构是完整的，且外形轮廓又是封闭的，则波浪线可省略不画，如 B 向视图。

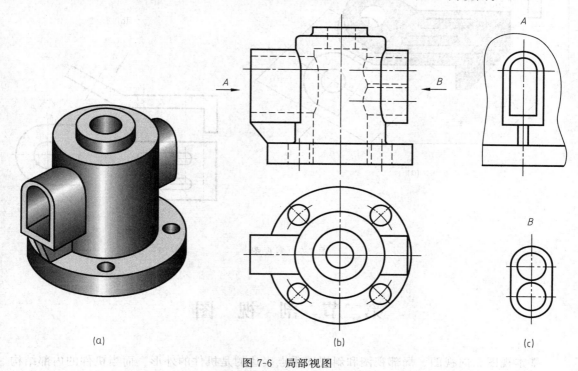

(a)　　　　　　　　　　　　　(b)　　　　　　　　　　　(c)

图 7-6　局部视图

四、斜视图

当机件的某一部分与基本投影面成倾斜位置时，基本视图上的投影则不能反映该部分的真实形状。这时可设立一个与倾斜表面平行的辅助投影面，且垂直于 V 面，并对着此投影面投影，则在该投影面上得到反映倾斜部分真实形状的图形。像这样将机件向不平行于基本投影面的投影面投影所得到的视图称为斜视图，如图 7-7 所示。

画斜视图时应注意下列几点：

① 斜视图通常按向视图的配置形式配置并标注。即用大写拉丁字母及箭头指明投射方向，且在斜视图上方用相同字母注明视图的名称，如图 7-7（a）所示。

② 斜视图只要求表达倾斜部分的局部性状，其余部分不必画出，可用波浪线表示其断裂边界，如图 7-7（b）所示。

③ 必要时，允许将斜视图旋转配置。表示该视图名称的大写拉丁字母应靠近旋转符号的箭头端，如图 7-7（c）所示。

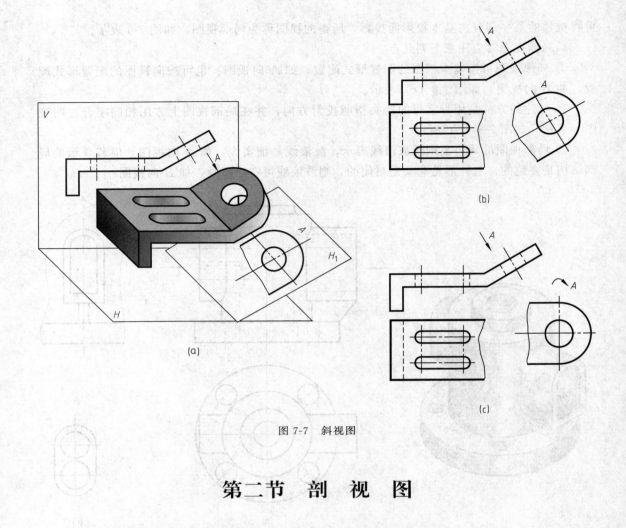

图 7-7　斜视图

第二节　剖　视　图

基本视图、向视图、局部视图和斜视图重点表达的是机件的外形。而当机件的内部结构比较复杂时，在视图中就会出现很多虚线。虚线过多会影响图面的清晰，造成读图的困难，且不利于尺寸标注。为了清晰地表达机件的内部结构，采用剖视图。

一、剖视图的基本概念

假想用一个（几个）剖切平面（曲面）沿机件的某一部分切开，移走剖切平面与观察者之间的部分，将剩余部分向投影面投影，所得到的视图叫剖视图，简称剖视，如图 7-8 所示。

二、剖视图的画法

① 分析视图与投影，想清楚机件的内外形状，如图 7-9（a）、（b）所示。

② 确定剖切平面的剖切位置。剖切的位置和方向应根据需要来确定。为清楚表达机件内形，应使剖切面尽量通过机件较多的内部结构（孔、槽等）的轴线、对称面。如图 7-9（a）所示的机件，在主视图中有表示内部形状的虚线，如图 7-9（c）所示。为了在主视图上作剖视，剖切平面应平行正立投影面且通过物体的内部形状（有对称平面时应通过对称平

192　画法几何与机械制图

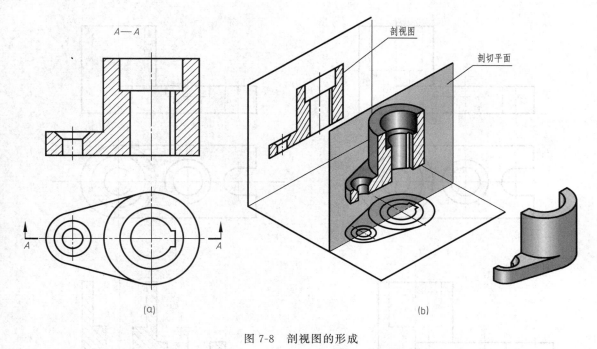

图 7-8　剖视图的形成

面）进行剖切，如图 7-9（b）、（d）所示。

　　③ 确定剖视图的剖视方向。想象清楚剖切后的情况，哪些部分移走了，哪些部分剩下了，如图 7-9（e）所示，用箭头表示剖视方向。

　　④ 画剖视。剖切位置和剖视方向确定后，就可假想把机件剖开，想象出哪些部位被切到，哪些部位看得到，先画出剖切到的部分，剖切平面剖切到的部分画图例线，如表 7-1 所示。如不强调材料时，图例线通常用 45°细实线表示（有些特殊情况也可用 60°或 30°），如图 7-9（f）所示。还有，画剖视时，除了要画出物体被剖切平面切到的图形外，还要画出被

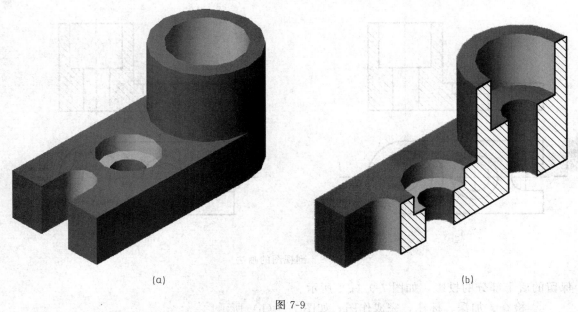

图 7-9

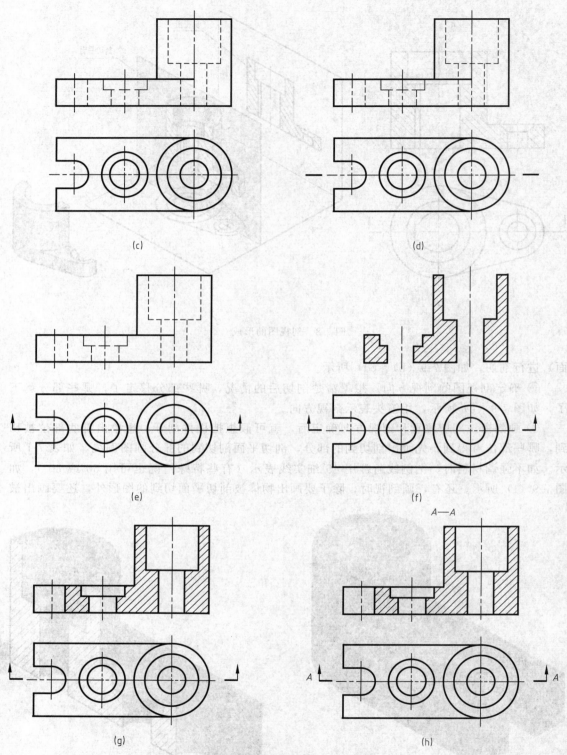

图 7-9　剖视图的画法

保留的后半部分的投影，如图 7-9（g）所示。

⑤ 检查、加深、标注，完成作图，如图 7-9（h）所示。

表 7-1　剖面符号

材料名称	剖面符号	材料名称	剖面符号
金属材料（已有规定剖面符号者除外）、通用剖面线		木质胶合板（不分层数）	
线圈绕组元件		基础周围的泥土	
转子、电枢、变压器和电抗器等的叠钢片		混凝土	
非金属材料（已有规定剖面符号者除外）		钢筋混凝土	
型砂、填砂、粉末冶金、砂轮、陶瓷刀片、硬质合金刀片等		固体材料	
玻璃及供观察用的其他透明材料		格网（筛网、过滤网等）	
木材　纵剖面		液体材料	
木材　横剖面			

注：1. 剖面符号仅表示材料的类别，材料的名称和代号必须另行注明。

2. 叠钢片的剖面线方向应与束装中叠钢片的方向一致。

3. 液面用细实线绘制。

三、剖视图的标注

剖视图的内容与剖切平面的剖切位置和投影方向有关，因此在图中必须用剖切符号指明剖切位置和投影方向。为了便于读图，还要对每个剖切符号进行编号，并在剖视图下方标注相应的名称。具体标注方法如下。

① 剖切位置在图中用剖切位置线表示。剖切位置线用两段粗实线绘制，其长度为 6～10mm。在图中不得与其他图线相交，如图 7-9（d）所示所示的"—"。

② 投影方向在图中用箭头表示。表示剖视方向的箭头垂直画在剖切位置线的起始两侧，如图 7-9（e）所示。

③ 剖切符号的编号，要用大写拉丁字母按顺序由左至右，由下至上连续编排，并写在剖视方向箭头的端部，编号字母一律水平书写，如图 7-9（h）所示"A"。

④ 剖视图的名称要用与剖切符号相同的编号命名，命名书写在剖视图的正上方，如图 7-9（h）中的"A—A"。

当剖切平面通过机件的对称平面，而且剖视又画在投影方向上，中间没有其他图形相隔，上述标注可完全省略。

四、剖视图中注意的几个问题

① 剖视图只是假想用剖切面将机件剖切开，所以画其他视图时仍应按完整的考虑，而不应只画出剖切后剩余的部分，如图 7-10 所示，（a）为错误画法，（b）为正确画法。

② 剖切面后面的可见部分应全部画出，不能遗漏，如图 7-11 所示，（a）为错误画法，（b）为正确画法。

③ 分清剖切面的位置。剖切面一般应通过机件的主要对称面或轴线，并要平行或垂直

于某一投影面，如图 7-9 所示，A—A 剖视通过前后对称面，平行于正立投影面。

④ 当在剖视图或其他视图上已表达清楚的结构、形状，而在剖视图或其他视图中此部分为虚线时，一律不画出，如图 7-9（h）所示的主视图，A—A 剖视图中的虚线省略。但没有表示清楚的结构、形状，需在剖视图或其他视图上画出适量的虚线，如图 7-12 所示的俯视图，俯视图中如有虚线也要画出。

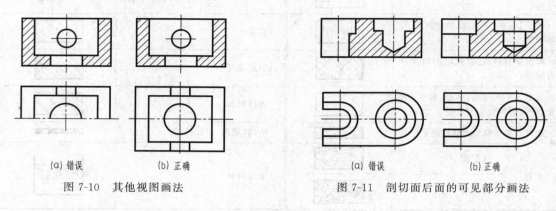

图 7-10　其他视图画法　　　　　　　　　图 7-11　剖切面后面的可见部分画法

五、剖视图的种类

1. 全剖视图

（1）概念　用剖切面完全剖开机件的剖视图称为全剖视图，简称全剖视，如图 7-8（a）、图 7-9（h）、图 7-12 所示的主视图。

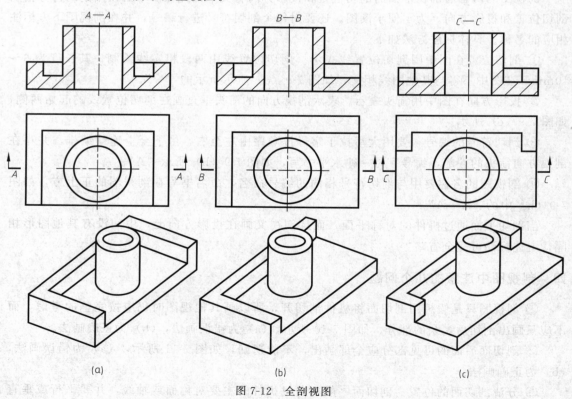

图 7-12　全剖视图

（2）适用范围　全剖视图适用于外形较简单，内部结构较复杂的机件，如图 7-12 所示。为了完整地表达机件的内部结构，剖切平面的选取应平行于剖视图所在的投影面，且应通过机件的内部结构中心轴线或对称面。当外形简单的回转体形体，为了便于标注尺寸也常采用全剖视，如图 7-13 所示的带有阶梯孔圆筒。

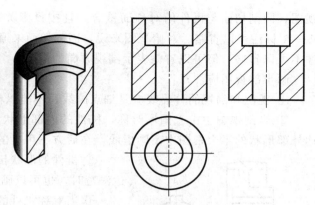

（3）标注方法　标注原则同前，如图 7-8（a）、图 7-9（h）所示。但是，

图 7-13　回转体全剖视图

对于采用单一剖切面通过机件的对称面剖切，且剖视图按投影关系配置，也可以省略标注。如图 7-13 所示中省略标注。

2. 半剖视图

（1）概念　当机件具有对称面时，在垂直于对称平面的投影面上投影所得到的图形，可以以对称中心线为界，一半画成剖视，另一半画成视图，这种剖视图称为半剖视图，如图 7-14 所示的主视图和俯视图。

（2）适用范围　半剖视图适用于对称机件或大体对称的机件（不对称部分已在其他视图中表达清楚）的表达，如图 7-14 所示机件，其内外形状具有前后、左右都对称的特点，如果主视图采用全剖视图，则凸台不能表达。如果俯视图采用全剖视图，则顶板的形状和四个小孔的位置不能表达。为了同时表达该机件的内外结构，采用半剖的方法比较合理：一半表达外形，一半表达内部结构。

（3）标注方法　半剖视图的标注原则同全剖视图。如图 7-14 所示，在主视图上的半剖

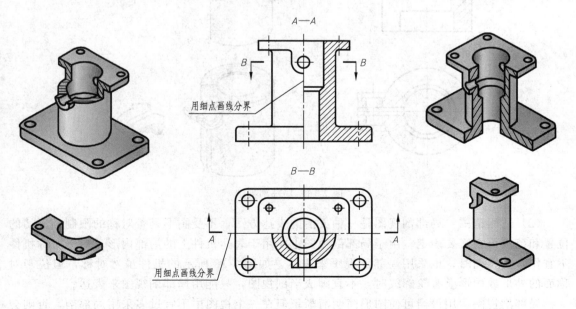

图 7-14　半剖视图

视图，因剖切面与机件的对称面重合，且按投影关系配置，故可以省略标注，即主视图中 $A—A$ 标注可以省略。对俯视图来说，因剖切面未通过主要对称面，需要标注，即 $B—B$ 标注不可以省略，但可以省略表示剖视方向的箭头。

画半剖视图应注意：

① 视图和剖视的分界线应是细点画线，不能以粗实线分界，如图 7-14 所示。

② 半剖视图中由于图形对称，机件的内部形状已在半个剖视图中表示清楚，所以在表达外部形状的半个视图中不画虚线，在后方不可见的虚线也都不画。

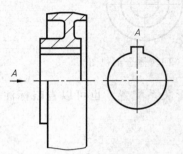

③ 机件的形状接近于对称，且不对称部分已另有图形表达清楚时，也可以画成半剖视图，如图 7-15 所示。

④ 当对称机件的轮廓线与中心线重合时，不宜采用半剖视图表示，如图 7-17 所示。

⑤ 半剖视图中剖视部分要画在垂直对称线的右侧，如图 7-14 所示的主视图，水平对称线的下方，如图 7-14 所示的俯视图。

图 7-15　近似对称的半剖视图

3. 局部剖视图

（1）概念　用剖切平面局部地剖开机件所得到的剖视图称为局部剖视图，如图 7-16 所示。画局部剖视图时，应以波浪线（如图 7-16 所示）或双折线（如图 7-17 所示）作为剖开部分与未剖开部分的分界线。

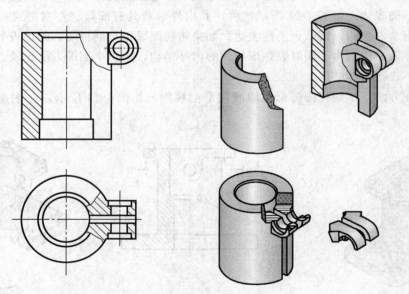

图 7-16　局部剖视图

（2）适用范围　局部剖视图是一种灵活的表达方法，不受图形是否对称的限制，剖切的位置和范围可视需要确定。由于局部剖视图主要用于表达机件上的局部内形，对于对称机件不宜作半剖视图时，也采用局部剖视图来表达，如图 7-18 所示的机件虽然对称，但位于对称面的外形或内形上有轮廓线时，不宜画成半剖视图，只能用局部剖视图来表达。

局部剖视图运用得当可使图形简明清晰；但在一个视图中不宜过多采用局部剖，否则会使图形显得零碎，给读图带来困难。

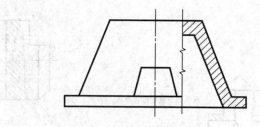

图 7-17　局部剖视图的分界线

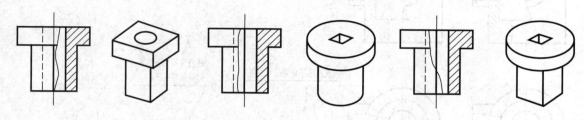

图 7-18　对称机件的局部剖视图

（3）标注方法　局部剖视图一般可省略标注，但当剖切位置不明显或局部剖视图未按投影关系配置时，则必须加以标注。

在局部剖视图中，视图与剖视图的分界线大多为细波浪线，波浪线可以认为是断裂面的投影。关于波浪线的画法，应注意以下几点：

① 局部剖视图与视图之间用波浪线或双折线分界，但同一图样上一般采用一种线型。

② 波浪线或双折线必须单独画出，不能与图样上其他图线重合，如图 7-19 所示。

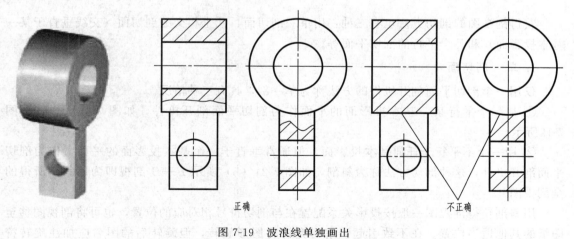

图 7-19　波浪线单独画出

③ 波浪线不能超出视图轮廓之外，如图 7-20 所示。当用双折线时，双折线要超出轮廓线少许，如图 7-17 所示。

六、剖切面的种类与剖切方法

剖视图的剖切面有三种：单一剖切面、几个相交的剖切面、几个平行的剖切平面。

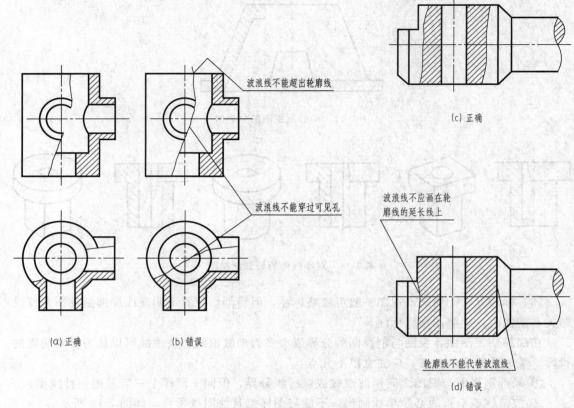

图 7-20　波浪线的画法

获得剖视图的剖切方法也有三种：用单一剖切面、几个相交的剖切面（交线垂直于某一基本投影面）和几个平行的剖切平面等。

1. 单一剖切面

仅用一个剖切平面剖开机件的方法称为单一剖，具有三种情况。

① 用一个平行某一基本投影面的平面作为剖切平面剖开机件，如图 7-8、图 7-9、图 7-12 所示。

② 用一个不平行于任何基本投影面，但通常垂直于一个基本投影面的平面，作为剖切平面剖开机件，这种剖切方法称为斜剖，如图 7-21（b）所示 B—B 剖视即为用斜剖所得的全剖视图。

用斜剖获得剖视图一般按投影关系配置在与剖切符号相对应的位置，也可将剖视图移至图纸的其他适当位置。在不致引起误解时允许将图形旋转，但旋转后的图名应加注旋转符号，如图 7-21（b）所示的 B—B 旋转。

③ 用单一剖切柱面（其轴线垂直于基本投影面）剖切，此时剖视图一般按展开绘制，在图名后加注"展开"二字，如图 7-22 所示的"B—B 展开"，其下方的 2∶1 表示此结构采用放大 2 倍比例绘制。

斜剖适用于倾斜内部结构的表达。

采用斜剖画出的剖视图必须标注，如图 7-21（b）、图 7-22 所示。

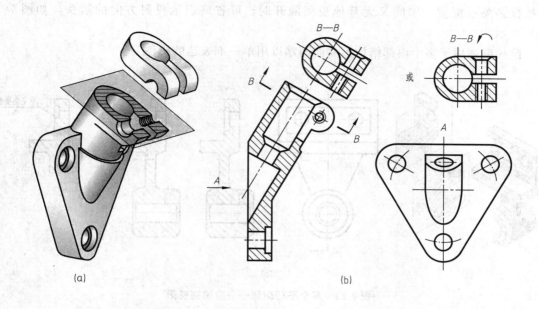

图 7-21 单一剖切——斜剖视图

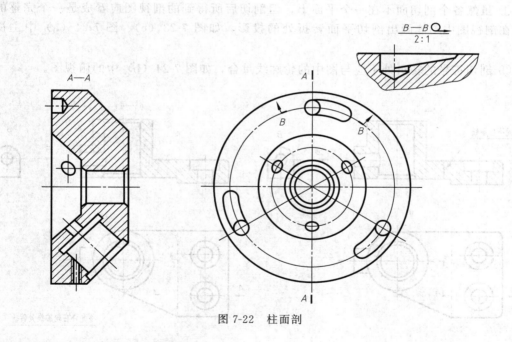

图 7-22 柱面剖

2. 用多个平行的剖切面剖切

当机件的内部结构是分层排列时，可采用几个平行的平面同时剖开机件，这种剖切方法称为阶梯剖，如图 7-23 所示的机件，在左视图中用阶梯剖的剖切方法获得 A—A 全剖视图。

阶梯剖画剖视图时必须进行标注，用粗短画出表示剖切面的起、迄和转折位置，并标上相同的大写字母，在起、迄外侧用箭头表示投射方向，在相应的剖视图上用同样的字母注出"X—X"表示剖视图名称，当转折处地方有限又不致引起误解时，允许省略字母。当剖视图按投影关系配置、中间又无其他视图隔开时，可省略表示投射方向的箭头，如图 7-23（b）所示。

　　阶梯剖适用于多个内部结构不共面而难以用单一剖表达的机件。

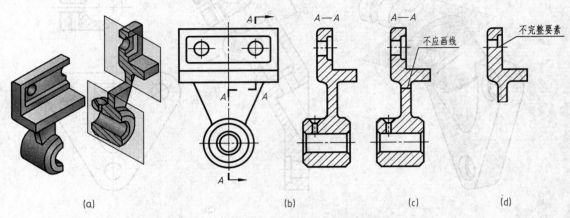

图 7-23　多个平行剖切——阶梯剖视图

　　采用阶梯剖画剖视图时应注意：

　　① 虽然各个剖切面不在一个平面上，但剖切后所得到的剖视图应看成是一个完整的图形，在剖视图中不能画出剖切平面转折处的投影，如图 7-23（c）、图 7-24（a）中主视图所示。

　　② 剖切符号的转折处不应与图中的轮廓线重合，如图 7-24（b）中的俯视图。

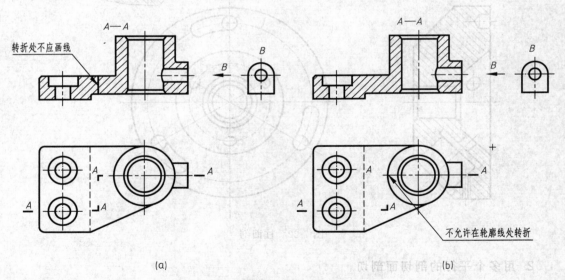

图 7-24　阶梯剖常见错误

　　③ 要正确选择剖切平面的位置，在剖视图中不应出现不完整的要素，如图 7-23（d）、图 7-25 所示。

　　④ 当机件有两个要素在图形上具有公共对称中心线或轴线时，应各画一半不完整的要素，如图 7-26 所示。

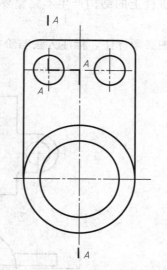
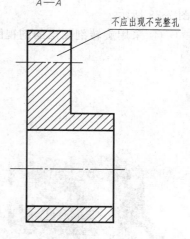

不应出现不完整孔

图 7-25　不应出现不完整的要素

3. 用交线垂直于某一基本投影面的两相交剖切平面剖切

用两个相交的剖切平面（交线垂直于某一基本投影面）剖开机件的方法称为旋转剖，如图 7-27 所示的俯视图即 *A—A* 全剖视图。

旋转剖主要用表达孔、槽等内部结构不在同一剖切平面内，但又具有公共回转轴线的机件。

采用旋转剖画剖视图时应注意：

① 当机件具有明显的回转轴时，两个剖切面的交线应与机件上的回转轴线相重合，如图 7-27 所示。

② 被倾斜的剖切平面剖开的结构，应绕交线旋转到与选定的投影面平行后再进行投射。但处在剖切平面后的其他结构，仍按原来位置投射，如图 7-27 所示机件下部的小圆孔，其在"*A—A*"中仍按

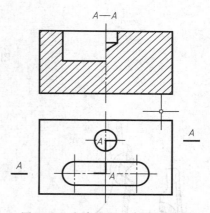

图 7-26　允许出现不完整的要素

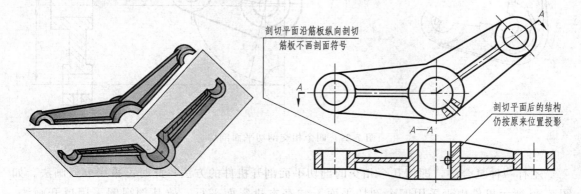

剖切平面沿筋板纵向剖切
筋板不画剖面符号

剖切平面后的结构
仍按原来位置投影

图 7-27　两相交剖切平面剖切——旋转剖视图

原来位置投射画出。

　　③ 当相交两剖切平面剖到机件上的结构产生不完整要素时，则这部分按不剖绘制，如图 7-28 所示。

　　④ 采用旋转剖画出的剖视图必须标注，标注方法与阶梯剖相同 ，如图 7-29 所示。

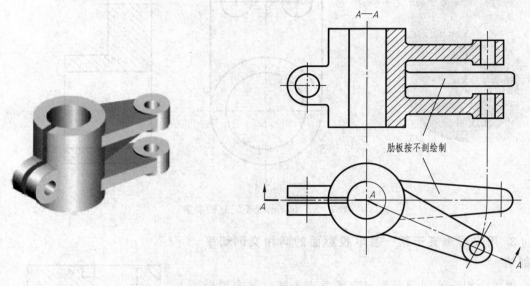

图 7-28　两相交剖切平面剖切

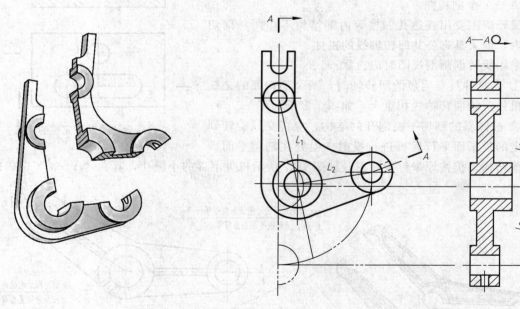

图 7-29　四个相交剖切平面剖切

　　还有一种复合剖，即用几个相交的剖切平面剖开机件的方法，此时可采用展开画法。如图 7-30 所示机件由于采用四个剖切平面不与基本投影面平行，故其剖视图采用展开画法。

展开图中，各轴线间的距离不变。标注如图 7-30 主视图所示。采用复合剖时，如遇到机件的某些内部结构投影重叠而表达不清楚、或剖切平面为圆柱面时，其展开画出剖视图上方应标注"×—×展开"，如图 7-31 所示。

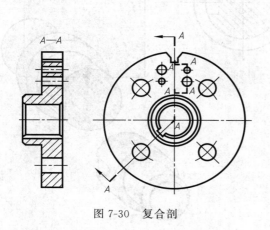

图 7-30　复合剖

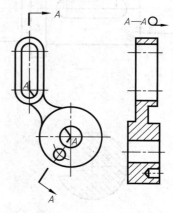

图 7-31　复合剖展开

第三节　断　面　图

一、断面图的概念

假想用剖切平面将机件的某处切断，仅画出剖切面与机件接触部分的图形称为断面图，简称断面。如图 7-32 所示，为了得到键槽的断面形状，假想用一个垂直于轴线的剖切平面在键槽处将轴切断，只画出它的断面形状，并画上剖面符号。

断面图与剖视图的区别是：断面图只画出机件的断面形状，而剖视图除了断面形状以外，还要画出机件剖切之后的投影。

二、断面图的种类

断面图分移出断面图和重合断面图两种。

1. 移出断面图

画在视图之外的断面图称为移出断面图（简称移出断面），如图 7-33（b）所示。

（1）移出断面图的画法

① 移出断面图的图形应画在视图之外，轮廓线用粗实线绘制，在断面区域内一般要画剖面符号。移出断面图应尽量配置在剖切符号或剖切平面迹线的延长线上，如图 7-33（b）所示。

② 当断面图对称时，可画在视图的中断处并省略标注，如图 7-33（c）所示。

③ 必要时可将移出断面配置在其他适当位置并简化标注，如图 7-33（d）所示。

④ 当剖切平面通过回转面形成的孔或凹坑的轴线时，这些结构按剖视绘制，如图 7-34 所示。

⑤ 剖切平面通过非圆孔而导致出现完全分离的两个断面时，则这些结构应按剖视绘制，

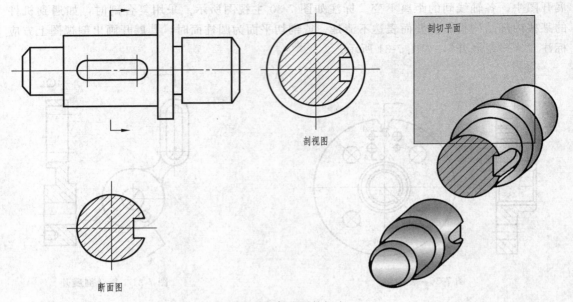

剖切平面

剖视图

断面图

图 7-32　断面图的概念

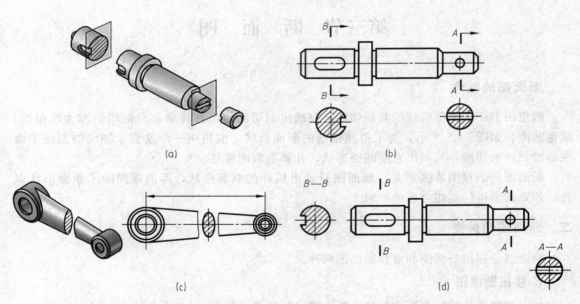

(a)

(b)

(c)

(d)

$B—B$

$A—A$

图 7-33　移出断面的画法（一）

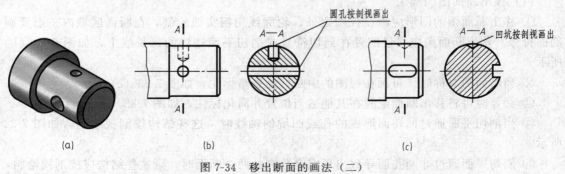

圆孔按剖视画出

$A—A$

$A—A$　凹坑按剖视画出

(a)

(b)

(c)

图 7-34　移出断面的画法（二）

在不致引起误解时，允许将图形旋转，如图 7-35（a）所示。

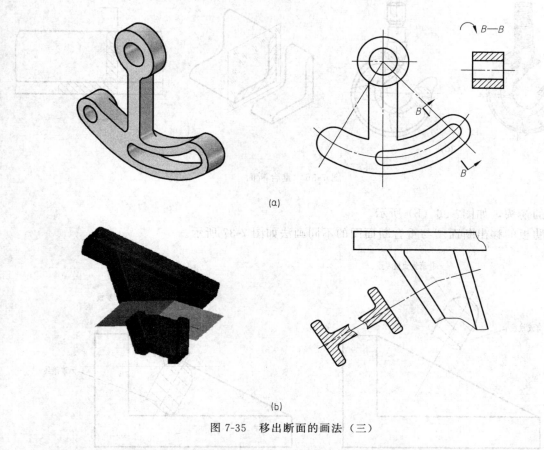

(a)

(b)

图 7-35　移出断面的画法（三）

⑥ 断面图是表示机件结构的正断面形状，因此剖切面要垂直于该结构的主要轮廓线或轴线，由两个或多个相交剖切平面得出的移出断面，中间应断开，如图 7-35（b）所示。

（2）移出断面图的标注

① 移出断面一般应用粗短画表示剖切位置，用箭头表示投射方向并注上字母，在断面图的上方应用同样字母标出相应的名称"×—×"，如图 7-33（d）所示。

② 配置在剖切符号或剖切平面迹线的延长线上的移出断面图，如果断面图不对称可省略字母，但应标注投射方向；如果图形对称可省略标注，如图 7-35（b）所示。

③ 移出断面按投影关系配置，可省略投射方向的标注，如图 7-34 所示。

④ 配置在视图中断处的移出断面，可省略标注，如图 7-33（c）所示。

2. 重合断面图

在不影响图形清晰的前提下，断面也可按投影关系画在视图内。画在视图内的断面图称为重合断面图，简称重合断面，如图 7-36 所示。

（1）重合断面的画法　其轮廓线用细实线绘制，当视图中的轮廓线与重合断面轮廓线重叠时，视图中的轮廓线仍然应连续画出不可间断，如图 7-36 所示。

（2）重合断面的标注　对称的重合断面不必标注剖切位置、断面图的名称和投射方向，如图 7-36（a）所示。不对称的重合断面图不必标注字母，但仍要画上剖切符号和表示投影

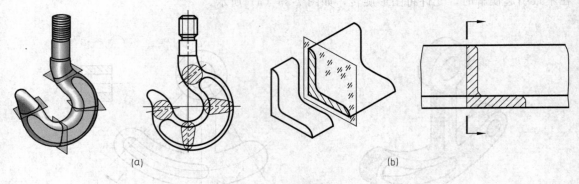

图 7-36　重合断面

方向的箭头，如图7-36（b）所示。

肋板的移出断面图与重合断面图的不同画法如图 7-37 所示。

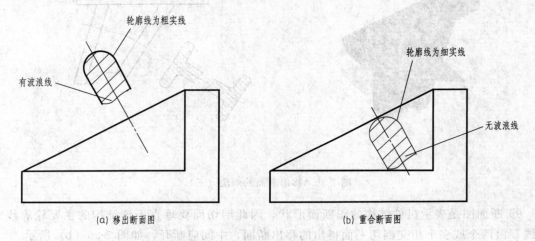

轮廓线为粗实线

有波浪线

(a) 移出断面图

轮廓线为细实线

无波浪线

(b) 重合断面图

图 7-37　肋板的移出断面图与重合断面图

第四节　规定画法和简化画法

为了更清晰地反映某些零件或装配体的特征或结构形状，使图形更加简化，国家标准《机械制图》制定了一些规定画法和简化画法，以加快制图进程。

一、规定画法

1. 局部放大图

用大于原图形的比例画出机件上部分结构的图形，称为局部放大图。

局部放大图可视需要画成视图、剖视图或断面图，而与被放大部位原来的表达方式及原来所采用的比例无关。

画局部放大图时，原视图上被放大部位应用细实线圆（或长圆）圈出，如图 7-38 所示。

若同一机件有多处被放大，需在小圆外用罗马数字依次表明，并在局部放大图的上方正中以分数的形式注出相应的罗马数字及所用比例。当机件只有一处被放大时，只需注出所用比例。

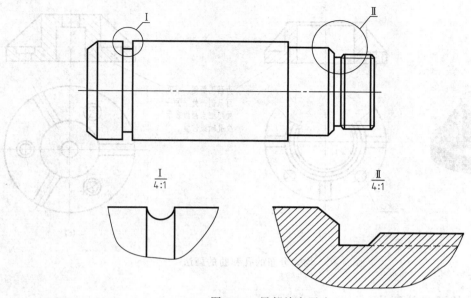

图 7-38　局部放大画法

2. 肋、轮辐及薄壁的画法

对于机件上的肋、轮辐及薄壁等，如按纵向剖切，这些结构都不画剖面符号，而用粗实线将它与邻接部分分开，如图7-39所示。

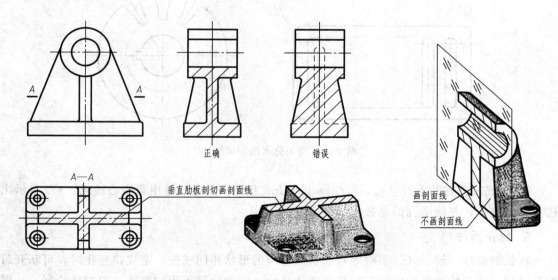

图 7-39　肋板剖切的画法

3. 均匀分布的肋板和孔的画法

当零件回转体上多个均匀分布的孔、槽、肋结构不处于剖切平面上时，如图 7-40（a）

所示，可将这些结构旋转到剖切平面上画出，如图 7-40（c）所示。这时的孔可只画出一个（或几个），其余用点画线表示其中心位置，必要时在图中注明孔的个数即可，如图 7-40（b）、（c）所示。

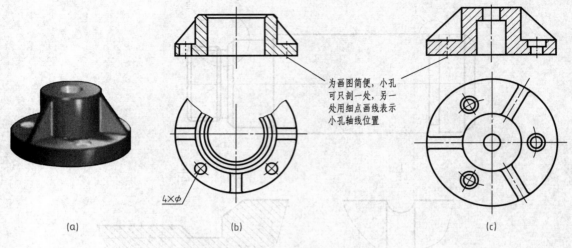

图 7-40　均匀分布的孔和肋的画法

4. 相同结构要素的画法

① 若干相同结构（如齿、槽等）按一定规律分布时，只需画出几个完整的结构，其余用细实线连接，并注明该结构的总数，如图 7-41 所示。

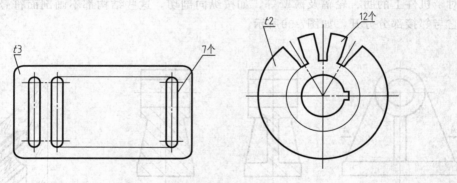

图 7-41　均匀分布的相同结构

② 按规律分布的等直径孔，可仅画出一个或几个，其余只需用圆中心线或"+"表示出孔的中心位置，并注明孔的总数，如图 7-42 所示。

5. 断开画法

较长的机件（轴、杆、型材等）沿长度方向的形状相同或按一定规律变化时，可断开后缩短绘制，断开后的结构应按实际长度标注尺寸；断裂边界可用波浪线、双折线绘制，如图 7-43（a）、（b）所示；对于实心和空心轴可按图 7-43（c）绘制。

6. 较小结构

① 机件上较小结构如在一个图形中已表示清楚，其他图形可简化或省略不画，如

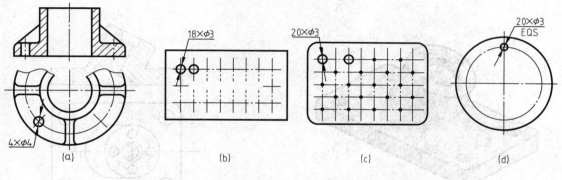

图 7-42　均匀分布的等径孔

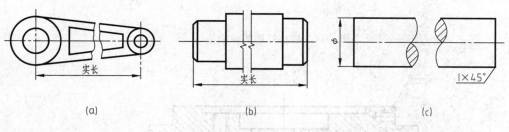

图 7-43　较长机件断开后的画法

图 7-44（a）中俯视图相贯线简化和主视图圆的省略。

②斜度和锥度较小时，其他投影也可按小端画出，如图 7-44（b）所示。

③在不致引起误解时，机件图中的小圆角或 45°小倒角均可省略不画，但必须注明尺寸或在技术要求中加以说明，如图 7-44（c）、图 7-43（c）所示。

④与投影面倾斜角度小于或等于 30°的圆或圆弧，其投影可用圆或圆弧代替，如图 7-44（d）所示。

7. 剖视图中再作局部剖视图

在剖视图的剖面区域中可再作一次局部剖视。两者的剖面线应同方向、同间隔，但要相互错开；图名 "B—B" 用引出线标注，如图 7-45 所示。

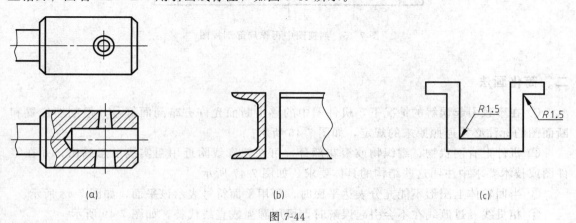

图 7-44

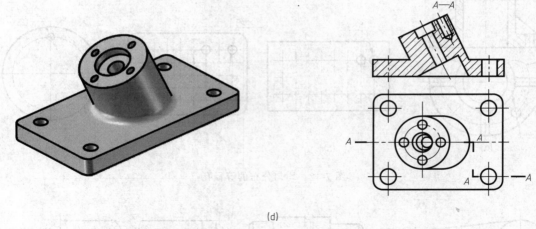

(d)

图 7-44　较小结构的画法

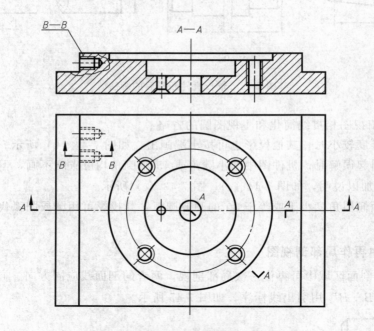

图 7-45　剖视图中再作局部剖视图

二、简化画法

　　① 在不致引起误解的情况下，机件图中的移出断面允许省略剖面符号，但剖切位置和断面图的标注必须遵照原来的规定，如图 7-46 所示。

　　② 机件上有网状物、编织物或滚花部分，可在轮廓线附近用粗实线示意画出，并在零件图或技术要求中注明这些结构的具体要求，如图 7-47 所示。

　　③ 当回转体上图形不能充分表达平面时，可用平面符号表示该平面，如图 7-48 所示。

　　④ 相贯线、过渡线在不会引起误解时，可用圆弧或直线代替，如图 7-49 所示。

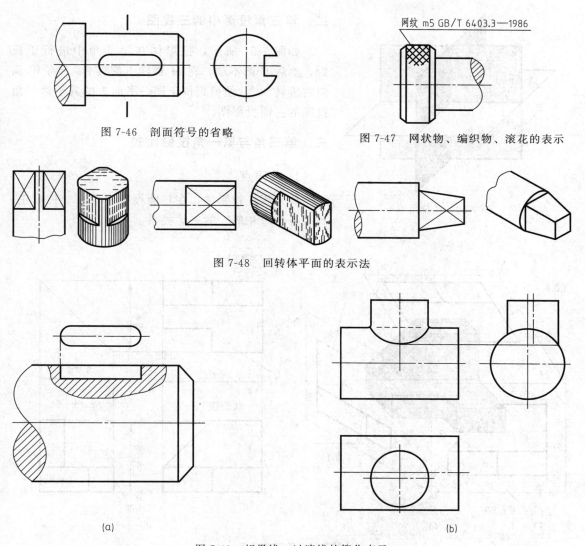

图 7-46　剖面符号的省略

网纹 m5 GB/T 6403.3—1986

图 7-47　网状物、编织物、滚花的表示

图 7-48　回转体平面的表示法

(a)

(b)

图 7-49　相贯线、过渡线的简化表示

第五节　第三角投影

随着国际交流的日益增多，在工作中会遇到像英、美等采用第三角投影画法的技术图纸。按国家标准规定，必要时（如合同规定等），才允许使用第三角画法。

一、什么是第三角投影

互相垂直的三个投影面（V、H、W）扩大后，可将空间分为八个部分，其中 V 面之前、H 面之上、W 面之左为第一分角，按逆时针方向，依次为称为第二分角、……、第八分角，如图 7-50 所示。我国制图标准规定，我国的工程图样均采用第一角画法，即将形体放在第一角中间进行投影。如果将形体放在第三角中间进行投影，则称为第三角投影。

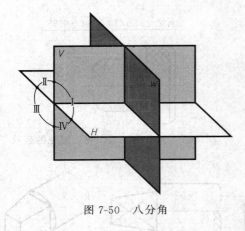

图 7-50　八分角

二、第三角投影中的三视图

如图 7-51 所示，把形体在第三角中进行正投影，然后 V 面不动，将 H 面向上旋转 $90°$，将 W 面向右旋转 $90°$，便得到位于同一平面上的属于第三角投影的三面投影图。

三、第三角与第一角投影比较

1. 共同点

均采用正投影法，在三面投影中均有"长对正、高平齐、宽相等"的三等关系。

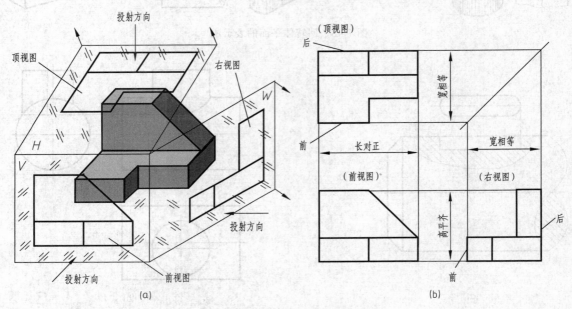

图 7-51　第三角投影

2. 不同点

（1）观察者、形体、投影面三者的位置关系不同　第一角投影的顺序是"观察者—形体—投影面"，即通过观察者的视线（投射线）先通过形体的各顶点，然后与投影面相交；第三角投影的顺序是"观察者—投影面—形体"，即通过观察者的视线（投射线）先通过投影面，然后到达形体的各顶点。

视图中第一角、第三角投影分别用相应的符号表示，如图 7-52 所示。

（2）投影图的排列位置不同　第一角画法投影面展开时，正立投影面（V）不动，水平投影面（H）绕 OX 轴向下旋转，侧立投影面（W）绕 OZ 轴向右向后旋转，使它们位于同一平面，其视图配置如图 7-52 所示；第三角画法投影面展开时，正立投影面（V）不动，水平投影面（H）绕 OX 轴向上旋转，侧立投影面（W）绕 OZ 轴向右向前旋转，使它们位于同一平面，其视图配置如图 7-53 所示。

与第一角画法中六个基本视图的配置相比较，可以看出：各视图以正立面为中心，平面

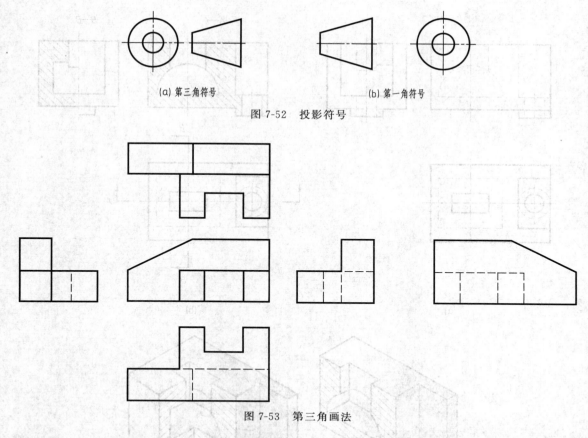

(a) 第三角符号　　　　　(b) 第一角符号

图 7-52　投影符号

图 7-53　第三角画法

图与底面图的位置上下对调，左侧立面图与右侧立面图左右对调，这是第三角画法与第一角画法的根本区别。实际上各视图本身不不完全相同，仅仅是它们的位置不同。

第六节　综合运用举例

在绘制机械图样时，需根据机件的结构综合运用各种视图、剖视图和断面图。一个机件往往可以选用几种不同的表达方案，选用哪种表达方案以达到最佳，用一组图形既能完整、清晰、简明地表示出机件各部分内外结构形状，又看图方便绘图简单，这种方案即为最佳；所以在选用视图时，要使每个图形都具有明确的表达目的，又要注意它们之间的相互联系，避免过多的重复表达，还应结合尺寸标注等综合考虑，以便读图，力求简化作图。

【例 7-1】　如图 7-54 所示，将主视图改画成全剖面图，左视图改画成半剖面图。

由如图 7-54（a）所示三视图可知，此形体前后对称，左右不对称，故主视图采用全剖视，左视图采用半剖视。其画法如下。

（1）分析视图与投影，想清楚形体的内外形状：即参照如图 7-54（a）所示三视图，想清楚如图 7-54（c）所示全剖后形体形状和如图 7-54（d）所示半全剖后形体形状。

（2）确定剖视图的部切位置：此时剖切平面应平行于 V 面，W 面，且通过对称轴线，如图 7-54（b）所示俯视图。

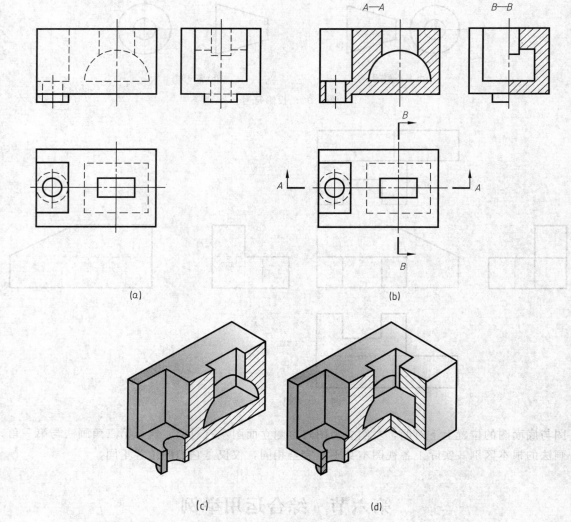

图 7-54　剖面图示例

（3）想清楚形体剖切后的情况：哪部分移走，哪部分留下，谁被切着了，谁没被切着，没被切着的部位后面有无可见轮廓线的投影？如图 7-54（c）、（d）所示。

（4）切着的部分断面上画上剖面符号。画图步骤一般是先画整体，后画局部；先画外形轮廓，再画内形结构，注意不要遗漏后面的可见轮廓线，如图 7-54（b）所示。

（5）检查、加深、标注，最后完成作图。

【例 7-2】　如图 7-55（a）所示，选用适当的一组图形表达该支架。

（1）形体分析：支架由圆柱筒、底板和肋板三部分组成，如图 7-55（a）所示。

（2）选择主视图：按支架的安装位置，即支架上主要的结构圆柱筒的轴线水平放置，主视图按如图 7-55（a）所示箭头方向确定。主视图采用局部剖视，既表达圆柱筒和倾斜底板上孔的内部结构，又表达肋板与圆柱筒、底板的连接关系和相互位置关系，如图 7-55（b）所示。

（3）确定其他视图：其他视图是对主视图尚未表达清楚部分的补充，采用 A 斜视图表

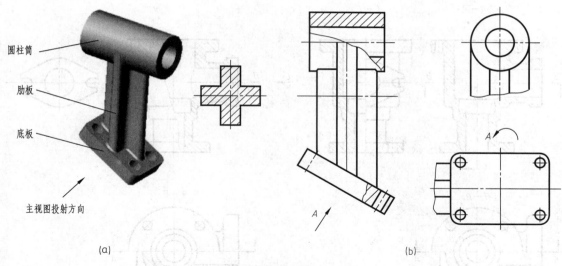

图 7-55 支架的表达

达倾斜底板的实形及其上面通孔的分布情况，采用 B 局部剖视表达圆柱筒与肋板前后方向的连接关系，十字肋板的断面形状则采用移出断面，如图 7-55（b）所示。

这样表达的支架完整、清晰，绘图简单，看图也方便。

【例 7-3】 如图 7-56 为阀体的模型，选择适当的表达方案表达该阀体。

（1）形体分析：该阀体由圆柱形主体、法兰、侧接管和底板四部分组成，如图 7-56 所示。圆柱形主体是一个阶梯形空腔圆柱体。按图示方向看，阀体前后对称，外形相对简单，内形较复杂，上面的法兰、下部的底板以及侧接管的左端面均需表达。

（2）选择主视图的方向：主视图按如图 7-56 所示箭头方向确定，此方向为阀体安装位置，能较好反映阀体结构特征、各组成部分形状以及相互位置关系。

图 7-56 阀体

（3）确定表达方案：可采用以下四种方案。

① 如图 7-57（a）所示，由于阀体前后对称，所以主视图采用沿前后对称平面剖切的全剖视，主要表达主体内腔以及左侧接管的内部贯通情况。俯视图采用半剖视，这样没剖切部分表达了法兰外形，剖切部分又清晰表达出被法兰遮住的筒体和底板的形状。同理，左视图也采用半剖视图，没剖切部分表达阀体外形、侧接管的左端面，剖切部分表达主体的内部形状。法兰上的孔按简化画法在主视图中表示，左视图的外形部分增加局部剖视表达底板上的安装孔。

② 如图 7-57（b）所示，从方案一可以看出主视图和左视图在内部表达有重复之处，如将主视图该处画为局部剖，则兼顾表达了内外形状，左视图可以省略，采用局部表达侧接管的左端面即可。方案二比方案一简明。

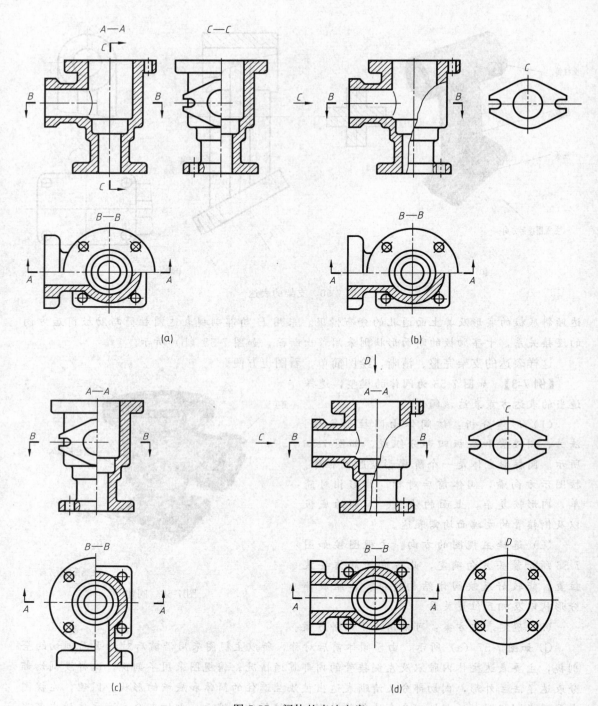

图 7-57　阀体的表达方案

③ 如图 7-57（c）所示，改变主视图的投射方向，使主视图同时反映到侧接管的左端面，这样，采用两个半剖视图，就表达了阀体的内、外形状。此方案视图数量少，但表达不够清晰。

④ 如图 7-57（d）所示，在方案二的基础上，将俯视图该画为全剖视图，这样就得增加一个局部视图。此方案视图数量多，表达较为分散。

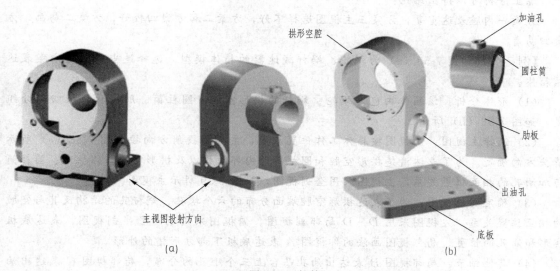

图 7-58　箱体

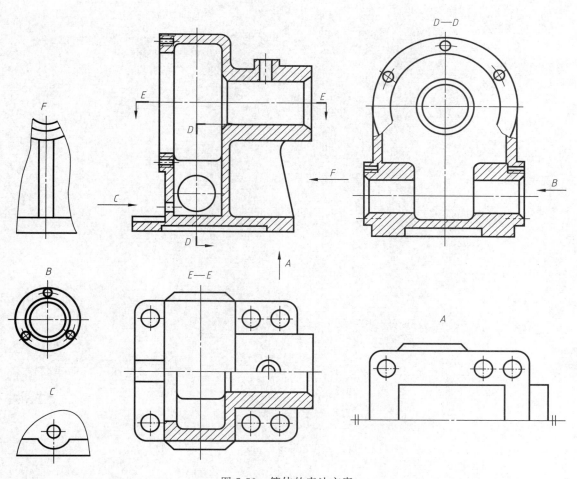

图 7-59　箱体的表达方案

综上分析可以得出结论：

方案一内腔表达重复，方案三主视图选择不好，方案二和方案四较好，方案二易画，方案四易看。

【例 7-4】 如图 7-58（a）为蜗轮、蜗杆减速器的箱体模型，选择适当的表达方案表达该箱体。

（1）形体分析：该箱体由包容蜗轮、蜗杆的拱形空腔、圆柱筒、肋板和底板四部分组成，如图 7-58（b）所示。

（2）选择主视图：主视图按箱体工作位置放置，主视图投射方向按如图 7-58（a）所示箭头方向确定。为了表达清楚拱形空腔和圆柱筒的内部结构以及拱形空腔与圆柱筒、圆柱筒与加油孔的相互位置关系，主视图采用全剖视图，如图 7-59 所示主视图。

（3）确定其他视图：为了表达拱形空腔端面分布的六个螺孔、蜗杆孔的结构及其与空腔的相互位置关系，左视图采用 $D—D$ 局部剖视图。俯视图采用 $E—E$ 半剖视图，表达底板实形和油孔的位置。局部视图画法的仰视图 A 表达底板下部方形槽的外形。

（4）其他细节：局部视图 B 表达出油孔凸台上三个小孔的分布，局部视图 C 表达出油孔的位置，局部视图 F 表达肋板与圆柱筒的连接关系。

第八章　标准件与常用件

在各种机械、仪器及设备中，广泛地使用着螺钉、螺栓、螺柱、螺母、垫圈等螺纹紧固件，由于这类零件应用广、用量大，"国家标准"对其结构与规格实行了标准化，因此，这类零件也称为标准件。另一类机械中常用的传动件，如齿轮、蜗轮、蜗杆等，在结构、尺寸与重要参数上也都实行了标准化、系列化，因此，这类零件称为常用件。

第一节　螺纹和螺纹紧固件

一、螺纹的基本知识

螺纹是零件上常见的结构形式，它主要用于联接零件，也可以传递动力和改变运动的方向，前者称为联接螺纹，而后者称为传动螺纹。

1. 螺纹的形成

圆柱面（或圆锥面）上一动点绕其轴线做匀速旋转运动，同时又沿着母线做匀速直线运动，该动点的复合运动轨迹即为螺旋线，如图 8-1（a）、（b）所示。

螺纹可认为是一平面图形沿圆柱（或圆锥）表面上的螺旋线运动而形成具有相同断面的连续凸起和沟槽。螺纹有内螺纹与外螺纹之分：在圆柱（或圆锥）外表面上所形成的螺纹称为外螺纹（如螺钉、螺栓等），如图 8-1（c）所示；在圆柱（或圆锥）内表面上所形成的螺纹称为内螺纹（如螺孔、螺母等）。

螺纹加工的方法很多，常见的有在车床上车削内、外螺纹；也可碾压螺纹；还可用丝锥

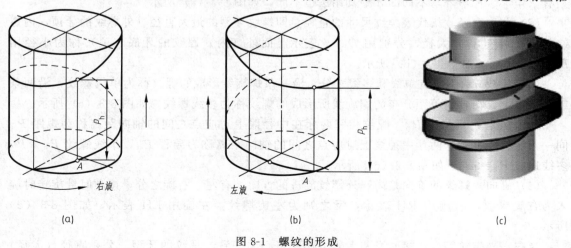

| (a) | (b) | (c) |

图 8-1　螺纹的形成

和板牙等手工工具加工螺纹，如图 8-2 所示。

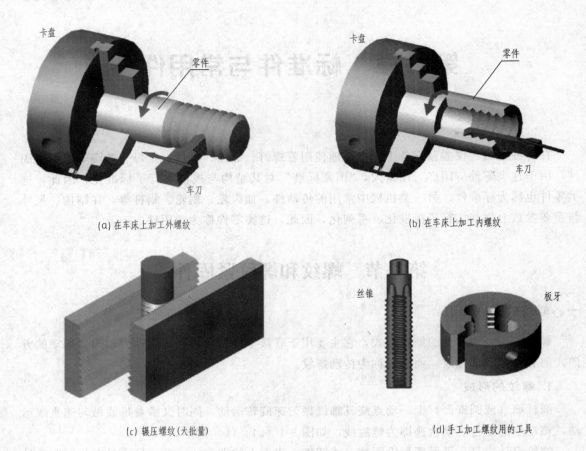

(a) 在车床上加工外螺纹　　　　　　　　(b) 在车床上加工内螺纹

(c) 辗压螺纹(大批量)　　　　　　　　(d) 手工加工螺纹用的工具

图 8-2　内外螺纹的加工方法

2. 螺纹的基本要素

（1）牙型　在通过回转体轴线的断面上，螺纹断面轮廓的形状称为螺纹牙型。常见的牙型有三角形、梯形等，不同的牙型其用法也不同，如图 8-3（a）所示。

（2）公称直径　指代表螺纹尺寸的直径，即螺纹牙型的最大直径（外螺纹的牙顶，内螺纹的牙底），也称作大径，分别用 D、d 表示。而外（内）螺纹的牙底（顶）称为小径用 D_1，d_1 表示，如图 8-3（b）所示。

（3）线数 n　螺纹有单线和多线之分，沿一条螺旋线形成的螺纹称为单线螺纹，沿两条或两条以上，在轴间等距分布的螺旋线所形成的螺纹称为多线螺纹，如图 8-3（c）所示。

（4）螺距 P 和导程 P_h　螺纹相邻两牙在中径线上对应点之间的轴向距离称为螺距 P。同一条螺旋线上相邻两牙中径线上对应点之间的轴向距离称为导程 P_h，单线螺纹 $P_h = P$，多线螺纹 $P_h = nP$，如图 8-3（c）所示。

（5）旋向　螺纹的旋向是内、外螺纹旋进的方向，有左、右旋之分，按顺时针旋转时旋入为右旋螺纹，右旋用 RH 表示，反之则为左旋螺纹，左旋用 LH 表示，如图 8-3（d）所示。

当内、外螺纹旋合连接时，两者的上述要素必须一致。螺纹的牙型、公称直径（大径）

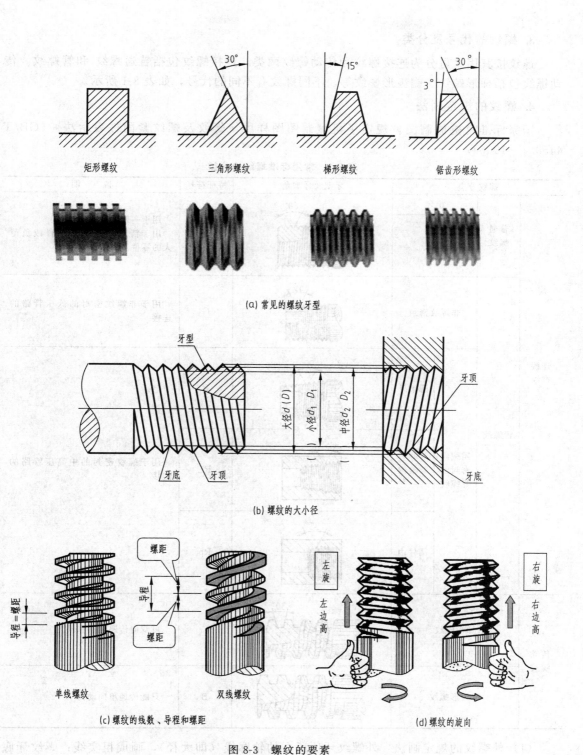

矩形螺纹　　三角形螺纹　　梯形螺纹　　锯齿形螺纹

(a) 常见的螺纹牙型

(b) 螺纹的大小径

(c) 螺纹的线数、导程和螺距　　　　　　(d) 螺纹的旋向

图 8-3　螺纹的要素

和螺距是决定螺纹的最基本要素，称为螺纹三要素。国家标准对这三要素规定了标准值，见书后附表。凡是符合三要素标准的称为标准螺纹，凡是螺纹牙型符合标准，而直径和螺距不符合标准的称为特殊螺纹，如果螺纹牙型不符合标准，则称为非标准螺纹。

3. 螺纹的代号及分类

螺纹按其用途可分为连接螺纹和传动螺纹两类。连接螺纹包括普通螺纹 和管螺纹。传动螺纹包括梯形螺纹、锯齿形螺纹等，不同螺纹有不同的代号，如表 8-1 所示。

4. 螺纹的规定画法

国家标准《机械制图》规定了机械制图图样中《螺纹及螺纹紧固件表示法》（GB/T 4459.1—1995）。

表 8-1　常用标准螺纹的分类

螺纹分类			牙型及牙型角	特征符号	说　明
连接螺纹	普通螺纹	粗牙	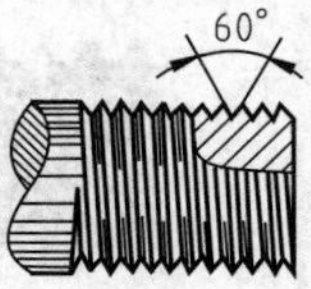 60°	M	用于一般零件的连接
		细牙			用于精密零件,薄壁零件或负荷大的零件
	管螺纹	非螺纹密封	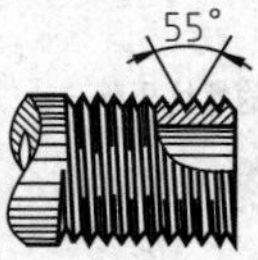 55°	G	用于非螺纹密封的低压管路的连接
		用螺纹密封的管螺纹	圆锥外 55°	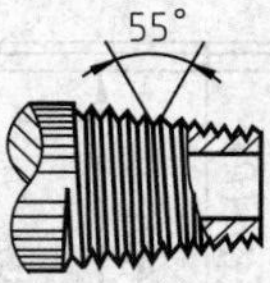 R	用于螺纹密封的中高压管路的连接
			圆锥内 55°	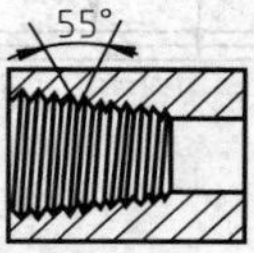 Rc	
			圆柱内 55°	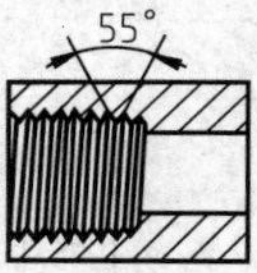 Rp	
传动螺纹	梯形螺纹		30°	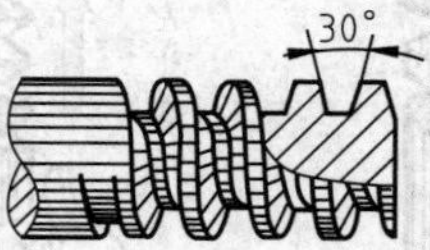 Tr	可双向传递运动和动力
	锯齿形螺纹			 B	只能传递单向动力

（1）外螺纹的规定画法　外螺纹牙顶所在的轮廓线（即大径），画成粗实线；螺纹牙底所在的轮廓线（即小径），画成细实线。小径通常画成大径的 0.85 倍。螺纹终止线用粗实线表示，如图 8-4（a）所示，如剖切，则如图 8-4（b）所示。

在非圆视图中小径应画入倒角；在投影为圆的视图中，倒角规定不必画出，小径圆也只画出大约 3/4 圆周。

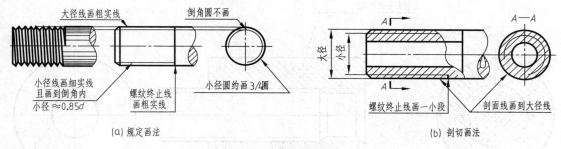

图 8-4　外螺纹的画法

（2）内螺纹的规定画法　内螺纹在非圆视图中通常采用剖切作图，如图 8-5（a）所示，内螺纹牙顶所在的轮廓线（即小径），画成粗实线；螺纹牙底所在的轮廓线（即大径），画成细实线。小径仍为大径的 0.85 倍。螺纹终止线也用粗实线表示。此时螺纹小径不应画入倒角，剖面线画至表示螺纹小径的粗实线为止；在投影为圆的视图中，倒角规定不必画出，大径圆也只画大约 3/4 圆周。

对于不穿通的螺孔，钻孔深度应大于螺孔深度。由于钻头的刃锥角约为 120°，因此孔端的锥坑应画成 120°，如图 8-5（b）所示。

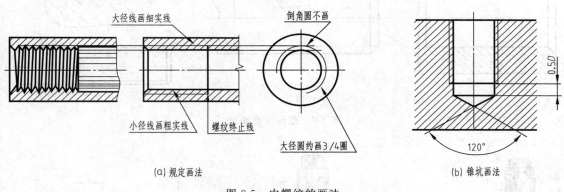

图 8-5　内螺纹的画法

（3）内、外螺纹的旋合画法　内、外螺纹的旋合画法通常采用剖视方法表示。在剖视图中，旋合部分按外螺纹绘制，其余部分仍按各自的画法表示，如图 8-6 所示。

（4）螺纹牙型表示法　当需要表示螺纹牙型时，可采用局部剖视图表示、局部放大图表示，或者直接在剖视图中表示，如图 8-7 所示。

（5）其他规定画法

① 不穿孔螺纹孔的画法：在绘制不穿通的螺孔时，一般应将钻孔深度与螺纹深度分别画出。钻孔深度一般应比螺纹深度大 0.5D，其中 D 为螺纹大径。钻头端部有一圆锥，锥顶角为 118°，钻孔时，不穿通孔（称为盲孔）底部造成一圆锥面，在画图时钻孔底部锥面的顶角可以简化为 120°，如图 8-8 所示。

② 螺孔中相贯线的画法：螺孔与螺孔或光孔相交时，只在螺纹小径画一条相贯线，如图 8-9 所示。

③ 剖面线画法：无论是外螺纹或内螺纹，在剖视图和断面图中的剖面线都应画到粗实线，如图 8-4、图 8-5 所示。

④ 部分螺孔的画法：机件上有时会出现部分螺孔，绘制这种螺纹的投影为圆的视图时，

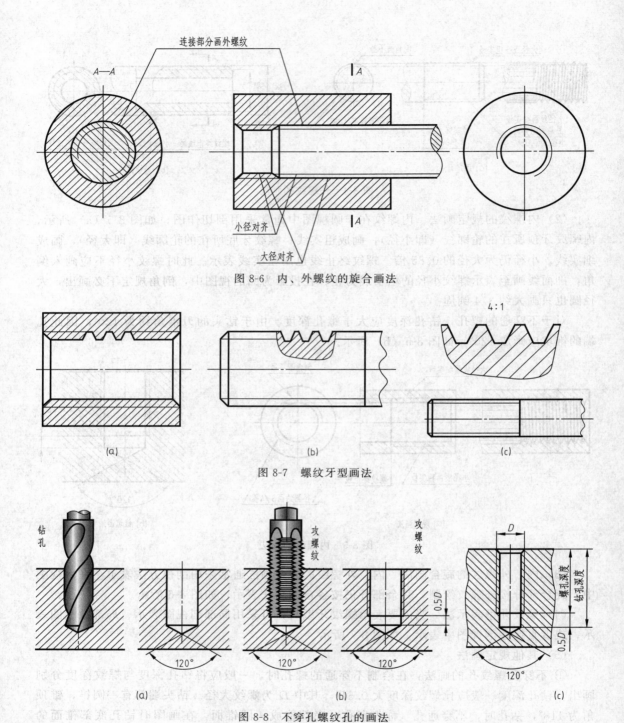

图 8-6 内、外螺纹的旋合画法

图 8-7 螺纹牙型画法

图 8-8 不穿孔螺纹孔的画法

牙底圆应适当空出一段，如图 8-10 所示。

⑤ 圆锥螺纹的画法：加工在圆锥表面的螺纹称为锥螺纹，如图 8-11 所示。锥螺纹左视图按左侧大端螺纹画，右视图按右侧小端螺纹画。

5. 螺纹的标注方法

由于螺纹的投影采用了简化画法，各种螺纹的画法相同，在图样中不反映牙型、螺距、

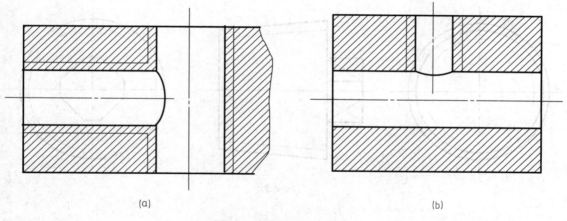

(a)　　　　　　　　　　　　　(b)

图 8-9　螺孔相贯线的画法

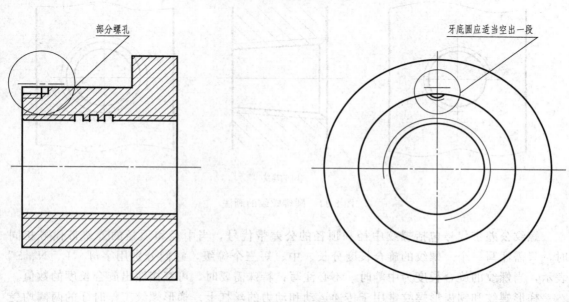

图 8-10　部分螺孔的画法

线数、旋向等要素，因此必须对螺纹进行标注。

（1）普通螺纹、梯形螺纹、锯齿形螺纹的标注　普通螺纹是牙型为三角形的螺纹，其螺纹代号为"M"，国家标准规定普通螺纹代号标注的顺序和格式为：

| 螺纹代号 | 公称直径 | × | 螺距（导程/线数） | 旋向 | - | 公差带代号 | - | 旋合长度代号 |

例如，M20×2LH-5g6g-S 的含义为：

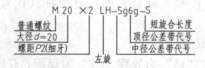

普通细牙螺纹需注出螺距；普通粗牙螺纹不必注写螺距。右旋螺纹不必注写旋向；左旋螺纹的旋向用"LH"表示。

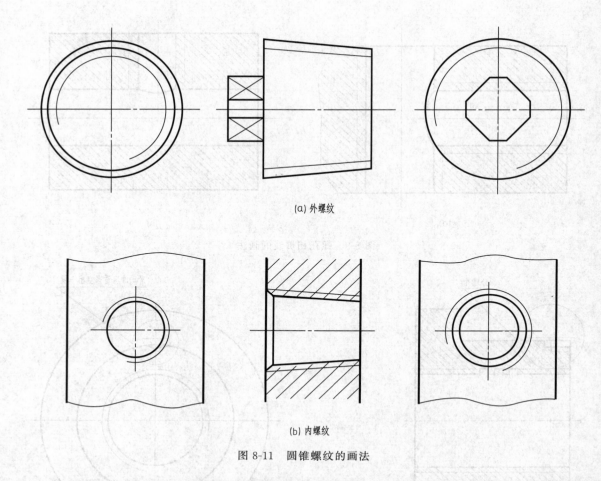

(a) 外螺纹

(b) 内螺纹

图 8-11　圆锥螺纹的画法

　　螺纹公差带代号包括螺纹中径和顶径的公差带代号，当中径和顶径的公差带代号相同时，只需注写一个。螺纹的旋合长度分长、中、短三个等级，它们分别用字母"L、N、S"表示，当螺纹的旋合长度为中等时，不必注写；特殊需要时，可直接注出旋合长度的数值。

　　梯形螺纹和锯齿形螺纹常用于传递运动和动力的丝杠上。梯形螺纹工作时牙的两侧均受力，而锯齿形螺纹在工作时是单侧面受力。梯形螺纹和锯齿形螺纹的标记与普通螺纹类同。

　　例如，Tr40×14（P7)-7H-L 的含义为：

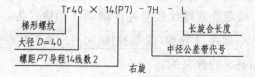

　　注意：只标注中径公差带代号，旋合长度只有两种（代号 N 和 L），当中等旋合长度时，N 省略不注。

　　当螺纹为多线螺纹时，标记为：

　　Tr40×14（P7)-7e，其中"14"为导程，"7"为螺距，双线螺纹。

　　梯形螺纹的螺纹副表示为：Tr40×7-7H/7e，内螺纹的公差带在前，外螺纹的公差带在后，二者之间用"/"分开。

螺纹的标注应直接注在螺纹大径的尺寸线上或其引出线上，如图 8-12 所示。

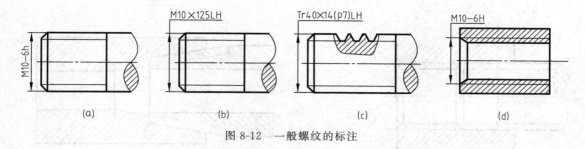

图 8-12　一般螺纹的标注

（2）管螺纹的标注方法　管螺纹一般用于管路（水管、油管、煤气管等）的连接中。管螺纹的标记用指引的方法标注，指引线指到螺纹的大径上。

国家标准规定管螺纹代号标注的顺序和格式为：

$$\boxed{螺纹代号}\ \boxed{公称直径}\ \boxed{中径公差带等级}\text{-}\boxed{旋向}$$

例如，$R_2 1/2$-LH 的含义为：

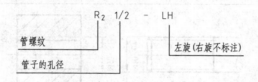

各项说明如下：

各种管螺纹的螺纹代号如表 8-1 所示，公称直径不是管螺纹的大径，而是近似等于管子的孔径，并且以英寸为单位，但不标注单位，只有螺纹代号为 G 的非螺纹密封的管螺纹才有中径公差带等级，右旋螺纹的旋向省略不标，左旋螺纹的旋向标"LH"。管螺纹的标记一律写在引出线上，引出线应由大径处引出，如图 8-13 所示。

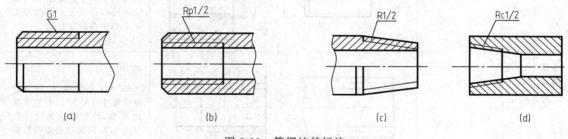

图 8-13　管螺纹的标注

（3）内、外螺纹旋合的标注　内、外螺纹旋合在一起时，其公差带代号可用斜线分开，分子表示内螺纹公差带代号，分母表示外螺纹公差带代号。米制螺纹直接标注在大径尺寸线上，如图 8-14（a）所示；管螺纹标注在引出线上，如图 8-14（b）所示。

部分螺纹的标注如表 8-2 所示。

二、螺纹紧固件

螺纹紧固就是利用一对内、外螺纹的连接作用来联接或紧固一些零件。常用的螺纹紧固件有螺栓、双头螺柱、螺钉、螺母和垫圈等，如图 8-15 所示。

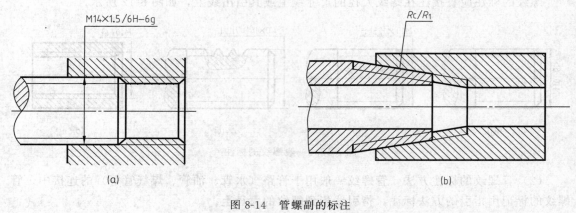

图 8-14 管螺副的标注

表 8-2 常见螺纹的标注示例

螺纹类别		特征代号	标注示例		说　明
连接螺纹	普通螺纹	M	粗牙		粗牙普通螺纹,公称直径ϕ10,螺距 1.5(查表获得);外螺纹中径和顶径公差带代号都是 6g;内螺纹中径和顶径公差带代号都是 6H;中等旋合长度;右旋
			细牙		细牙普通螺纹,公称直径ϕ8,螺距1,左旋;外螺纹中径和顶径公差带代号都是 6g(公称直径≥1.6mm 公差带代号为 6g 时不标注);内螺纹中径和顶径公差带代号都是 7H;中等旋合长度
	管螺纹	G	55°非密封管螺纹		55°非密封管螺纹,外管螺纹的尺寸代号为1,公差等级为 A 级;内管螺纹的尺寸代号为 3/4,内螺纹公差等级只有一种,省略不标注
		Rc Rp R₁ R₂	55°密封管螺纹		55°密封圆锥管螺纹,与圆锥内螺纹配合的圆锥外螺纹的尺寸代号为 1/2,右旋;圆锥内螺纹的尺寸代号为 3/4,左旋;公差等级只有一种,省略不标注。Rp 是圆柱内螺纹的特征代号,R_1是与圆柱内螺纹配合的圆锥外螺纹的特征代号

螺纹类别		特征代号	标注示例	说明
传动螺纹	梯形螺纹	Tr	Tr40×7-7e	梯形外螺纹，公称直径$\phi40$，单线，螺距7，右旋，中径公差带代号7e；中等旋合长度
	锯齿形螺纹	B	B32×6-7e	锯齿形外螺纹，公称直径$\phi32$，单线，螺距6，右旋，中径公差带代号7e；中等旋合长度
	矩形螺纹		2.5:1 3 6 $\phi26$ $\phi32$ 6 注法一 $\phi26$ $\phi32$ 注法二	矩形螺纹为非标准螺纹，无特征代号和螺纹代号，要标注螺纹的所有尺寸。单线，右旋；螺纹尺寸如图所示

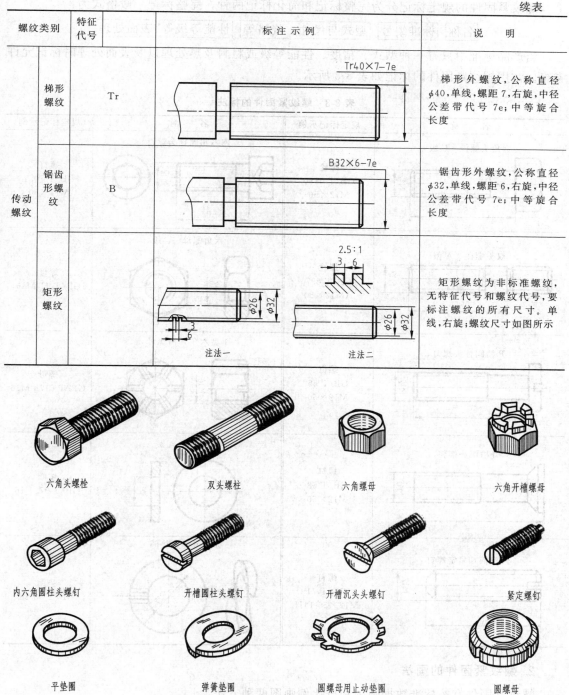

六角头螺栓　　双头螺柱　　六角螺母　　六角开槽螺母

内六角圆柱头螺钉　　开槽圆柱头螺钉　　开槽沉头螺钉　　紧定螺钉

平垫圈　　弹簧垫圈　　圆螺母用止动垫圈　　圆螺母

图 8-15　常用螺纹紧固件

1. 螺纹紧固件的标记（GB/T 1237—2000）

螺纹紧固件的结构、尺寸已经标准化。因此，符合标准的螺纹紧固件不需画零件图，可根据规定的标记在相应的国家标准中查找有关尺寸。

螺纹紧固件的规定标记分为完整标记和简化标记两种，完整标记一般格式为：

| 名称 | 标准编号 | 型式与尺寸、规格等 | - | 性能等级等 | 表面处理 |

当产品标准中只有一种型式、精度、性能等级或材料及热处理以及表面处理时标记允许省略。常用螺纹紧固件的标记如表 8-3 所示。

表 8-3　螺纹紧固件的标注

名　　称	规定标记示例	名　　称	规定标记示例
六角头螺栓　C 级 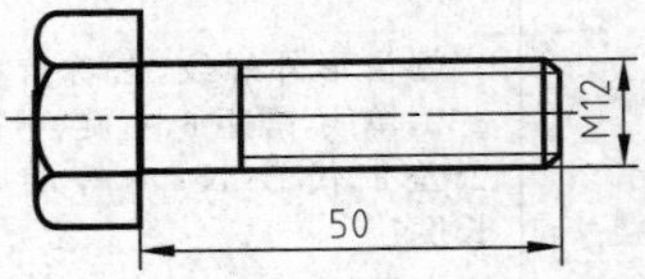	螺栓 GB/T 5780 M12×50	内六角圆柱头螺钉 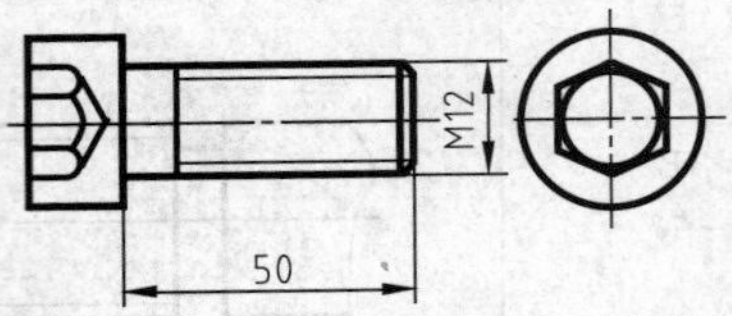	螺钉 GB/T 70.1 M12×50
双头螺柱　A 型 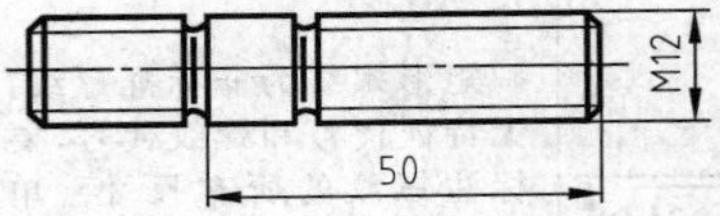	螺柱 GB/T 897 AM12×50	六角螺母—C 级 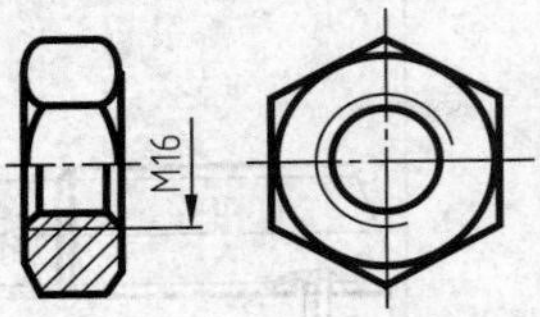	螺母 GB/T 41 M16
开槽圆柱头螺钉 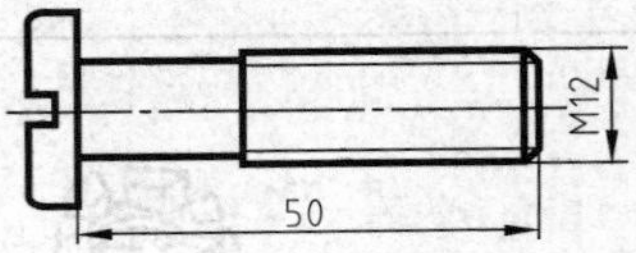	螺钉 GB/T 65 M12×50	1 型六角开槽螺母 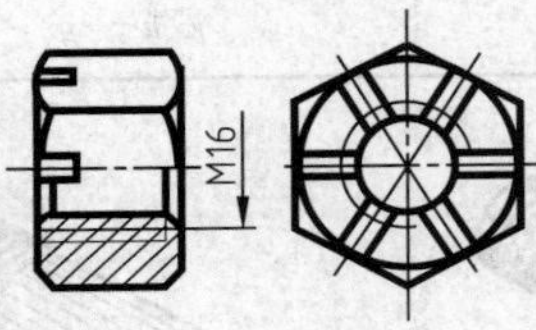	螺母 GB/T 6178 M16
开槽沉头螺钉 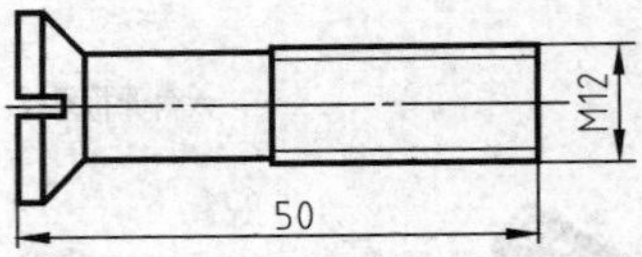	螺钉 GB/T 68 M12×50	平垫圈　A 级 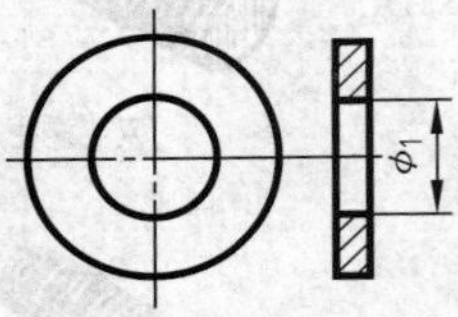	垫圈 GB/T 97.1 16
开槽锥端紧定螺钉 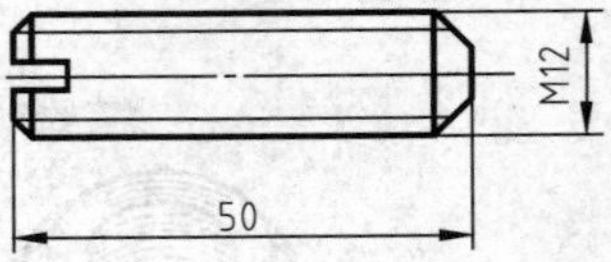	螺钉 GB/T 71 M12×50-14H	标准型弹簧垫圈 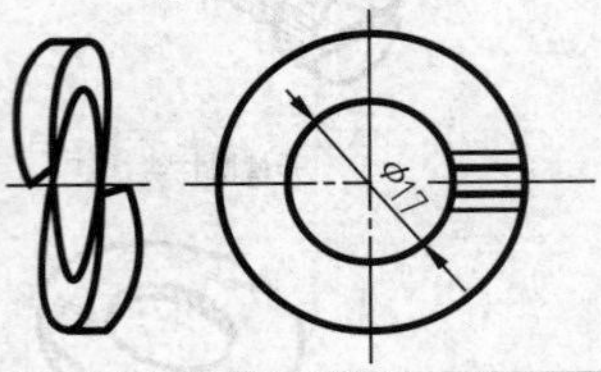	垫圈 GB/T 93 16

2. 螺纹紧固件的画法

螺纹紧固件有按标准数据画图和按比例画图两种方法。

（1）按标准数据画图　紧固件各部分可根据规定标记在国家标准中查出有关尺寸画出，按标准规定的数据画图。

（2）按比例画图　为提高画图速度，螺纹紧固件各部分的尺寸（有效长度除外）都可按螺纹的公称直径 d 或 D 的一定比例关系画图，称为比例画法。目前的设计多用比例画法。常用螺纹紧固件的比例画法如图 8-16 所示。

3. 螺纹紧固件的装配画法

螺纹紧固件连接的基本形式有：螺栓连接、双头螺柱连接和螺钉连接，如图 8-17 所示。画螺纹紧固件联接图时必须遵守如下基本规定：

① 两零件接触面处画一条粗实线，非接触面处画两条粗实线。

② 当剖切平面沿实心零件或标准件（螺栓、螺母、垫圈等）的轴线（或对称线）剖切时，这零件均按不剖绘制，即仍画其外形。

③ 在剖视图中，相互接触的两零件的剖面线方向应相反或间隔不同，而同一个零件在各剖视中，剖面线的方向和间隔应相同。

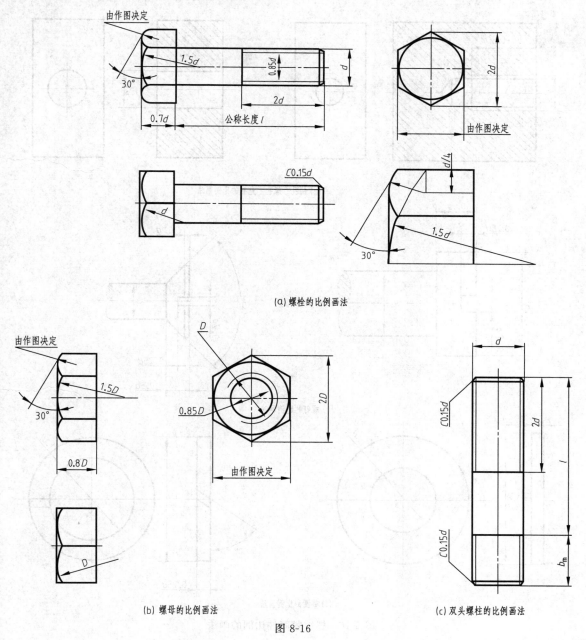

(a) 螺栓的比例画法

(b) 螺母的比例画法

(c) 双头螺柱的比例画法

图 8-16

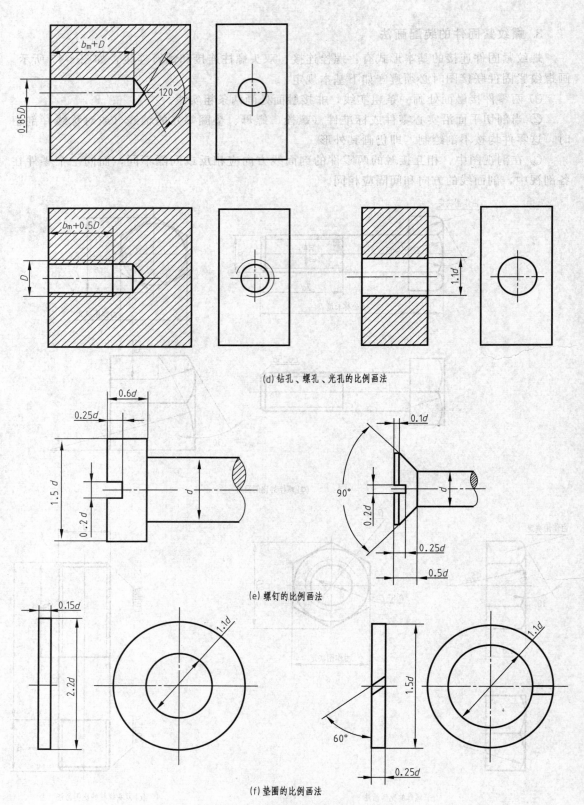

(d) 钻孔、螺孔、光孔的比例画法

(e) 螺钉的比例画法

(f) 垫圈的比例画法

图 8-16　螺纹紧固件比例的画法

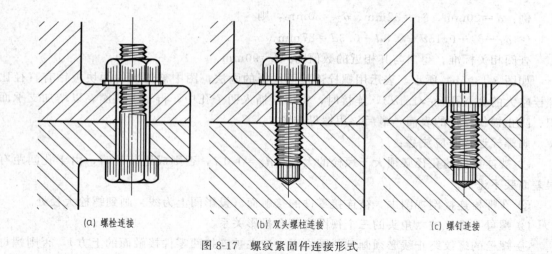

(a) 螺栓连接　　　　　　　　　　(b) 双头螺柱连接　　　　　　　　　　(c) 螺钉连接

图 8-17　螺纹紧固件连接形式

（1）**螺栓连接**　各类设备上常用螺栓连接不太厚的、并能钻成通孔的零件，螺栓连接由螺栓、螺母、垫圈组成，如图 8-18（a）所示。螺栓的公称长度 L，可根据所选零件厚度、螺母和垫圈厚度等计算得出，即

$$L = \delta_1 + \delta_2 + 0.15d + 0.8d + 0.3d$$

式中，δ_1、δ_2 为两连接零件的厚度；$0.15d$ 为垫圈厚度（d 是螺栓上螺纹的公称直径）；$0.8d$ 为螺母厚度；$0.3d$ 为螺栓伸出螺母的长度。按上式计算后，然后根据估算的数值可查表，选取相近的标准数值。

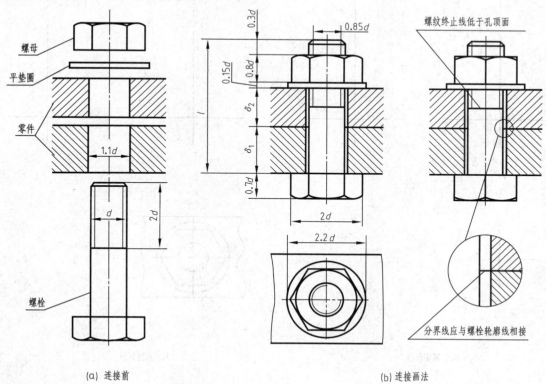

(a) 连接前　　　　　　　　　　　　　　　　(b) 连接画法

图 8-18　螺栓连接

例：$d = 20$mm，$\delta_1 = 32$mm、$\delta_2 = 30$mm，则

$l \approx \delta_1 + \delta_2 + 0.15d + 0.8d + 0.3d = 87$mm

查阅相关标准，得出与其相近的数值为：$l = 90$mm

如图 8-18（b）所示，表示用螺栓连接两块板的画法，图中被连接的两块板钻有直径比螺栓略大的孔（孔径 $\approx 1.1d$），连接时，将螺栓插入两个孔中，再套上垫圈，以增加支承面积、防止损伤零件的表面，最后，用螺母拧紧。

画螺栓连接时应注意：

① 被连接件的孔径必须大于螺栓的大径，$d_0 = 1.1d$，否则成组装配时，由于孔间距有误差而装不进去。

② 在螺栓连接剖视图中，被连接零件的接触面（投影图上为线）画到螺栓大径处。

③ 螺母及螺栓的六角头的三个视图应符合投影关系。

④ 螺栓的螺纹终止线必须画到垫圈之下（应在被连接两零件接触面的上方），否则螺母可能拧不紧。

螺栓连接的画图步骤如图 8-19 所示。

（2）双头螺柱连接　双头螺柱的两端都有螺纹，当被连接两零件之一较厚，不允许被钻成通孔，可采用螺柱连接。连接前，先在较厚的零件上加工出螺纹孔，在另一零件上加工出通孔，如图 8-20（a）所示；将螺柱的一端全部旋入该螺孔内，再在另一端套上通孔零件，加上垫圈，拧紧螺母，即完成了螺柱连接，如图 8-20（b）所示。

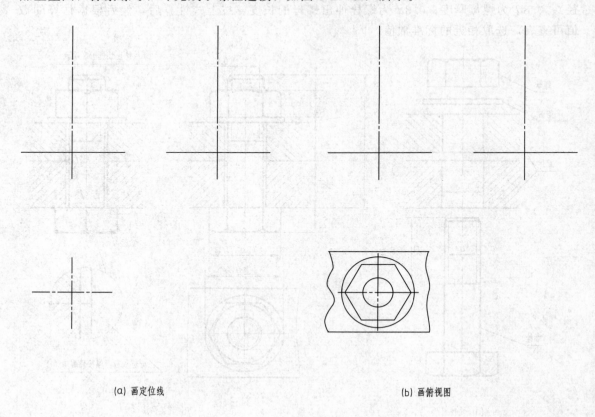

(a) 画定位线　　　　　　　　　　　　　　(b) 画俯视图

图 8-19

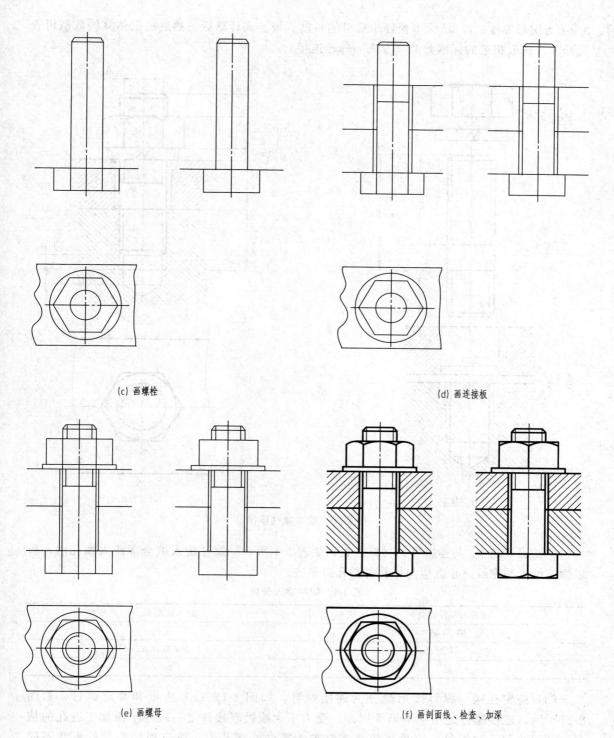

(c) 画螺栓   (d) 画连接板

(e) 画螺母   (f) 画剖面线、检查、加深

图 8-19　螺栓连接画图步骤

双头螺柱的公称长度 L，也根据所选零件厚度、螺母和垫圈厚度等计算得出，即

$$L = \delta_1 + 0.25d + 0.8d + 0.3d$$

式中，δ_1 为连接零件的厚度；$0.25d$ 为弹簧垫圈厚度（d 是螺栓上螺纹的公称直径）；

0.8d 为螺母厚度；0.3d 为螺栓伸出螺母的长度。按上式计算后，然后根据估算的数值可查阅标准，选取相近的标准数值（方法同螺栓连接）。

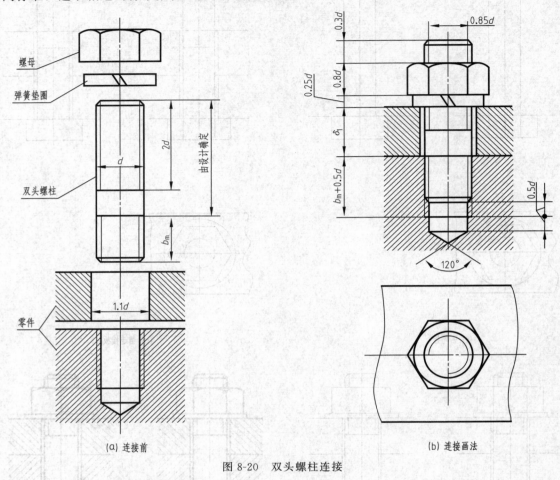

图 8-20 双头螺柱连接

螺柱旋入端 b_m 与连接件的材料有关，如表 8-4 所示。螺柱旋入端全部旋入螺孔内，所以螺柱旋入端螺纹终止线应与螺孔件的孔口平齐。

表 8-4 螺柱旋入长度

被旋入零件的材料	旋入长度 b_m
钢、青铜	d
铸铁	1.25d 或 1.5d
铝	2d

（3）螺钉连接 螺钉按用途分为连接螺钉，如图 8-17（c）所示和紧定螺钉，如图 8-21所示。连接螺钉适用于不经常拆卸、受力不大或被联接件之一较厚不便加工通孔的情况。螺钉连接不用螺母，而是直接将螺钉拧入零件的螺孔内，螺钉根据头部的形状不同分为多种。

紧定螺钉用来固定两个零件的相对位置，使它们不产生相对运动。如图 8-21 所示轴和套筒，用一个开槽锥端紧定螺钉旋入套筒的螺孔，使螺钉端部的 90°锥顶与轴上的 90°锥坑压紧，从而固定了轴和套筒的相对位置。

如图 8-22 所示为开槽圆柱头螺钉的连接画法，如图 8-23 所示为开槽沉头螺钉的连接画法。

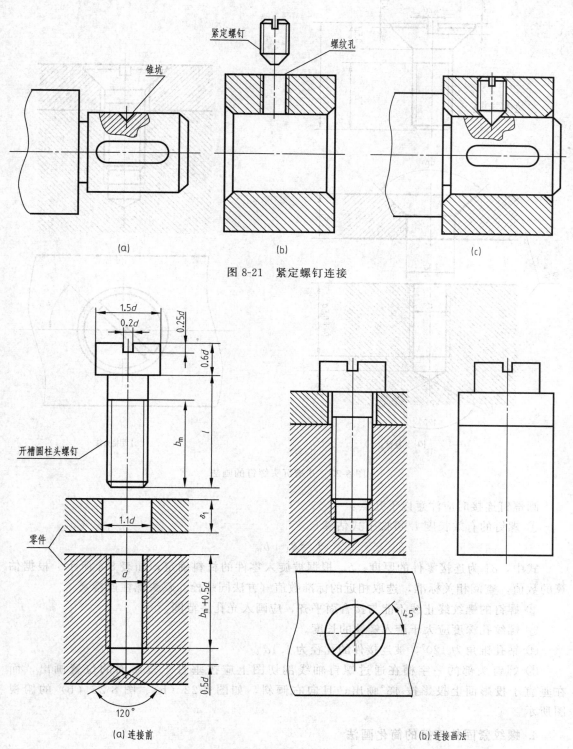

图 8-21　紧定螺钉连接

图 8-22　开槽圆柱头螺钉的画法

(a) 连接前　　　　(b) 连接画法

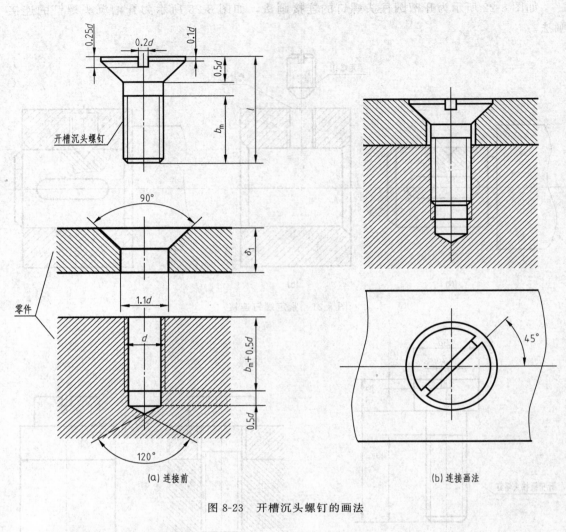

(a) 连接前   (b) 连接画法

图 8-23　开槽沉头螺钉的画法

画螺钉连接时应注意以下几点：

① 螺钉的有效长度 L 可按下式估算

$$L = \delta_1 + b_m$$

式中，δ_1 为连接零件的厚度；b_m 根据被旋入零件的材料确定，如表 8-4 所示。根据估算的数值，查阅相关标准，选取相近的标准数值（方法同螺栓、双头螺柱连接）。

② 螺钉的螺纹终止线不能与接合面平齐，应画入光孔件范围。

③ 螺纹孔深度应大于旋入螺纹的长度。

④ 钻孔锥角为 120°，被连接件的孔径为 1.1d。

⑤ 螺钉头部的一字槽在通过螺钉轴线剖切图上应按垂直于投影面的位置画出，而在垂直于投影面上投影按 45°画出，且向右倾斜，如图 8-22（b）、图 8-23（b）的俯视图所示。

4. 螺纹紧固件连接的简化画法

工程实践中为简化作图，螺纹紧固件连接图一般采用简化画法，如图 8-24 所示。

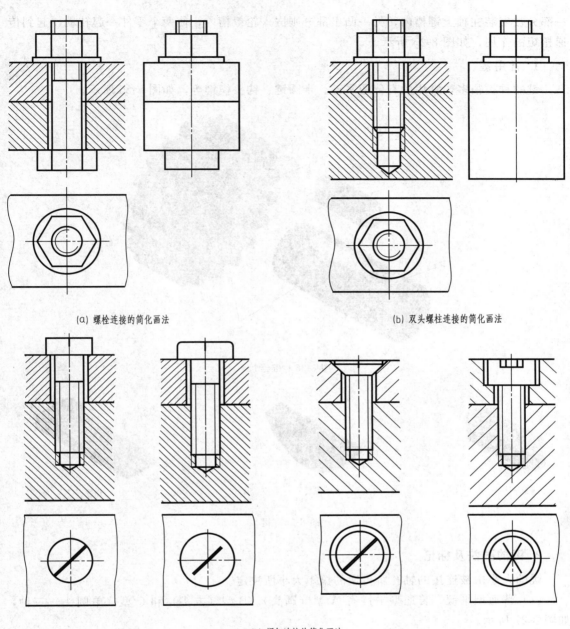

(a) 螺栓连接的简化画法　　　　　　　　　　　　　　　(b) 双头螺柱连接的简化画法

(c) 螺钉连接的简化画法

图 8-24　螺纹紧固件连接的简化画法

第二节　键　和　销

一、键连接

键是一种标准件，是在机械上用来连接皮带轮、齿轮与轴同时转动的一种连接件。它的一部分被安装在轴上键槽内，另一凸出部分则嵌入轮毂槽内，使两个零件一起转动，起到传递扭矩的作用，如图 8-25 所示。

1. 常用键

键的种类很多，常用的有普通平键、半圆键、钩头楔键等，如图 8-26 所示。

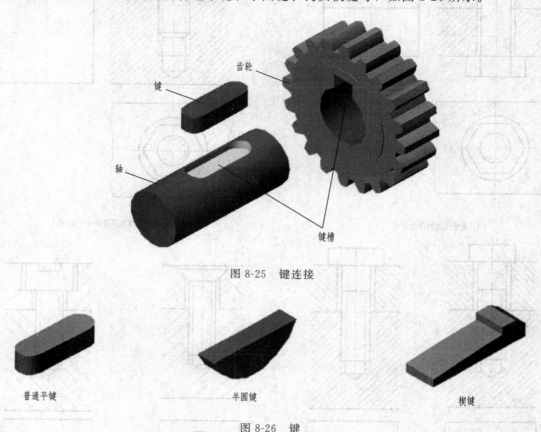

图 8-25　键连接

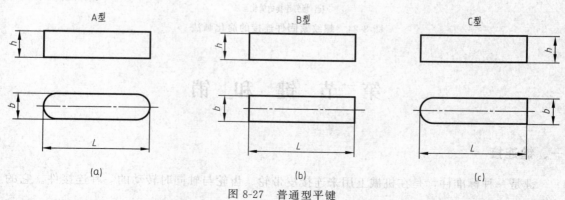

普通平键　　　　　　　　　　半圆键　　　　　　　　　　楔键

图 8-26　键

2. 键的画法及标记

键的大小由被连接的轴孔所传递的扭矩大小所决定。

（1）普通型平键　普通型平键有 A 型（圆头）、B 型（方头）和 C 型（单圆头）三种，如图 8-27 所示。

A型　　　　　　　　　　　B型　　　　　　　　　　　C型

(a)　　　　　　　　　　(b)　　　　　　　　　　(c)

图 8-27　普通型平键

用于轴、孔连接时，键的顶面与轮毂中的键槽底面有间隙，应画两条线；键的两侧面与轴上的键槽、轮毂上的键槽两侧均接触，应画一条线；键的底面与轴上键槽的底面也接触，应画一条线，如图 8-28 所示。具体画法如图 8-29 所示。

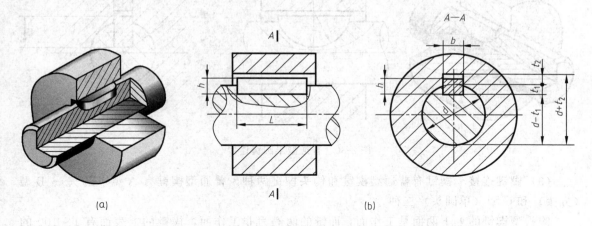

图 8-28　普通型平键连接

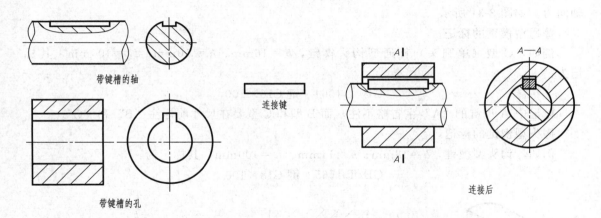

图 8-29　普通型平键连接的画法

键的标记由标准编号、名称、型式与尺寸三部分组成。

例如，A 型（圆头）普通型平键，$b=12mm$、$h=8mm$、$L=50mm$，其标记为：

$$GB/T\ 1096\quad 键\ 12 \times 8 \times 50$$

又如，C 型（单圆头）普通型平键，$b=18mm$、$h=11mm$、$L=100mm$，其标记为：

$$GB/T\ 1096\quad 键\ C\ 18 \times 11 \times 100$$

标记中 A 型键的"A"字省略不注，而 B 型和 C 型要标注"B"和"C"。

（2）普通型半圆键　半圆键的两侧面为工作面，与轴和轮上的键槽两侧面接触，而半圆键的顶面与轮子键槽顶面之间不接触，则留有间隙。由于半圆键在键槽中能绕槽底圆弧摆动，可以自动适应轮毂中键槽的斜度，因此适用于具有锥度的轴，如图 8-30 所示。

普通型半圆键的标记。

例如，普通型半圆键，$b=6mm$、$h=10mm$、$D=25mm$，其标记为：

$$GB/T\ 1099.1\quad 键\ 6 \times 10 \times 25$$

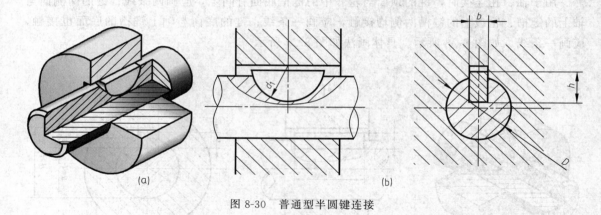

$$(a) \qquad\qquad (b)$$

图 8-30　普通型半圆键连接

（3）楔键连接　楔键有普通型楔键和钩头楔键两种。普通型楔键有 A 型（圆头）、B 型（方头）和 C 型（单圆头）三种。

钩头型楔键的上下两面是工作面，而键的两侧为非工作面，楔键的上表面有 1：100 的斜度，装配时打入轴和轮毂的键槽内，靠楔面作用传递扭矩，能轴向固定零件和传递单向的轴向力，如图 8-31 所示。

普通型楔键的标记。

例如，C 型（单圆头）普通型钩头楔键，$b=16$mm、$h=10$mm、$L=100$mm，其标记为：

$$\text{GB/T 1564　键 C16×100}$$

标记中 A 型键的 "A" 字省略不注，而 B 型和 C 型要在尺寸前标注 "B" 和 "C"。

钩头型楔键的标记。

例如，钩头型楔键，$b=18$mm、$h=11$mm、$L=100$mm，其标记为：

$$\text{GB/T 1565　键 C18×100}$$

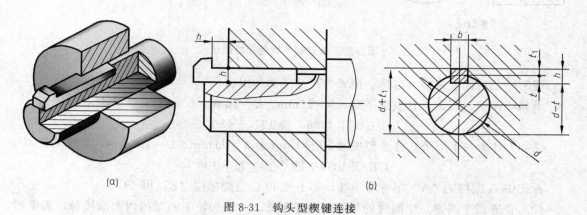

$$(a) \qquad\qquad (b)$$

图 8-31　钩头型楔键连接

3. 花键连接

花键连接又称多槽键连接。其特点是键和键槽的数量较多，轴和键制成一体。花键连接由内花键和外花键组成，在内圆柱表面上的花键为内花键，在外圆柱表面上的花键为外花键，如图 8-32 所示。

花键主要用于定心精度要求高、传递转矩大或经常滑移的连接。花键连接按齿形的不同，分为矩形花键和渐开线花键两类，这两类花键均已标准化。其中矩形花键应与较为广泛。

(a) 内花键   (b) 外花键

图 8-32　花键

（1）外花键的画法　在平行于花键轴线的投影面的视图中，大径用粗实线绘制，小径用细实线绘制，并要画入倒角内；花键工作长度终止线和尾部长度的末端均用细实线绘制，并与轴线垂直，尾部画成与轴线成 30°的斜线；在剖视图中，小径也画成粗实线。在垂直于轴线的视图或剖面图中，可画出部分或全部齿形，如图 8-33（a）所示；也可只画出表示大径的粗实线圆和表示小径的细实线圆，倒角可省略不画，如图 8-33（b）所示。

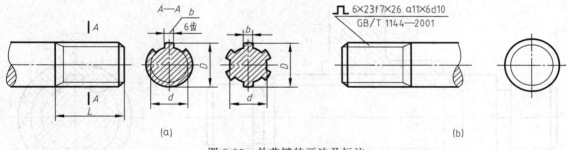

图 8-33　外花键的画法及标注

（2）内花键的画法　在平行于花键轴线的剖视图中，大径及小径均用粗实线绘制。在垂直于轴线的视图中，可画出部分或全部齿形，如图 8-34 所示。

（3）内、外花键的连接画法　花键连接用剖视图和剖面图表示时，其连接部分按外花键的规定画法绘制，如图 8-35 所示。

（4）花键的尺寸标注　花键的尺寸可直接在图上注出大径 D、小径 d、键宽 b、键数 N 和工作长度 L，如图 8-33（a）、图 8-34 所示。

花键也可以采用代号标注，如图 8-33（b）、图 8-34、图 8-35 所示。

二、销连接

1. 销

销主要用于零件之间的定位，也可用于零件之间的连接，但只能传递不大的扭矩。常用的有圆柱销、圆锥销和开口销等，如图 8-36 所示。

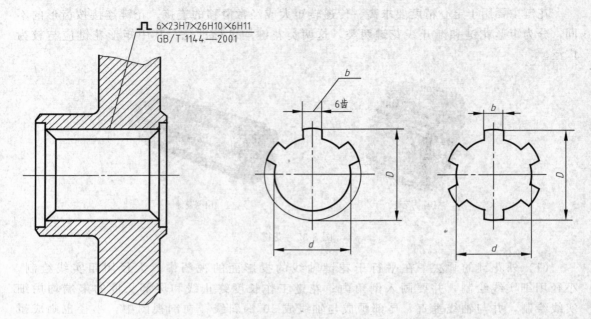

图 8-34　内花键的画法及标注

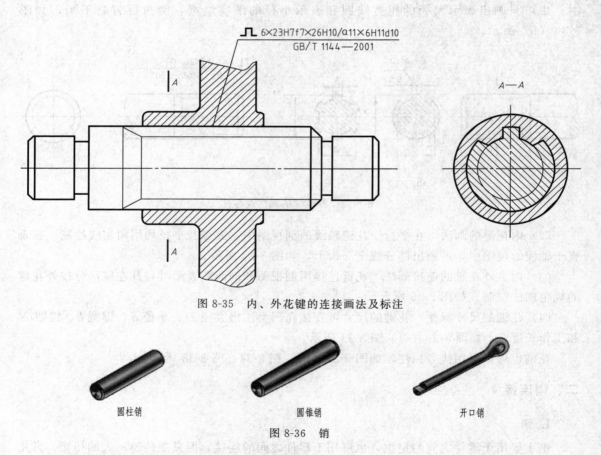

图 8-35　内、外花键的连接画法及标注

圆柱销　　　　　　　　圆锥销　　　　　　　　开口销

图 8-36　销

圆柱销和圆锥销可起定位和连接作用，如图 8-37 所示。

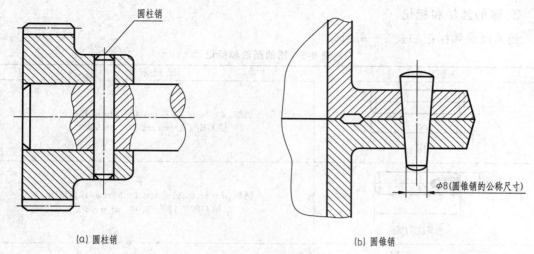

(a) 圆柱销   (b) 圆锥销

φ8(圆锥销的公称尺寸)

图 8-37　销连接

　　开口销常与六角开槽螺母配合使用，开口销穿过六角开槽螺母上的槽和螺杆上的孔以防螺母松动或限定其他零件在装配体中的位置，如图 8-38 所示。

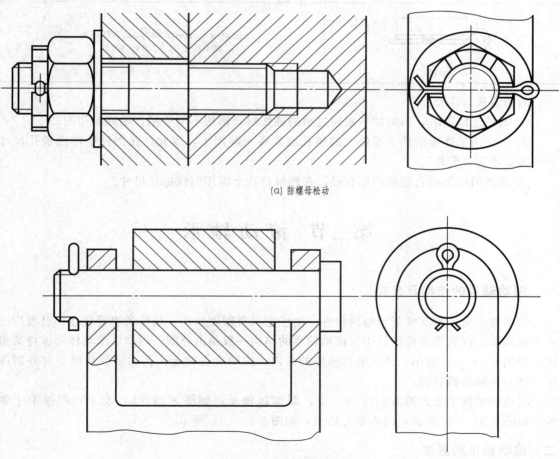

(a) 防螺母松动

(b)　限定零件在装配体中的位置

图 8-38　开口销连接

2. 销的画法和标记

销的画法和标记如表 8-5 所示。

表 8-5　销的画法和标记

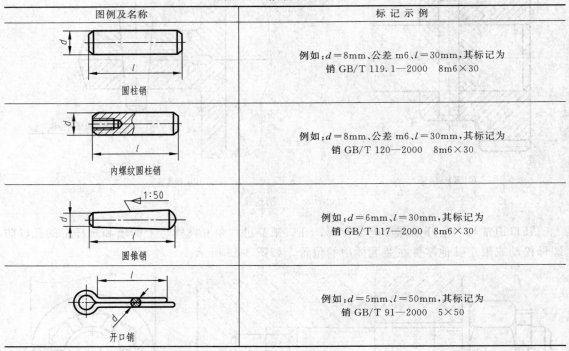

图例及名称	标记示例
圆柱销	例如：$d=8$mm、公差 m6、$l=30$mm，其标记为 销 GB/T 119.1—2000　8m6×30
内螺纹圆柱销	例如：$d=8$mm、公差 m6、$l=30$mm，其标记为 销 GB/T 120—2000　8m6×30
圆锥销	例如：$d=6$mm、$l=30$mm，其标记为 销 GB/T 117—2000　8m6×30
开口销	例如：$d=5$mm、$l=50$mm，其标记为 销 GB/T 91—2000　5×50

画销连接时注意：

① 画销连接图时，当剖切平面通过销的轴线时，销按不剖绘制，轴取局部剖。

② 由于用销连接的两个零件上的销孔通常需一起加工，因此，在图样中标注销孔尺寸时一般要注写"配作"。

③ 圆锥销的公称直径是小端直径，在圆锥销孔上需用引线标注尺寸。

第三节　滚动轴承

一、滚动轴承的结构及分类

滚动轴承是一种支承旋转轴的组件。由于它具有摩擦力小、结构紧凑等优点，已被广泛采用在机器、仪表等多种产品中。滚动轴承的结构一般是由外圈、内圈、滚动体和保持架组成，如图 8-39（a）所示。外圈装在机座的孔内，内圈套在轴上，在大多数情况下是外圈固定不动而内圈随轴转动。

滚动轴承按承受力的方向分为三类：深沟球轴承，如图 8-39（b）所示；圆锥滚子轴承，如图 8-39（c）所示；向心推力轴承，如图 8-39（d）所示。

二、滚动轴承的画法

滚动轴承是标准组件，不需要画各组成部分的零件图。画图时，应先根据轴承代号由国

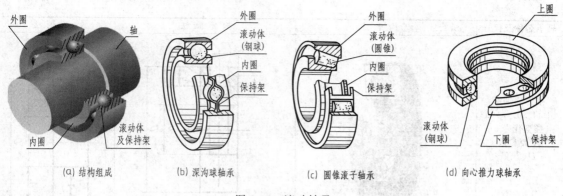

| (a) 结构组成 | (b) 深沟球轴承 | (c) 圆锥滚子轴承 | (d) 向心推力球轴承 |

图 8-39　滚动轴承

家标准查出轴承的外径 D、内径 d、宽度 B 等几个主要数据，然后，将其他尺寸按与主要尺寸的比例关系画出。在装配图中，滚动轴承可以用通用画法、特征画法和规定画法三种方法来绘制。

1. 基本规定

① 三种画法中各种符号、矩形线框和轮廓线均用粗实线绘制。

② 绘制滚动轴承时，外框轮廓的大小应与滚动轴承的外形尺寸一致。

③ 在剖视图中，用通用画法和特征画法绘制滚动轴承时，一律不画剖面符号。采用规定画法绘制时，其各套圈可画成方向和间隔相同的剖面线。

2. 规定画法和特征画法

如需较详细地表示滚动轴承的主要结构时，可采用如表 8-6 所示的规定画法和特征画法。

表 8-6　常用滚动轴承的规定画法和特征画法

轴承名称及代号	结 构 形 式	规 定 画 法	特 征 画 法
深沟球轴承 GB/T 276—1994 类型代号 6 主要参数 D、d、B			
圆锥滚子轴承 GB/T 297—2015 类型代号 3 主要参数 D、d、T			

轴承名称及代号	结 构 形 式	规 定 画 法	特 征 画 法
推力球轴承 GB/T 301—1995 类型代号 5 主要参数 D、d、T	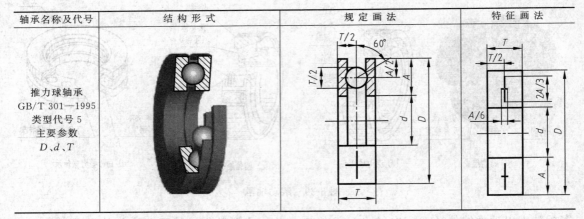		

3. 通用画法

如不需要表示轴承的外形轮廓、载荷特性、结构特征时，可用如图 8-40 所示的通用画法。

装配图中滚动轴承的画法如图 8-41 所示。

无论滚动体的形状和尺寸如何，滚动轴承端面视图的画法如图 8-42 所示。

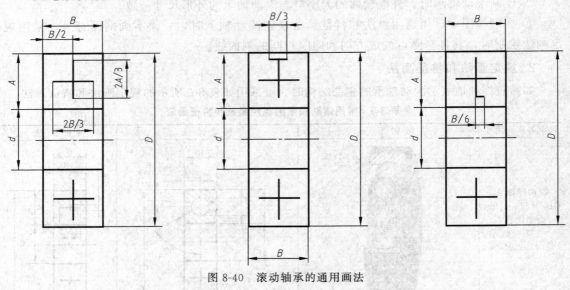

图 8-40　滚动轴承的通用画法

三、滚动轴承的代号及标记

滚动轴承的标记由名称、代号和标准编号三部分组成。轴承的代号有基本代号和补充代号，基本代号（滚针轴承除外）由轴承类型代号、尺寸系列代号、内径代号三部分组成。

滚动轴承的标记示例：

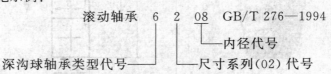

$$\text{滚动轴承} \quad 3 \quad 03 \quad 07 \quad \text{GB/T 297—1994}$$

内径代号

尺寸系列代号

圆锥滚子轴承类型代号

轴承类型代号用数字或字母表示，如表 8-7 所示给出了部分轴承类型代号。

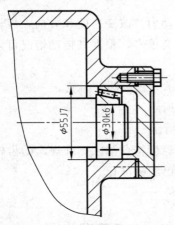

图 8-41　装配图中滚动轴承的画法

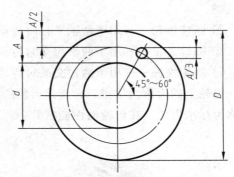

图 8-42　滚动轴承端面视图的画法

表 8-7　部分轴承类型代号

代　　号	轴承类型
3	圆锥滚子轴承
5	推力球轴承
6	深沟球轴承
N	圆柱滚子轴承

为适应不同的工作环境，在内径一定的情况下，轴承有不同的宽（高）度和不同的外径大小，它们成一定的系列，称为轴承的尺寸系列。尺寸系列由轴承的宽（高）度系列代号和直径系列代号组合而成，用数字表示。如表 8-8 给出了深沟球轴承的部分尺寸系列代号。部分轴承公称内径代号如表 8-9 所示。

表 8-8　深沟球轴承的部分尺寸系列代号

17	37	18	19	(1)0	(0)2	(0)3	(0)4

表 8-9　部分轴承公称内径代号

轴承公称内径/mm		内径代号	示例
10～17	10	00	深沟球轴承 6200
	12	01	$d = \phi 10\text{mm}$
	15	02	
	17	03	
20～480 （22、28、32 除外）		公称直径除以 5 的商数，当商数为个位数时，需在商数左边加“0”，如 08	深沟球轴承 6208 $d = \phi 40\text{mm}$
22、28、32		用公称内径毫米数直接表示，但在与尺寸系列代号之间用“/”分开	深沟球轴承 62/22 $d = \phi 22\text{mm}$

当轴承在形状结构、尺寸、公差、技术要求等有所改变时，可使用补充代号。在基本代号前面添加的补充代号（字母）称为前置代号，在基本代号后面添加的补充代号（字母或字

母加数字）称为后置代号。其有关规定可查阅相关标准。

第四节　齿　　轮

齿轮是机械传动中广泛应用的传动零件，它可用来传递动力，改变速度和方向，齿轮参数中只有模数和压力角已标准化，它属于常用件。齿轮的种类很多，根据其传动情况可以分为三类：

① 圆柱齿轮——用于两轴平行时传动，图 8-43（a）所示为直齿圆柱齿轮。

② 圆锥齿轮——用于两轴相交时传动，如图 8-43（b）所示。

③ 蜗轮蜗杆——用于两轴交叉时传动，如图 8-43（c）所示。

齿轮上的齿称为轮齿，轮齿是齿轮的主要结构，只有当轮齿符合国家标准规定的齿轮才能称为标准齿轮。在齿轮的性能参数中，只有模数和压力角已经标准化。

 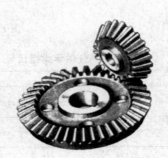 

(a) 直齿圆柱齿轮　　　　(b) 圆锥齿轮传动　　　　(c) 蜗轮蜗杆

图 8-43　常见齿轮传动

一、圆柱齿轮

圆柱齿轮的轮齿又有直齿、斜齿和人字齿等。直齿圆柱齿轮的几何要素有分度圆、齿顶圆、齿顶高、齿根高、齿距、模数、压力角等，其中模数 m 是设计与制造齿轮的重要参数，如图 8-44 所示。

1. 圆柱齿轮各部分的名称及尺寸关系

（1）齿顶圆　通过轮齿顶部的圆称为齿顶圆，其直径以 d_a 来表示。

（2）齿根圆　通过轮齿根部的圆称为齿根圆，其直径以 d_f 来表示。

（3）节圆　连心线 O_1O_2 上两相切的圆称为节圆，其直径用 d' 表示。标准齿轮的齿厚与齿间相等的圆称为分度圆，其直径以 d 表示。在标准齿轮中，$d'=d$。在一对啮合齿轮上，两节圆的切点称为节点。

（4）齿高　齿顶圆与齿根圆之间的径向距离称为齿高，以 h 表示。齿顶圆与分度圆的径向距离称齿顶高，用 h_a 表示；分度圆与齿根圆的径向距离称齿根高，用 h_f 表示。$h = h_a + h_f$。

（5）齿距　分度圆上相邻两齿的对应点之间的弧长称为齿距，以 p 表示。一个轮齿齿廓间的弧长称齿厚，用 s 表示；一个齿槽齿廓间的弧长称槽宽，用 e 表示。在标准齿轮中，$s = e$，$p = e + s$。

（6）模数　取 $m = p/\pi$，我们把 m 称为模数。

设齿轮的齿数为 z，则分度圆的周长为 $zp = \pi d$，即 $d = pz/\pi$

取 $m = p/\pi$，则有 $d = mz$

由此可以看出，模数愈大，轮齿就愈大。互相啮合的两齿轮，其齿距 p 应相等，模数 m 亦应相等。为减少加工齿轮刀具的数量，国家标准对齿轮的模数作了统一的规定，如表 8-10 所示。

表 8-10　标准模数（GB/T 1357—2008）　　　　　　　　　mm

第一系列	1,1.25,1.5,2,2.5,3,4,5,6,8,10,12,16,20,25,32,40,50
第二系列	1.125,1.375,1.75,2.25,2.75,3.5,4.5,5.5,(6.5),7,9,11,14,18,22,28,35,45

注：1. 在选用模数时，应优先采用第一系列，括号内的模数尽可能不用。
2. GB/T 12368—1990 规定锥齿轮模数除表中外，还有 30。

（7）压力角　在分度圆齿廓上的点 C 在齿轮转动时，它的运动方向（分度圆的切线方向）和正压力方向（渐开线的法线方向）所夹的锐角，称为压力角。加工齿轮用的基本齿条的法向压力角，称为齿形角。

压力角和齿形角均以 α 表示。我国标准规定 α 角为 20°。

只有模数和压力角都相同的齿轮才能相互啮合。

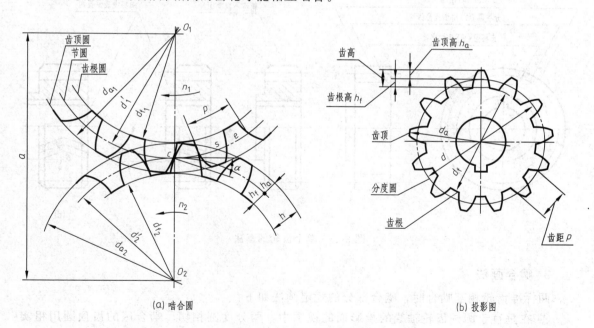

（a）啮合圆　　　　　　　　　　　　　　　　（b）投影图

图 8-44　圆柱齿轮的参数

设计齿轮时，首先要确定模数 m 和齿数 z，其他各要素尺寸都与模数和齿数有关，具体计算公式如表 8-11 所示。

表 8-11　标准直齿轮各基本尺寸的计算公式及举例

基本参数:模数(m)、齿数(z)			已知:$m=2\text{mm}, z=29$
名称	符号	计算公式	计算举例
齿距	p	$p=\pi m$	$p=6.28\text{mm}$
齿顶高	h_a	$h_a=m$	$h_a=2\text{mm}$
齿根高	h_f	$h_f=1.25m$	$h_f=2.5\text{mm}$
齿高	h	$h=2.25m$	$h=4.5\text{mm}$
分度圆直径	d	$d=mz$	$d=58\text{mm}$
齿顶圆直径	d_a	$d_a=m(z+2)$	$d_a=62\text{mm}$
齿根圆直径	d_f	$d_f=m(z-2.5)$	$d_f=53\text{mm}$
中心距	a	$a=m(z_1+z_2)/2$	

2. 单个齿轮的画法

齿轮的轮齿是在专用的机床上加工出来的，一般不必画出其真实投影。国家标准 GB/T 4459.2—2003 规定了齿轮的画法。

① 齿顶圆和齿顶线用粗实线绘制；分度圆和分度线用点画线绘制，齿根圆和齿根线用细实线绘制，如图 8-45（a）所示，也可省略不画。

② 在剖视图中，当剖切平面通过齿轮的轴线时，轮齿一律按不剖处理，齿根线用粗实线绘制，如图 8-45（b）所示。

③ 如系斜齿轮或人字齿轮，当需要表示齿线的特征时，可用三条与齿线方向一致的细实线表示，如图 8-45（c）、（d）所示。

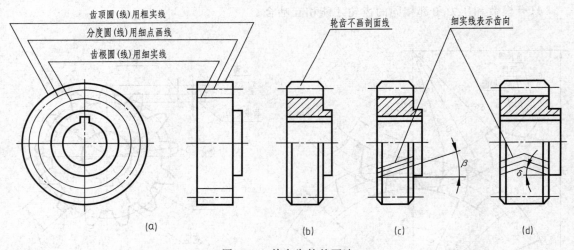

图 8-45　单个齿轮的画法

3. 啮合画法

两标准齿轮相互啮合时，啮合部分的规定画法如下：

① 在垂直于圆柱齿轮轴线的投影面的视图中，两分度圆相切；啮合区的齿顶圆用粗实线绘制，如图 8-46（a）所示，也可省略不画，如图 8-46（b）所示；齿根圆全部不画。

② 在平行于圆柱齿轮轴线的投影面的视图中，啮合区内的齿顶线不画；分度线画成粗实线，如图 8-46（c）所示。

③ 在剖视图中，在啮合区内，两齿轮的分度线重合，用点画线表示。齿根线用粗实线表示。齿顶线的画法是将一个齿轮的轮齿作为可见用粗实线表示，另一个齿轮的轮齿被遮挡，齿顶线画虚线，如图 8-46（a）所示，也可以省略不画。

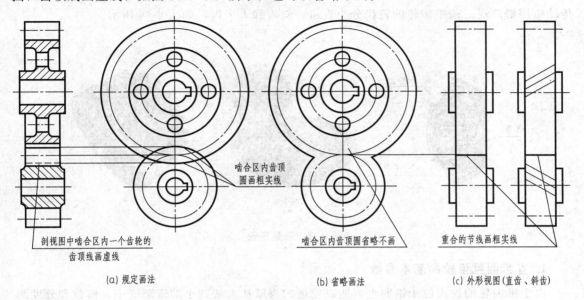

剖视图中啮合区内一个齿轮的齿顶线画虚线

啮合区内齿顶圆画粗实线

啮合区内齿顶圆省略不画

重合的节线画粗实线

(a) 规定画法　　　　　　(b) 省略画法　　　　　　(c) 外形视图(直齿、斜齿)

图 8-46　圆柱齿轮啮合的规定画法

一个齿轮的齿顶与另一个齿轮的齿根之间应有 0.25mm 的间隙。当剖切平面通过啮合齿轮的轴线时，轮齿一律按不剖绘制。

常见齿轮工作图如图 8-47 所示。

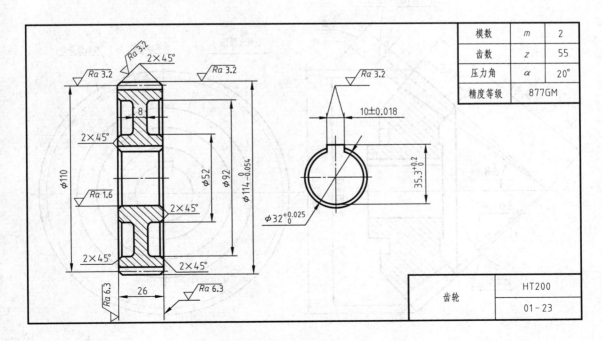

模数	m	2
齿数	z	55
压力角	α	20°
精度等级		877GM

| 齿轮 | HT200 |
| | 01−23 |

图 8-47　齿轮工作图

二、圆锥齿轮

圆锥齿轮俗称伞齿轮，用于传递两相交轴间的回转运动，以两轴相交成直角的圆锥齿轮传动应用最广泛。圆锥齿轮的轮齿分为直齿、斜齿和人字齿，如图 8-48 所示。

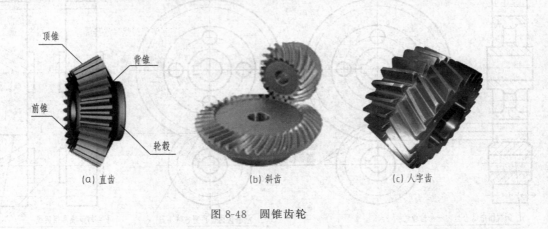

图 8-48　圆锥齿轮

1. 直齿圆锥齿轮的基本参数

由于锥齿轮的轮齿位于锥面上，所以轮齿的齿厚从大端到小端逐渐变小，模数和分度圆也随之变化。为了设计和制造的方便，规定几何尺寸的计算以大端为准，因此以大端模数为标准模数，来计算大端轮齿的各部分尺寸。直齿圆锥齿轮轮齿各部分名称及尺寸关系如图8-49 所示。直齿圆锥齿轮各公称尺寸计算如表 8-12 所示。

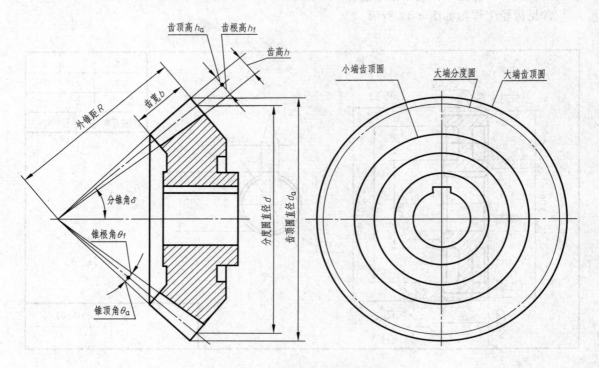

图 8-49　直齿圆锥齿轮的基本参数

表 8-12　标准直齿圆锥齿轮基本尺寸的计算公式

名　称	公 式 计 算	名　称	公 式 计 算
齿顶高 h_a	$h_a = m$	分度圆直径 d	$d = mz$
齿根高 h_f	$h_f = 1.2m$	齿顶圆直径 d_a	$d_a = m(z + 2\cos\delta)$
齿高 h	$h = 2.2m$	齿根圆直径 d_f	$d_f = m(z - 2.4\cos\delta)$
齿顶角 θ_a	$\tan\theta_a = (2\sin\delta)/z$	齿根角 θ_f	$\tan\theta_f = (2.4\sin\delta)/z$
齿宽 b	$b \leqslant R/3$	基本参数：模数(m)、齿数(z)、分度圆锥角(δ)	

2. 圆锥齿轮的画法

（1）单个圆锥齿轮的画法如图 8-50 所示，一般用主、左两视图表示，主视图画成全剖视图。在齿轮外形视图中，分度锥线用点画线表示，顶锥线用粗实线表示，根锥线省略不画。在投影为圆的视图上，大端及小端的齿顶圆用粗实线表示，大端的分度圆用点画线表示。在投影为非圆的视图上，常用剖视图表达，轮齿部分按不剖处理，顶锥线和根锥线都用粗实线表示。

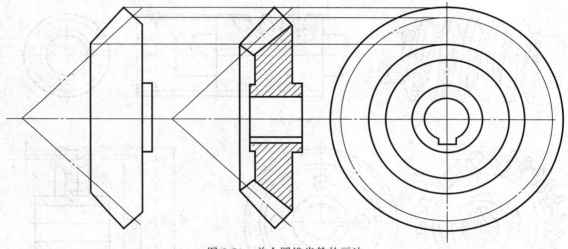

图 8-50　单个圆锥齿轮的画法

（2）一对锥齿轮啮合，也必须有相同的模数。圆锥齿轮的啮合画法，如图 8-51 所示。主视图画成剖视图，由于两齿轮的节圆锥面相切，因此其节线重合，画成点画线。在啮合区内应将其中一个齿轮的齿顶线画成粗实线，而另一个齿轮的齿顶线画成虚线或省略不画。左视图画成外形视图。

三、蜗轮和蜗杆

蜗轮和蜗杆用于传递空间交叉两轴之间的传动，最常见的是两轴交叉成直角。

蜗杆的齿数 z_1，称为头数，相当于螺杆上螺纹的线数。用蜗杆和蜗轮传动，可得到较大的速比（$i = z_2/z_1$，z_2 为蜗轮齿数）。通常蜗杆是主动的，蜗轮是从动件；蜗杆、蜗轮的传动比大，结构紧凑，但效率低。

蜗杆和蜗轮的画法，与圆柱齿轮基本相同，但是在蜗轮投影为圆的视图中，只画出分度圆和最外圆，不画出齿顶圆与齿根圆；在外形视图中，蜗杆的齿根圆和齿根线用细实线绘制或省略不画，如图 8-52 所示。

蜗杆和蜗轮啮合的画法如图 8-53 所示，在主视图中，蜗轮被蜗杆遮住的部分不画出；在左视图中，蜗轮的分度圆与蜗杆的分度线相切。

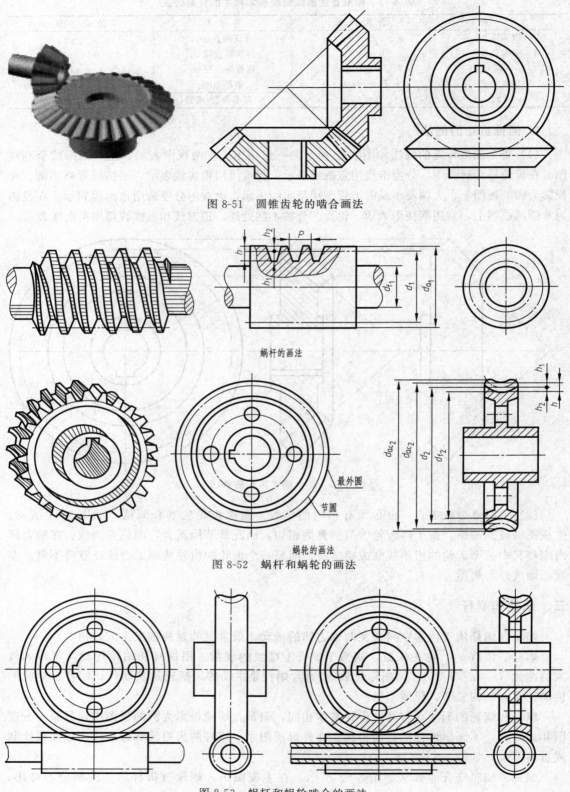

图 8-51　圆锥齿轮的啮合画法

蜗杆的画法

蜗轮的画法

图 8-52　蜗杆和蜗轮的画法

最外圆

节圆

图 8-53　蜗杆和蜗轮啮合的画法

第五节 弹 簧

弹簧也是一种标准零件，在机器或仪器中起减震、复位、测力、储能等作用，其特点是外力除去后能立即恢复原形。

一、弹簧的分类

弹簧的种类和形式很多，因其结构和受力状态不同可分为螺旋弹簧，如图 8-54 所示；板弹簧，如图 8-55 所示；平面蜗卷弹簧，如图 8-56 所示和碟形弹簧，如图 8-57 所示。圆柱螺旋弹簧根据受力方向不同，又可分为压缩弹簧［如图 8-54（a）所示］、拉伸弹簧［如图 8-54（b）所示］和扭转弹簧［如图 8-54（c）所示］三种。

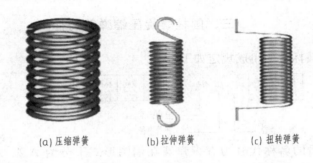

(a) 压缩弹簧　　　　　(b) 拉伸弹簧　　　　　(c) 扭转弹簧

图 8-54　圆柱螺旋弹簧

图 8-55　板弹簧

图 8-56　平面蜗卷弹簧

图 8-57　碟形弹簧

二、圆柱螺旋压缩弹簧的术语和尺寸关系

圆柱螺旋压缩弹簧由钢丝绕成，一般将两端并紧后磨平，使其端面与轴线垂直，便于支承，如图 8-58 所示。

（1）钢丝直径 d　缠绕弹簧的钢丝直径。

（2）弹簧外径 D　弹簧的外圈直径称为外径。

（3）弹簧内径 D_1　弹簧的内圈直径称为内径，$D_1 = D - 2d$。

（4）弹簧中径 D_2　弹簧内径和外径的平均值称为中径，$D_2 = (D + D_1)/2$。

（5）节距 t　除两端的支承圈以外，相邻两圈截面中心线的轴向距离。

（6）支承圈数 n_z、有效圈数 n 和总圈数 n_1　为使弹簧受力均匀，两端并紧且磨平。并紧磨平的各圈仅起支承和定位作用，称为支承圈 n_z。弹簧支承圈有 1.5 圈、2 圈及 2.5 圈三

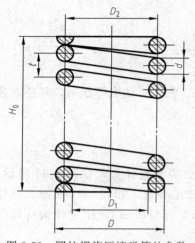

图 8-58 圆柱螺旋压缩弹簧的参数

种，常见 2.5 圈。除支承圈以外，其余各圈均参加受力变形，并保持相等的节距，称为有效圈数 n，有效圈数按标准选取。

$$有效圈数 n＝总圈数 n_1－支承圈数 n_z$$

（7）自由高度 H_0　弹簧无负荷作用时的高度。

支承圈为 2.5 时，$H_0＝nt+2d$

支承圈为 2 时，$H_0＝nt+1.5d$

支承圈为 1.5 时，$H_0＝nt+d$

（8）弹簧丝展开长度 L　用于缠绕弹簧的钢丝长度。

（9）旋向　分右旋和左旋，常用右旋。

计算后按相近值选取，国家标准 GB/T 2089—2009 规定了圆柱螺旋压缩弹簧的尺寸及参数。

三、圆柱螺旋压缩弹簧的标记

圆柱螺旋压缩弹簧标记的组成规定如下：

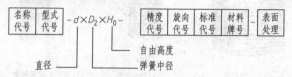

圆柱螺旋压缩弹簧的名称代号为 Y，弹簧在端圈形式上分为 A 型（两端圈并紧磨平）和 B 型（两端圈并紧锻平）两种。圆柱螺旋压缩弹簧标记示例如下。

例如，YB 型弹簧，线径 $\phi 30mm$，弹簧中径 $\phi 150mm$，自由高度 300mm，制造精度为 3 级，材料为 60Si2MnA，表面涂漆处理的弹簧（可以是左旋或右旋，要求旋向时，需注出 LH 或 RH）。标记为：YB 30×150×300　GB/T 2089—2009

例如，YA 型弹簧，线径 $\phi 1.2mm$，弹簧中径 $\phi 8mm$，自由高度 40mm，制造精度为 2 级，材料为 B 级碳素弹簧钢丝，表面镀锌处理的弹簧。标记为：YA 1.2×8×40-2　GB/T 2089—2009　B 级

四、圆柱螺旋压缩弹簧的规定画法

根据国标 GB/T 4459.4—2003 规定，圆柱螺旋压缩弹簧的画法如下所述。

① 螺旋弹簧在平行于轴线的投影面上所得的图形，可画成视图，如图 8-59（a）所示；也可画成剖视图，如图 8-59（b）所示，其各圈的轮廓线应画成直线。

② 螺旋弹簧均可画成右旋，但对左旋的螺旋弹簧，不论画成左旋或右旋，一律要注出旋向"左"字。

③ 螺旋弹簧有效圈数多于四圈时，中间各圈可省略不画。当中间各圈省略后，可适当缩短弹簧的长度，并将两端用细点画线连起来。

④ 弹簧画法实际上只起一个符号的作用，因此不论支承圈的圈数多少和并紧情况如何，均按支承圈为 2.5 圈形式绘制。必要时才按实际结构绘制。

⑤ 在装配图中，被弹簧遮挡的结构一般不画出，可见部分应从弹簧的外轮廓线或从弹

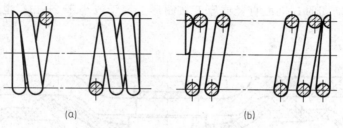

(a)　　　　　　　　　　　(b)

图 8-59　圆柱螺旋压缩弹簧的规定画法

簧钢丝剖面的中心线画起，如图 8-60 所示。

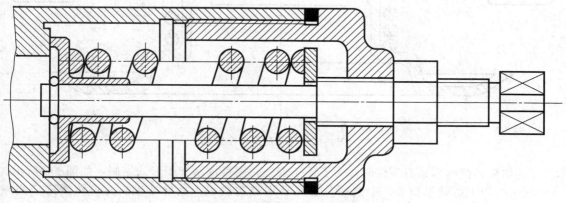

图 8-60　被弹簧遮挡的结构不画

⑥ 型材直径或厚度在图形上等于或小于 2mm 的螺旋弹簧、碟形弹簧允许用示意图绘制，如图 8-61 所示。

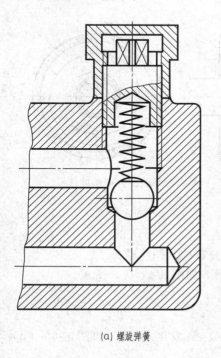

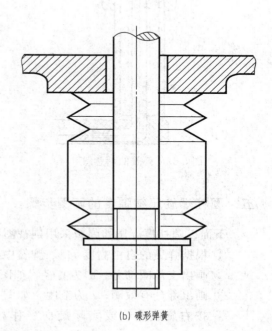

(a) 螺旋弹簧　　　　　　　　　　　　　　　　　(b) 碟形弹簧

图 8-61　弹簧的规定画法

⑦ 当弹簧被剖切时，剖面直径或厚度在图形上等于或小于 2mm，也可用涂黑表示，如图 8-62 所示。

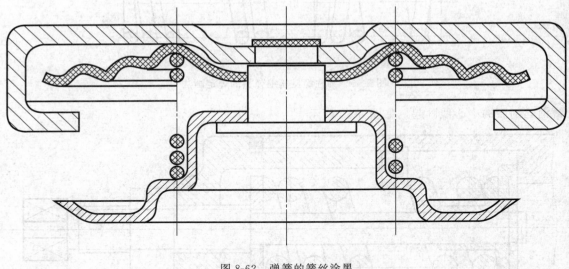

图 8-62　弹簧的簧丝涂黑

⑧ 如果弹簧内部还有零件时，为了便于表达，则可按示意图形式绘制，如图 8-63 所示。

⑨ 4m 以上的碟形弹簧，中间部分省略后用细实线画出轮廓范围，并可将图形适当缩短，如图 8-63 所示。

⑩ 平面涡卷弹簧的装配图画法如图 8-64 所示。

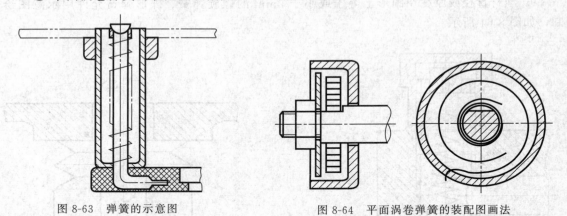

图 8-63　弹簧的示意图　　　　　　　　　　图 8-64　平面涡卷弹簧的装配图画法

五、圆柱螺旋压缩弹簧的画图步骤

下面以圆柱螺旋压缩弹簧采用剖视图画法为例来说明弹簧的画图步骤。

① 根据弹簧的自由高度 H_0、弹簧中径 D_2，作出矩形，如图 8-65（a）所示。

② 画出支承圈部分，d 为直径，如图 8-65（b）所示。

③ 画出部分有效圈，t 为节距，如图 8-65（c）所示。

④ 按右旋旋向（或实际旋向）作相应圆的公切线，画成剖视图，如图 8-65（d）所示。

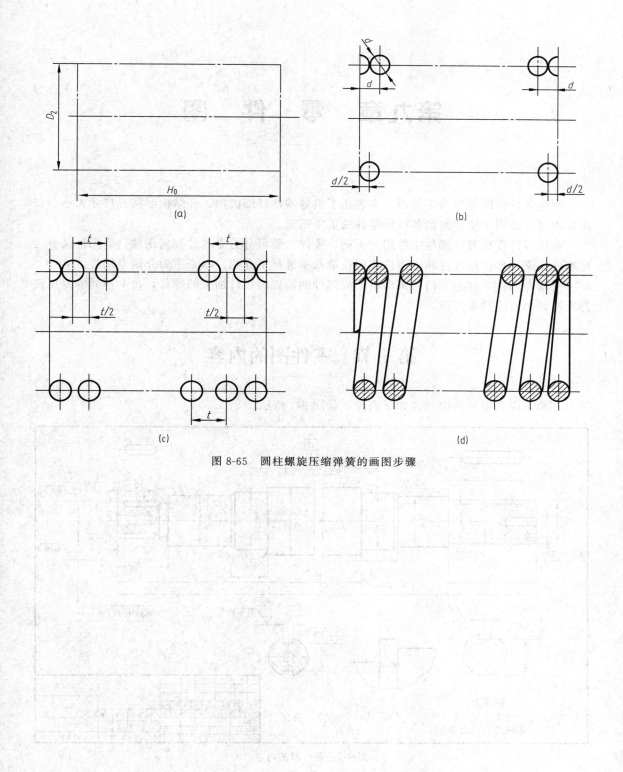

图 8-65　圆柱螺旋压缩弹簧的画图步骤

第九章 零件图

表达零件的图样称为零件图。它表达了机器零件详细的内、外结构形状、尺寸大小、技术要求等，是用于指导制造和检验零件的重要依据。

根据零件在机器或部件中作用的不同，零件一般可分为专用件和通用件，通用件又分为标准件和常用件，标准件和常用件我们在第八章进行了介绍。本章主要介绍专用件。

所谓专用件，就是专门为某台机器或部件的需要而设计加工的零件，每个不同的专用件都应该画出对应的零件图。

第一节 零件图的内容

一般来说，零件图应包含如下内容，如图 9-1 所示。

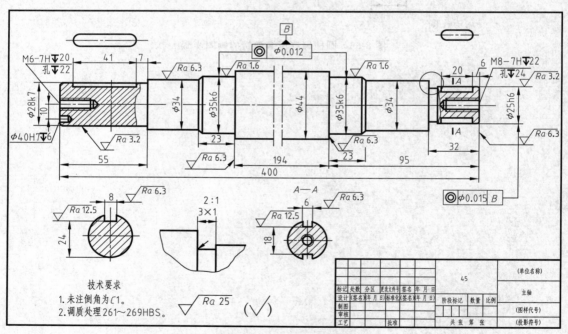

图 9-1 零件图的内容

1. 一组视图

在零件图中，需根据零件的形状特征，选取一组必要的视图（包括外形视图、剖视图、断面图、局部放大图等）来完整、清晰地表达零件的内、外形状和结构。

2. 全部尺寸

在零件图中应完整、正确、清晰、合理地标注出加工制造零件所需要的全部尺寸。

3. 技术要求

在零件图中必须采用规定的代号、数字、文字简明地表示出制造和检验该零件时所应达到的技术要求（包括尺寸公差、形状位置公差、表面粗糙度、热处理等）。

4. 标题栏

零件图的标题栏中应按规定填写零件的名称、数量、材料、比例、图号，以及设计、制图、校核人员的签名等。

第二节　零件的结构分析

一、零件的结构分析方法

在表达零件之前，必须先了解零件的结构形状，零件的结构形状是根据零件在机器中的作用和制造工艺上的要求确定的。

部件有其确定的功能和性能指标，而零件是组成部件的基本单元，所以每个零件均有一定的作用，例如具有支承、传动、连接、定位、密封等一项或几项功能。

部件中各零件间按确定的方式连接起来，应结合可靠、装配方便。两零件的结合可能是相对固定的，也可能是相对运动的；相邻零件某些部位要求相对靠紧，另有些部位则必须留有间隙。在零件上往往有相应的结构。

零件的构型必须与设计要求相适应，且有利于加工和装配。由功能要求确定主体结构，由工艺要求确定局部结构。零件的外形和内形，以及各相邻结构间都应是相互协调的。

零件结构分析的目的是为了更深刻地了解零件，使画出的零件图既表达完整、正确、清晰，又符合生产实际的要求。

二、零件结构分析举例

如图 9-2 所示滑动轴承是用来支承轴的。它由油杯、轴衬固定套、螺母、上轴衬、下轴衬、轴承盖、方头螺栓和轴承底座八种零件组成。其中螺母和方头螺栓为标准件，油杯为标准组合件。为方便轴的安装与拆卸，轴承做成上下结构；因轴在轴承中转动，会产生摩擦与磨损，故上下轴衬采用耐磨材料制成；上下轴衬分别安装于轴承盖和轴承底座中，利用油杯润滑；轴衬固定套防止轴衬发生转动；方头螺栓使拧紧螺母时螺杆不发生相对转

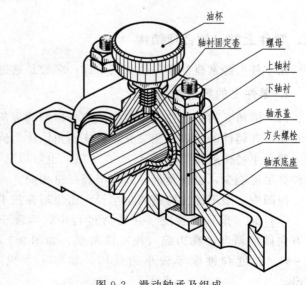

图 9-2　滑动轴承及组成

动，采用双螺母防松。

轴承底座零件在轴承中主要起支承作用，其结构如图9-3所示。

（1）底板　主要用来安装轴承。

（2）长圆孔　安装时放置螺栓，便于调整轴承位置。

（3）螺栓孔　用以穿入螺栓。

（4）部分圆柱　使螺栓孔壁厚均匀。

（5）凹槽Ⅰ　保证轴承盖与底座的正确位置。

（6）凹槽Ⅲ　为容纳螺栓孔并防止其旋转。

（7）半圆孔Ⅱ　减少接触面和加工面。

（8）凹槽Ⅱ　为了保证安装面接触良好并减少加工面。

（9）半圆孔Ⅰ　用于支承下轴衬。

（10）倒角　保证下轴衬与半圆孔Ⅰ配合良好。

（11）圆锥角　保证轴衬沿半圆孔的轴向定位。

（12）凸台　起着减少加工面和加强底板连接强度的作用。

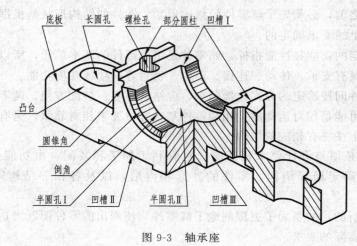

图 9-3　轴承座

三、零件上常见的合理结构

在零件上经常碰到的一些工艺结构，多数是通过铸造和机械加工获得的。

1. 零件上的铸造结构

（1）圆角　为防止在浇铸时金属液将砂型的尖角冲毁和避免铸件在凝固过程中产生裂纹或缩孔，在铸件的各表面相交处，做成圆角，称为铸造圆角，如图9-4所示。

圆角半径一般是壁厚的 0.2～0.4 倍，也可以从相关手册中查阅。同一铸件上圆角半径的种类尽可能少，也就是说，圆角半径尽量相同。

视图中一般不标注铸造圆角半径，而注写在技术要求中，如"未注明铸造圆角 $R1.5$"。

（2）起（拔）模斜度　在铸造过程中，为便于将模型从砂型中拔出，需要在沿拔出的方向做成斜度，称为起（拔）模斜度，如图9-5所示。通常取（1∶10）～（1∶20），或 $3°～6°$，斜度和锥度等较小的结构，如在一个视图中已表达清楚，其他视图可按小端画出。

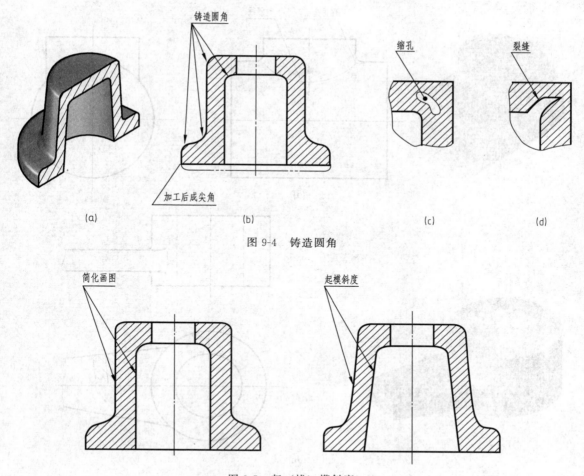

图 9-4 铸造圆角

图 9-5 起（拔）模斜度

（3）铸件壁厚均匀过渡 为避免铸件冷却时，由于冷却速度不一致而产生裂纹和缩孔，在设计铸件时，其壁厚应尽量均匀一致，不同壁厚间应均匀过渡，如图 9-6 所示。

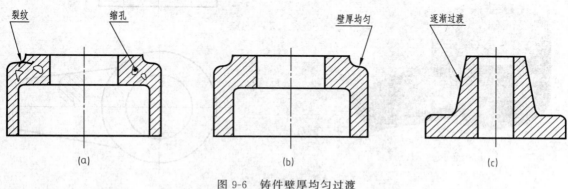

图 9-6 铸件壁厚均匀过渡

（4）过渡线的画法 由于受圆角的影响，使机件表面的交线变得不很明显，这种交线称为过渡线。过渡线的画法与相贯线的画法一样，按没有圆角的情况下，求出相贯线的投影，画到理论的交点处为止，如图 9-7 所示。按 GB/T 4457.4—2002 规定，过渡线线型为细实线。

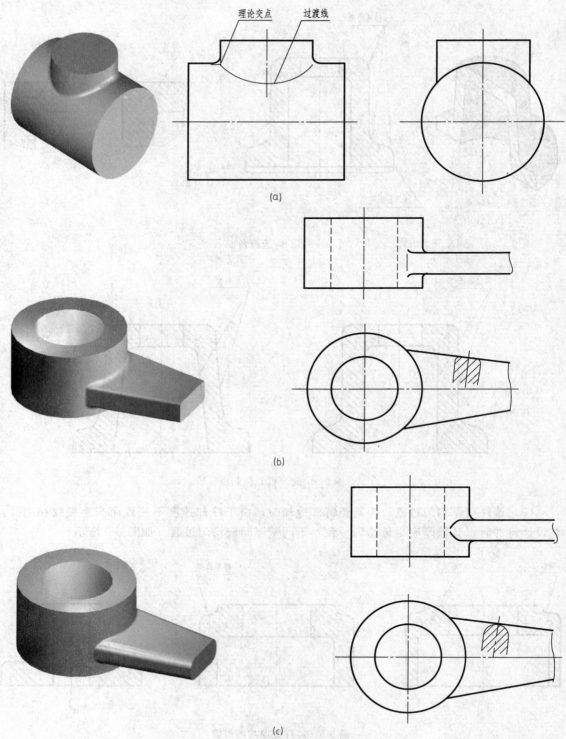

理论交点   过渡线

(a)

(b)

(c)

图 9-7 过渡线的画法

2. 零件上的机械加工工艺结构

（1）倒角和圆角 为了便于装配，要去除零件上的毛刺、锐边，通常将尖角加工成倒角。为避免轴肩处的应力集中，该处加工成圆角，圆角和倒角的尺寸系列可查有关资料。其中倒角为 45°时，用代号 C 表示，与轴向尺寸 n 连注成 Cn。例如：C2 表示 45°倒角，倒角深度 2mm，如图 9-8 所示。

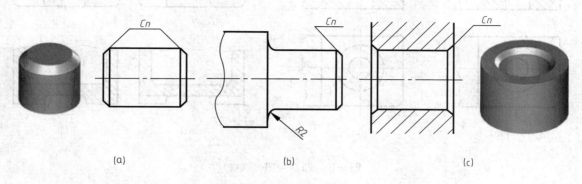

图 9-8　倒角和圆角

（2）退刀槽和砂轮越程槽　为了在加工时便于退刀（比如车削螺纹），且在装配时与相邻零件保证靠紧，在台肩处应加工出退刀槽和砂轮越程槽，如图 9-9（a）、（b）所示。退刀槽的尺寸标注，一般按"槽宽×直径"的形式标注，如图 9-9（c）所示。

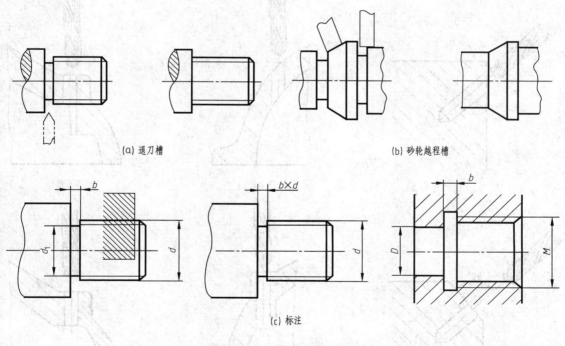

(a) 退刀槽　　　　　　(b) 砂轮越程槽

(c) 标注

图 9-9　退刀槽和砂轮越程槽

（3）凸台与凹台　零件上凡与其他零件接触的表面一般都要加工，为了保证两零件表面的良好接触，同时减少接触面的加工面积，以降低制造费用，在零件的接触表面处常设计出凸台与凹台，如图 9-10 所示。如图 9-10（a）所示的凹台又叫凹坑、沉孔、鱼眼坑。

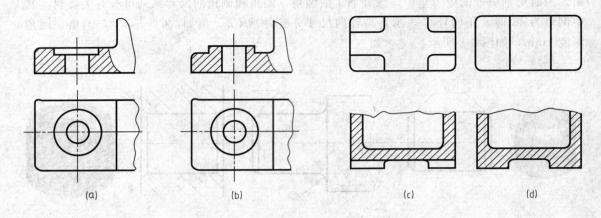

图 9-10　凸台与凹台（坑）

（4）钻孔　孔多数是用钻头加工而成。用钻头钻孔时，为了防止出现单边切削和单边受力，导致钻头轴线偏斜，甚至使钻头折断，要求孔的端面为平面，且与钻头轴线垂直。因此，沿曲面或斜面钻孔，应增设凸台或凹坑，如图 9-11 所示。

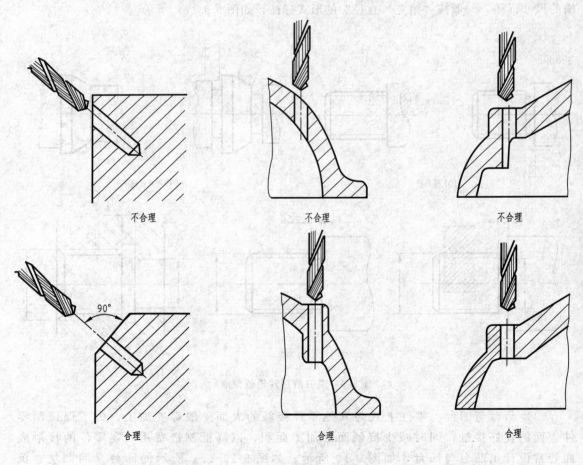

图 9-11　钻孔（一）

用钻头钻出的盲孔或阶梯孔，应有 120°的锥角，其画法如图 9-12 所示。

（5）滚花　防止操作时在零件表面上打滑，某些零件的手柄和螺钉的头部常做出滚花。滚花有直纹和网纹两种形式，其尺寸可查阅 GB/T 6403.3—2008。滚花的画法如图 9-13 所示。

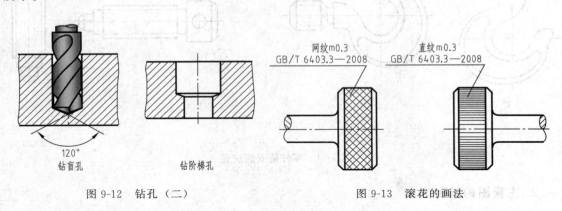

图 9-12　钻孔（二）　　　　　　　　　　图 9-13　滚花的画法

第三节　零件图的表达方法

　　通过结构分析可知，零件的形状结构是随其用途和加工方法不同而变化的。为了更好地表达零件，应对表达方案进行选择。选择零件图表达方案的基本要求就是依据零件的结构特点，选择适当的视图，正确、完整、清晰地表达零件的内外结构，并力求绘图简单，读图方便。

一、主视图的选择

　　主视图是零件图的核心，是零件图中最主要的视图，主视图选得是否合理，直接关系到看图和画图的方便与否。因此，画零件图时，必须选好主视图。而主视图的选择应先确定零件的安放位置，再确定投射方向。

1. 零件的安放位置

　　零件的安放位置应遵循加工位置和工作位置原则。

　　加工位置原则是考虑零件加工时在机床上的装夹位置，零件的安放位置应选择与零件在机床上加工时所处的位置一致，主视图与加工位置一致，可以图、物对照，便于加工和测量。如图 9-14（a）所示回转体类零件，不论其工作位置如何，一般均将轴线水平放置画主视图。

　　工作位置原则是考虑零件在机器或部件中的工作所处位置，零件的安放位置与零件在机器中的工作位置一致。主视图与工作位置一致，便于将零件和机器或部件联系起来，了解零件的结构形状特征，有利于画图和读图。如图 9-14（b）所示起重机吊钩主视图选择的两种方案。

　　当零件的加工位置和工作位置不一致时，应根据零件的具体情况而定。

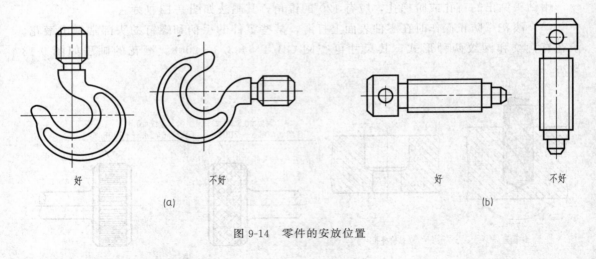

好　　　　　　　　　不好　　　　　　　　　　　好　　　　　　　不好

(a)　　　　　　　　　　　　　　　　　　　　　　　　(b)

图 9-14　零件的安放位置

2. 主视图的投射方向

主视图的投射方向应遵循形状特征原则，即主视图的投射方向应最能反映零件各组成部分的形状和相对位置。如图 9-15 所示的轴，A 向投射所得视图比按 B 向投射所得视图要更能反映该轴的形状特征，因此选用箭头 A 所指的方向作为主视图投射方向。

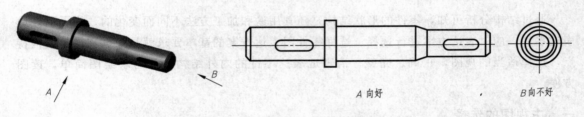

A　　　　　　　　　　B　　　　　　　　　　A 向好　　　　　　　　　　B 向不好

图 9-15　主视图的投射方向选择

二、其他视图的选择

根据零件的复杂程度以及其内、外结构的特点，全面考虑选择所需的其他视图，以弥补主视图表达中的不足。其他视图的确定可从以下几个方面来考虑：

① 优先选用基本视图，并选用相应的剖视图和断面图。

② 根据零件的复杂程度和结构特点，确定其他视图的数量。

③ 在完整、正确、清晰地表达零件结构的前提下，尽量减少视图的数量。

1. 一个视图

如图 9-16 所示的顶尖和轴套等由锥、柱等同轴回转体组合而成的形体，它们的形状和位置关系简单，注上尺寸，一个视图就可表达得完整、清晰。

2. 两个视图

如图 9-17 所示的压盖和三通等由具有同方向（或不同方向）但同轴的几个回转的基本形体（特别是不完整的）组合而成，它们的形体虽然简单，但位置关系略复杂，一个视图不能表达完整，所以需要两个视图。

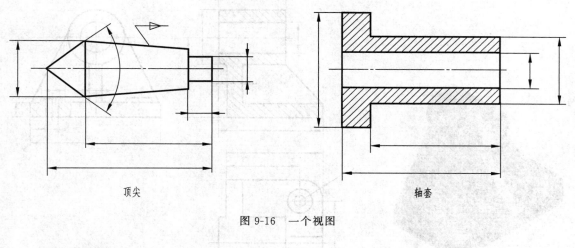

顶尖   轴套

图 9-16 一个视图

3. 三个视图

如图 9-18 所示的支架需要三个视图。

注意：上述的一个视图、两个视图和三个视图有方向性，方向不同就可能表达不清楚，视图数量就可能不够。

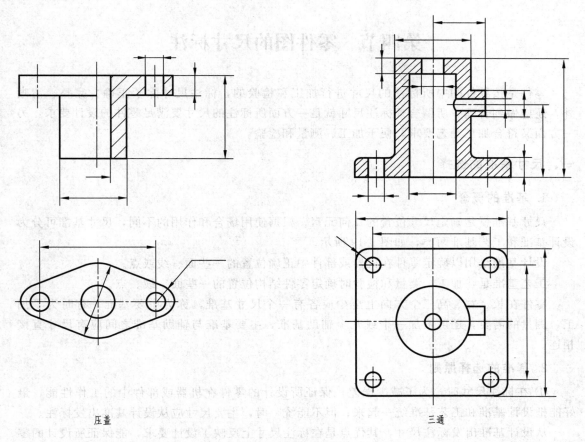

压盖   三通

图 9-17 两个视图

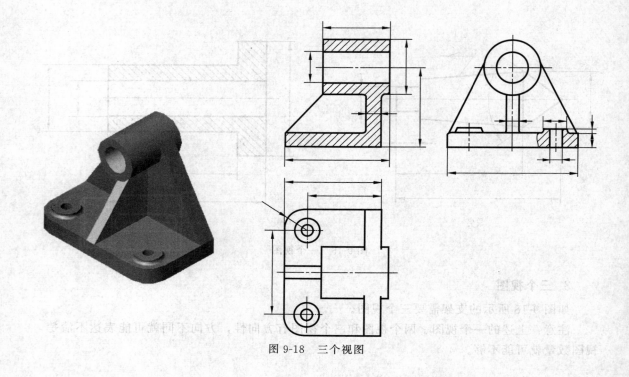

图 9-18　三个视图

第四节　零件图的尺寸标注

零件是按零件图中所标注的尺寸进行加工和检验的，标注尺寸除了正确、完整、清晰外，还应做到合理。所谓合理标注尺寸就是一方面所标注的尺寸要满足零件的设计要求，另一方面又符合加工工艺要求，便于加工、测量和检验。

一、尺寸基准的选择

1. 基准的概念

尺寸基准就是确定尺寸位置的几何元素。根据使用场合和作用的不同，尺寸基准可分为设计基准和工艺基准两类，如图 9-19 所示。

设计基准是用以确定零件在机器或部件中正确位置的一些面、线或点。

工艺基准是在加工、测量和检验时确定零件结构位置的一些面、线、点。

零件在长、宽、高三个方向上至少应各有一个尺寸基准，称为主要基准，有时为了加工、测量的需要，还可增加一个或几个辅助基准，主要基准与辅助基准之间应有尺寸直接相连。

2. 基准的选择原则

① 在标注尺寸时，为了减少误差，保证所设计的零件在机器或部件中的工作性能，最好能把设计基准和工艺基准统一起来；但不能统一时，主要尺寸应从设计基准出发标注。

从设计基准出发标注尺寸，其优点是在标注尺寸上反映了设计要求，能保证所设计的零件在机器上的工作性能。

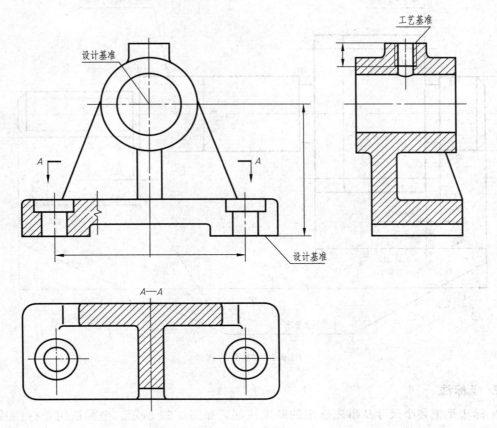

图 9-19　两种基准

从工艺基准出发标注尺寸，其优点是把尺寸的标注与零件的加工制造联系起来，在标注尺寸上反映了工艺要求，使零件便于制造、加工和测量。

② 任何零件都有长、宽、高三个方向的尺寸，根据设计、加工、测量上的要求，每个方向上只能有一个主要基准；根据需要，还可以有若干个辅助基准；主要基准和辅助基准间要有一个联系尺寸。

在标注尺寸时，首先要考虑零件的工作性能和加工方法，在此基础上，才能确定出比较合理的尺寸基准。如图 9-20 所示齿轮轴，由于其为回转体，所以其径向尺寸的基准是它的轴线，以轴线为基准注出 $\phi34.5f7$、$\phi16h6$、$M14$ 等尺寸。齿轮的左端面是确定齿轮轴在泵体中轴向位置的重要结合面，所以它是轴向尺寸的主要基准，以此面为基准注出尺寸 2、12 和 25f7。齿轮轴的左端面为第一个辅助基准，由此基准注出轴的总长 112，它与主要基准之间注有联系尺寸 12。右端面是轴向的第二辅助基准，由此注出了尺寸 30。右端退刀槽尺寸 1.5 是从第三个辅助基准注出的。

二、尺寸标注的形式

1. 链状法

链状法就是把尺寸依次注写成链状，如图 9-21 所示。链状法常用于标注若干相同结构之间的距离、阶梯状零件中尺寸要求比较精确的各段以及用组合刀具加工的零件等。

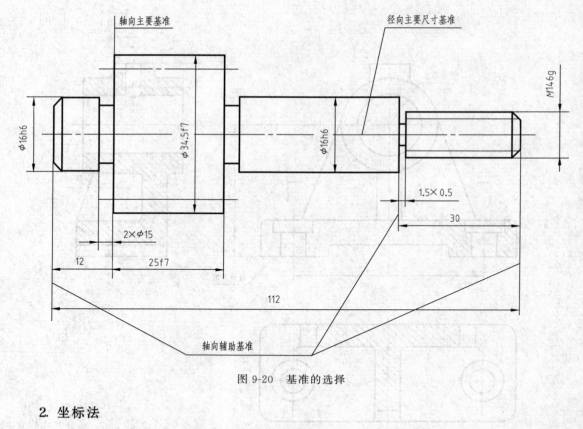

图 9-20　基准的选择

2. 坐标法

坐标法是把各个尺寸从事先选定的基准注起，如图 9-22 所示。坐标法用于标注从一个基准定出一组精确尺寸的零件。

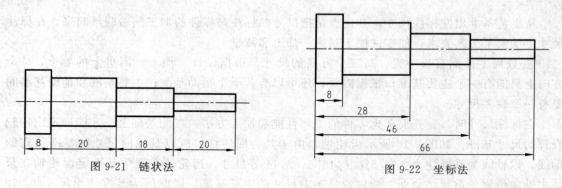

图 9-21　链状法

图 9-22　坐标法

3. 综合法

综合法就是将链状法与坐标法结合使用，标注零件多用此种方法，如图 9-23 所示。

三、功能尺寸标注的确定

零件图中的尺寸按其重要性一般可分为功能尺寸和非功能尺寸。功能尺寸是指影响零件精度和工作性能的尺寸，如配合尺寸等，它们一般都只允许很小的误差，即有较严格的公差要求；非功能尺寸是指零件上的一般结构尺寸，通常为非配合尺寸，这类尺寸的大小主要在于满足零件的强度和刚度要求，但对误差要求不高，一般不注出公差要求，称为未注公差尺寸。

标注零件图中的尺寸，应先对零件各组成部分的结构形状、作用等进行分析，了解哪些是影响零件精度和产品性能的功能尺寸如配合尺寸等，哪些是对产品性能影响不大的非功能尺寸，然后选定尺寸基准，从尺寸基准出发标注定形和定位尺寸。

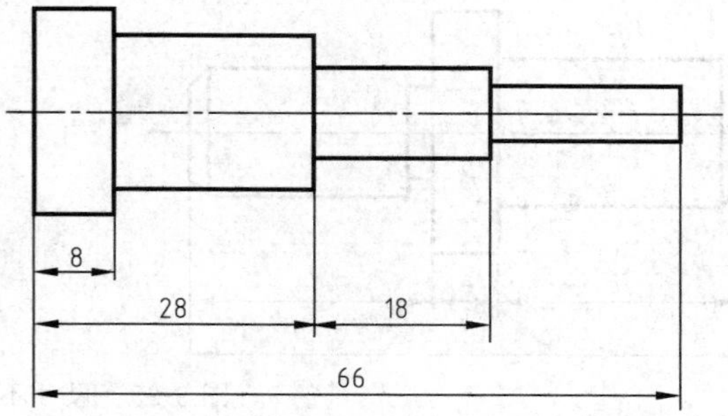

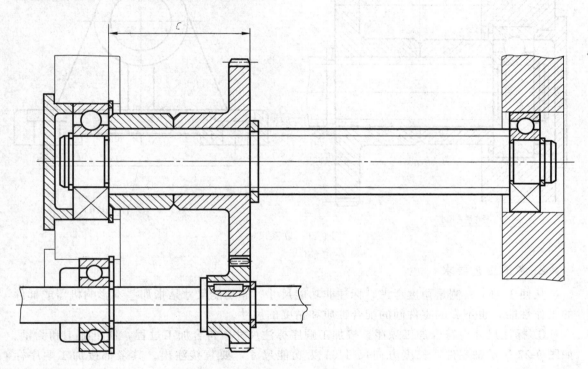

图 9-23　综合法

四、标注尺寸的一些原则

1. 考虑设计要求

（1）零件图上的功能尺寸必须直接标注，以保证设计要求　如图 9-24 所示：为保证两齿轮正确啮合，尺寸 C 必须直接标注出来。

图 9-24　功能尺寸直接标注

（2）尺寸不能注成封闭尺寸链　如图 9-25 所示，长度方向的尺寸 b、c、e、d 首尾相接，构成一个封闭的尺寸链。由于加工时，尺寸 c、d、e 都会产生误差，这样所有的误差都会积累到尺寸 b 上，不能保证尺寸 b 的精度要求。因此去掉一个不重要尺寸 e，这时 e 尺寸误差是其他各尺寸误差之和，因为它不重要，对设计要求没有影响。

（3）联系尺寸要互相联系　一台机器由多个零件装配而成，各零件间总有一个或几个表面相联系，联系尺寸就是在数量上表达这种联系的。常见的联系有轴向联系（直线配合尺寸）、径向联系（轴孔配合尺寸）和一般联系（确定位置的定位尺寸），如图 9-26 所示。

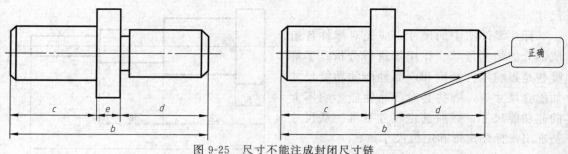

图 9-25　尺寸不能注成封闭尺寸链

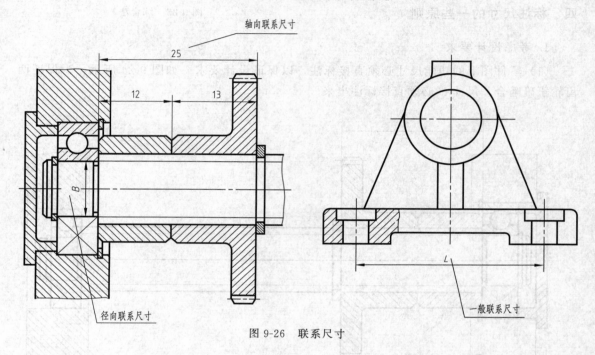

图 9-26　联系尺寸

2. 考虑工艺要求

从便于加工、测量角度考虑，标注非功能尺寸。非功能尺寸是指那些不影响机器或部件的工作性能，也不影响零件间的配合性质和精度的尺寸。

① 标注尺寸应符合加工顺序，按加工顺序标注尺寸，符合加工过程，便于加工和测量。如图 9-27 所示轴零件，长度方向尺寸 51 为功能尺寸，要直接注出。其余都按加工顺序标注。加工顺序为：加工 $\phi45\times128$ 轴、加工 $\phi35\times23$ 轴颈、调头加工 $\phi40\times74$ 轴颈、加工右端 $\phi35\times23$ 轴颈、铣键槽。

② 相同加工方法尽量集中标注。零件一般要经过几种加工方法才能制成，在标注尺寸时，最好将相同加工方法的有关尺寸集中标注。如图 9-27 所示轴上的键槽是在铣床上加工的，因此，这部分的尺寸集中在两处：主视图的 3、45 和左视图的 12、35.5，这样标注看图比较方便。

③ 标注尺寸要便于加工和测量。若按如图 9-28（a）左图所示，就便于加工，按如图 9-28（b）右图所示，则便于测量。

④ 毛面与加工面的尺寸分别标注，且两种尺寸应用一个尺寸联系起来。如图 9-29 所示的铸件，全部毛面之间用一组尺寸互相联系，只有一个尺寸 B 使其与底面（加工面）发生

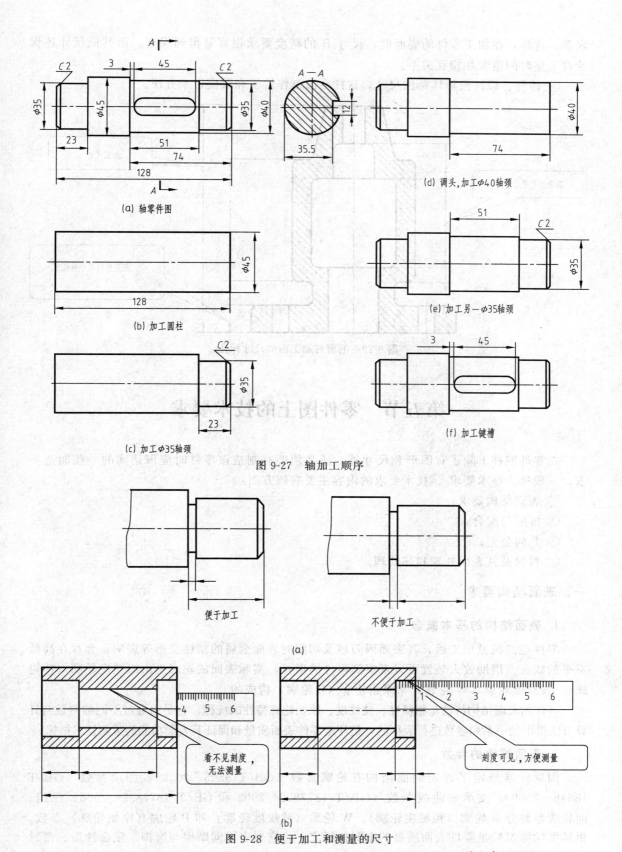

(a) 轴零件图

(b) 加工圆柱

(c) 加工φ35轴颈

(d) 调头，加工φ40轴颈

(e) 加工另一φ35轴颈

(f) 加工键槽

图 9-27　轴加工顺序

便于加工　　　　　　　不便于加工

(a)

看不见刻度，无法测量

刻度可见，方便测量

(b)

图 9-28　便于加工和测量的尺寸

联系。这样，在加工零件的底面时，尺寸 B 的精度要求很容易得到保证。而其他尺寸还保持着毛坯时的精度和相互关系。

⑤ 铸件、锻件按形体标注尺寸，这样会给制作铸模和锻模带来方便。

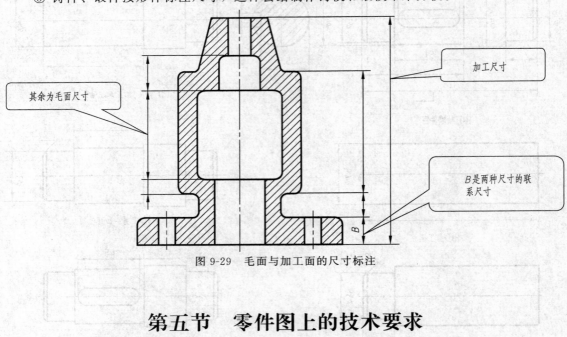

图 9-29　毛面与加工面的尺寸标注

第五节　零件图上的技术要求

在零件图样上除了有图形和尺寸外，还必须要有制造该零件时应该达到的一些制造要求，一般称为技术要求。技术要求的内容主要有四方面：

① 表面结构要求；

② 极限与配合；

③ 几何公差；

④ 材料及其表面处理和热处理。

一、表面结构要求

1. 表面结构的基本概念

零件经过机械加工后，其表面因刀痕及切削时表面金属的塑性变形等影响，会存在高低不平的状况。借助放大装置可以观察到零件的形状，实际表面的轮廓是由粗糙度轮廓（R 轮廓）、波纹度轮廓（W 轮廓）和原始轮廓（P 轮廓）构成的。

零件的表面结构特性是粗糙度、波纹度、原始轮廓特性的统称，它是由通过不同的测量与计算方法得出的一系列参数进行表征的，是评定零件表面质量和保证其表面功能的重要技术指标。

2. 表面结构的参数

国家标准规定了评定表面结构有轮廓参数（GB/T 3505—2009）、图形参数（GB/T 18618—2009）、支承率曲线参数（GB/T 18778.2—2003 和 GB/T 18778.3—2006）三组。而轮廓参数分 R 轮廓（粗糙度轮廓）、W 轮廓（波纹度轮廓）和 P 轮廓（原始轮廓）参数。粗糙度轮廓参数是零件表面质量的重要指标之一，它对表面间摩擦与磨损、配合性质、密封性、抗腐蚀性、疲劳强度等都有影响，一般来说，零件上凡有配合要求或者有相对运动的表面，必须具备一定的表面粗糙度要求。

评定表面粗糙度轮廓的主要参数有两种（GB/T 3505—2009）：轮廓算术平均偏差 Ra、轮廓最大高度 Rz 两项高度参数。两项参数中，优先选用 Ra 参数。

（1）轮廓算术平均偏差 Ra　轮廓算术平均偏差 Ra 是指在取样长度 l（用于判别具有表面粗糙度特征的一段基准线长度）内，轮廓偏差 z（表面轮廓上点至基准线的距离）绝对值的算术平均值，如图 9-30 所示。可用下面的公式表示：

$$Ra = \frac{1}{l}\int_0^l |z(x)|\, \mathrm{d}x \quad 近似为: Ra = \frac{1}{n}\sum_{i=1}^n |z_i|$$

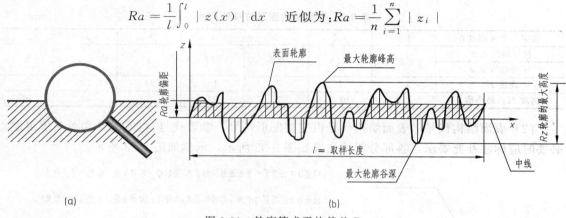

图 9-30　轮廓算术平均偏差 Ra

（2）轮廓最大高度 Rz　在取样长度内，轮廓峰顶线和轮廓谷底线之间的距离即为 Rz，如图 9-30 所示。

3. 表面结构的图形符号、代号及其意义

国家标准 GB/T 131—2006《产品几何技术规范（GPS）　技术产品文件中表面结构的表示法》规定了表面结构的符号、代号及在图样上的标注方法。

（1）表面结构的图形符号　表面结构的图形符号及其含义如表 9-1 所示。各图形符号的比例、尺寸以及画法如图 9-31 和表 9-2 所示。

表 9-1　表面结构符号及其含义（GB/T 131—2006）

符　号	含　义
√	基本图形符号（简称基本符号），表示未指定工艺方法的表面，仅用于简化代号的标注，没有补充说明时不能单独使用
▽	扩展图形符号（简称扩展符号），基本符号加一短横，表示指定表面是用去除材料的方法获得。如通过机械加工的车、铣、钻、磨、剪切、抛光、腐蚀、电火花加工、气割等方法获得的表面
◯√	扩展图形符号，基本符号加一小圆圈，表示指定表面是用不去除材料的方法获得。例如：铸、锻、冲压变形、热轧、冷轧、粉末冶金等。或者是用于保持原供应状况的表面（包括保持上道工序的状况）
√	完整图形符号（简称扩展符号），当要求标注表面结构特征的补充信息时，在允许任何工艺图形符号的长边加一横线，在文本中用文字 APA 表示
▽	完整图形符号，当要求标注表面结构特征的补充信息时，在去除材料图形符号的长边加一横线。在文本中用文字 MRR 表示
◯√	完整图形符号，当要求标注表面结构特征的补充信息时，在不去除材料图形符号的长边加一横线。在文本中用文字 NMR 表示

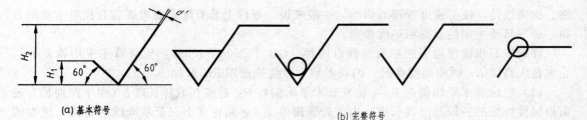

(a) 基本符号　　　　　　　　　　　　　　　(b) 完整符号

图 9-31　表面结构图形符号的画法

表 9-2　表面结构图形符号的尺寸 mm

数字与字母高度 h	2.5	3.5	5	7	10	14	20
符号的线宽 d'	0.25	0.35	0.5	0.7	1	1.4	2
字母的线宽 d							
高度 H_1	3.5	5	7	10	14	20	28
高度 H_2（最小值）	7.5	10.5	15	21	30	42	60

（2）表面结构代号　　表面结构代号由完整图形符号、参数代号（如 Ra）和参数值组成，必要时应标注补充要求，各部分标注位置如图 9-32 所示，示例如图 9-33 所示。

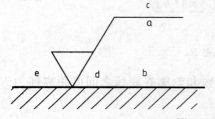

位置 a：注写第一个表面结构的要求（传输带／取样长度／参数代号／数值）；

位置 b：注写第二个表面结构的要求（传输带／取样长度／参数代号／数值）；

位置 c：注写加工方法（车、铣、磨、涂镀等）；

位置 d：注写表面纹理和方向（X、M、=等）；

位置 e：注写加工余量。

图 9-32　表面结构的代号标注说明

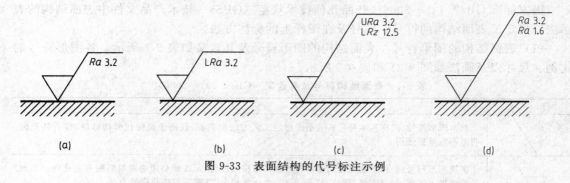

(a)　　　　　　　　　(b)　　　　　　　　　(c)　　　　　　　　　(d)

图 9-33　表面结构的代号标注示例

在图样上标注时，如采用默认定义，且对其他方面不要求时，可只在如图 9-32 所示中的 a 或 a 和 b 中标注，将表面结构参数代号及其后的参数值注写在图形符号长边的横线下方，为了避免误解，在参数代号和极限值间应插入空格，如 Ra 3.2，如图 9-33（a）所示。

极限值的标注说明如下。

上限值：当给出的参数数值为允许的最大值时，称为参数的上限值，在参数的前面加注"U"，如图 9-33（c）所示。

下限值：当给出的参数数值为允许的最小值时，称为参数的下限值，在参数的前面加注"L"，如图 9-33（c）所示。

参数的单向极限：当只标注参数代号和一个参数时，默认为参数的上限值。如为参数的单向下限值时，参数代号前应加注，如 L $Ra3.2$，如图 9-33（b）所示。

参数的双向极限：在完整符号中表示双向极限时应标注极限代号。上限值在上方，在参数代号的前面加注"U"，下限值在下方，在参数代号的前面加注"L"。如果同一参数具有双向极限要求，在不引起歧义的情况下，可以不加注"U""L"，如图 9-33（d）所示。上、下极限值可以用不同的参数代号表达，如图 9-33（c）所示。

4. 表面结构在图样中的注法

国家标准 GB/T 131—2006 规定了表面结构要求在图样中的注法。

① 表面结构要求对每一表面一般只标注一次，并尽可能注在相应的尺寸及其公差的同一视图上。除非另有说明，所标注的表面结构要求是对完工零件表面的要求。当在图样某个视图上构成封闭轮廓的各个表面有相同的表面结构要求时，应在完整图形符号上加一圆圈，标注在图样中工件的封闭轮廓线上，如果标注会引起歧义时，各表面要分别标注，如图 9-34 所示。注意：图示的表面结构符号是指对图形中封闭轮廓的六个面的共同要求（不包括前后面）。

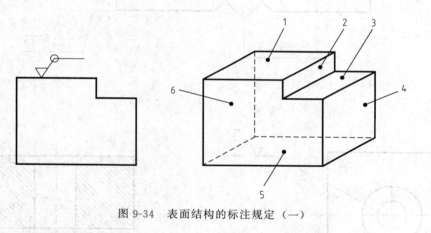

图 9-34　表面结构的标注规定（一）

② 表面结构的注写和读取方向与尺寸的注写和读取方向一致。符号的尖端必须从材料外指向并接触表面，如图 9-35 所示。

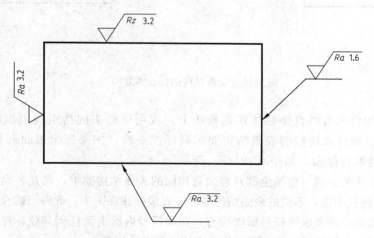

图 9-35　表面结构的标注规定（二）

③ 表面结构要求可标注在轮廓线上，其符号应从材料外指向并接触表面，如图 9-36（a）所示。必要时，表面结构符号也可以用带箭头或黑点的指引线引出标注，如图 9-36（b）、（c）所示。

④ 在不致引起误会时，表面结构要求可以标注在给定的尺寸线上，如图 9-37 所示。

⑤ 表面结构要求可标注在形位公差框格的上方，如图 9-38 所示。

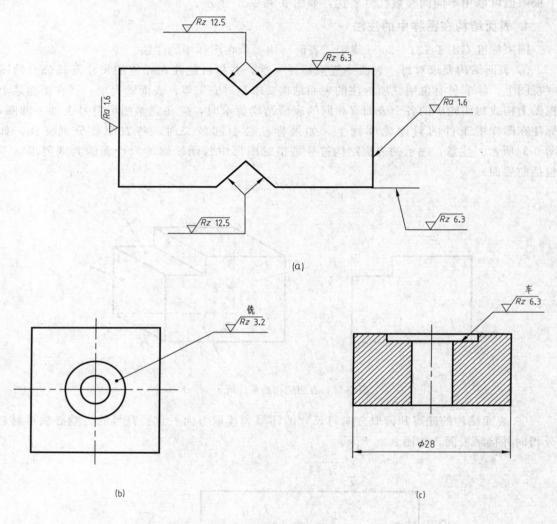

图 9-36　表面结构的标注规定（三）

⑥ 表面结构要求可以直接标注在延长线上，或用带箭头的指引线引出标注，如图9-39（a）、（b）所示。圆柱和棱柱的表面结构要求只标注一次，如果每个表面有不同的表面结构要求，则应分别单独标出，如图 9-39（c）所示。

⑦ 如果在工件的多数（包括全部）表面有相同的表面结构要求，则其表面结构要求可统一标注在图样的标题栏附近，不同的表面结构要求应直接标注在图中。此时（除全部表面有相同要求的情况外），表面结构要求的符号后面应有：在圆括号内给出无任何其他标注的基本符号，如图 9-40（a）所示；在圆括号内给出不同的表面结构要求，如图 9-40（b）所示。

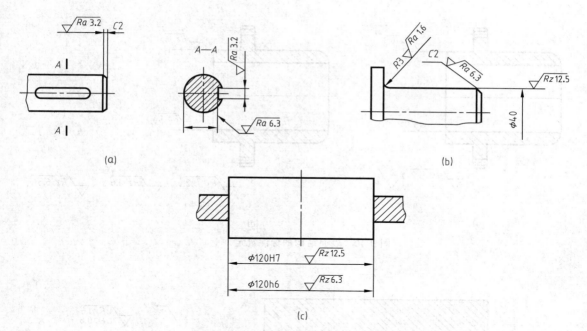

图 9-37 表面结构的标注规定（四）

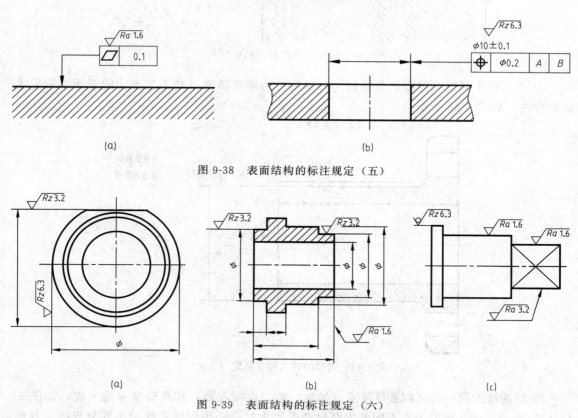

图 9-38 表面结构的标注规定（五）

图 9-39 表面结构的标注规定（六）

⑧ 当多个表面具有相同的表面结构要求或图纸空间有限时，可采用简化画法，用带字母的完整符号，以等式的形式，在图形或标题栏附近，对有相同表面结构要求的表面进行简化标注，如图 9-41 所示。

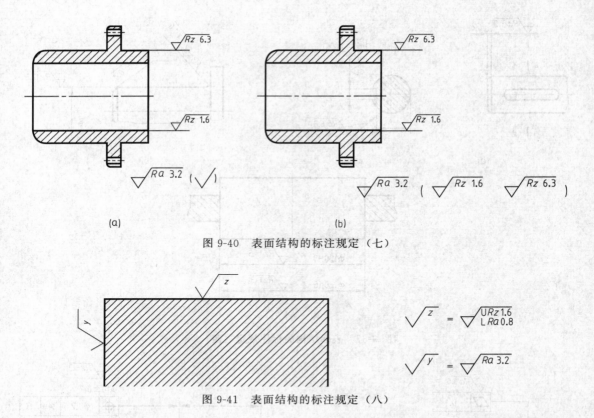

(a)   (b)

图 9-40 表面结构的标注规定（七）

图 9-41 表面结构的标注规定（八）

⑨ 由几种不同的工艺方法获得的同一表面，当需要明确每种工艺方法的表面结构要求时的标注，如图 9-42 所示。

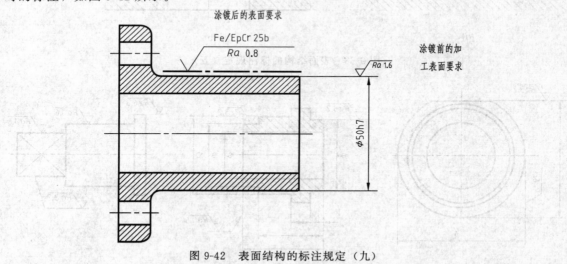

图 9-42 表面结构的标注规定（九）

⑩ 对连续的同一表面或重复要素（如孔、槽、齿的表面）其粗糙度只注一次，如图 9-43（a）所示。同一表面上有不同的表面粗糙度要求时，必须用细实线画出其分界线，并标注出相应的表面粗糙度代号和尺寸，如图 9-43（b）所示。

⑪ 对不连续的同一表面，可用细实线连接起来，表面结构代号只注一次，如图 9-44 所示。

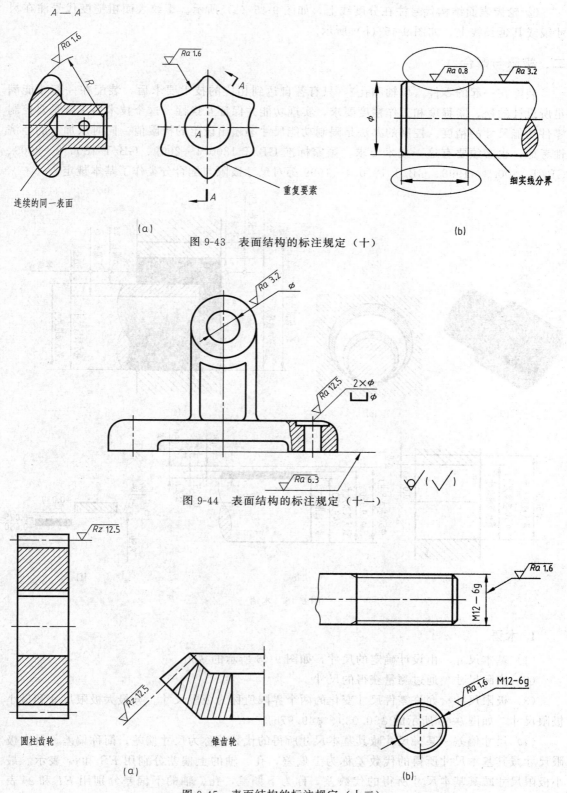

图 9-43 表面结构的标注规定（十）

图 9-44 表面结构的标注规定（十一）

图 9-45 表面结构的标注规定（十二）

⑫ 轮齿表面结构代号注在分度线上，如图 9-45 （a） 所示。螺纹表面粗糙度代号注在尺寸线或其延长线上，如图 9-45 （b） 所示。

二、极限与配合

装配在一起的零件（如轴和孔），只有各自达到相应的技术要求后，装配在一起才能满足所设计的松、紧程度和工作精度要求，实现功能并保证互换性。这个技术要求就是要控制零件功能尺寸的精度。控制的办法是限制功能尺寸不超出设定的极限值。同时从加工的经济性考虑，也必须要有这一技术要求。国家标准 GB/T 1800.1—2009、GB/T 1800.2—2009、GB/T 1800.3—1998、GB/T 1800.4—1999 等对尺寸极限与配合分类作了基本规定。

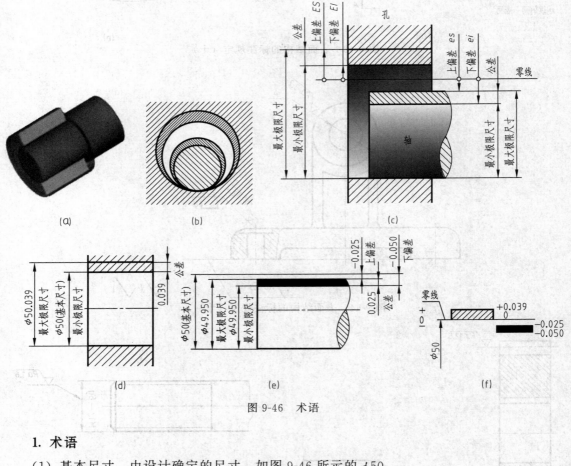

图 9-46　术语

1. 术语

（1）基本尺寸　由设计确定的尺寸，如图 9-46 所示的 $\phi50$。

（2）实际尺寸　通过测量获得的尺寸。

（3）极限尺寸　允许零件尺寸变化的两个界限值称为极限尺寸。分最大极限尺寸和最小极限尺寸，如图 9-46 所示的 $\phi50.039$、$\phi49.975$。

（4）尺寸偏差　某一尺寸减其基本尺寸所得的代数差称为尺寸偏差，简称偏差。最大极限尺寸减其基本尺寸所得的代数差称为上偏差，孔、轴的上偏差分别用 ES 和 es 表示。最小极限尺寸减其基本尺寸所得的代数差，称为下偏差，孔、轴的下偏差分别用 EI 和 ei 表示。上、下偏差统称为极限偏差，如图 9-46 所示：

孔的上偏差 $ES=(50.039-50)\text{mm}=+0.039\text{mm}$

孔的下偏差 $EI=(50-50)\text{mm}=0$

轴的上偏差 $es=(49.975-50)\text{mm}=-0.025\text{mm}$

轴的下偏差 $ei=(49.950-50)\text{mm}=-0.05\text{mm}$

（5）尺寸公差　允许尺寸的变动量称为尺寸公差，简称公差。

公差＝最大极限尺寸－最小极限尺寸＝上偏差－下偏差

如图 9-46 所示：

孔的公差＝50.039－50＝0.039－0＝0.039mm

轴的公差＝49.975－49.950＝－0.025－（－0.050）＝0.025mm

公差是一个没有正负号的绝对值。

（6）公差带　在尺寸公差分析中，常将如图 9-46（d）、（e）所示的基本尺寸、偏差和公差之间的关系简化成如图 9-46（f）所示的图形，称为公差带图；由代表上、下偏差的两条直线所限定的一个区域称为公差带，确定偏差的一条基准线称为零线。一般情况下，零线代表基本尺寸，零线之上为正偏差，零线之下为负偏差。

公差带包括了"公差带大小"与"公差带位置"，国标规定公差带的大小和位置分别由标准公差和基本偏差来确定。

（7）标准公差　由国家标准所列的，用以确定公差带大小的公差称为标准公差，用符号"IT"表示，共分 20 个标准公差等级，即 IT01、IT0、IT1、…、IT18，IT01 精确程度最高，公差等级依次增大，等级（精度）依次降低。标准公差数值取决于基本尺寸的大小和标准公差等级，其值可查阅相关标准。

（8）基本偏差　用以确定公差带相对于零线位置的那个极限偏差称为基本偏差。它可以是上偏差和下偏差，一般指靠近零线的那个偏差。

国家标准规定的基本偏差系列，其代号用拉丁字母表示，大写字母表示孔，小写字母表示轴，孔和轴各有 28 个，如图 9-47 所示，孔的基本偏差中，A～H 为下偏差，J～ZC 为上偏差；而轴的基本偏差则相反，a～h 为上偏差，j～zc 为下偏差。图中 h 和 H 的基本偏差为零，分别代表基准轴和基准孔。基本偏差的数值可查阅相关标准。

（9）公差带的确定及代号　基本偏差系列图中，只表示了公差带的位置，没有表示公差带的大小，因此，公差带一端是开口的，其偏差值取决于所选标准公差的大小，可根据基本偏差和标准公差算出。

对于孔：$ES=EI+\text{IT}$ 或 $EI=ES-\text{IT}$

对于轴：$es=ei+\text{IT}$ 或 $ei=es-\text{IT}$

孔、轴公差带代号由基本偏差代号和公差等级代号组成。例如：

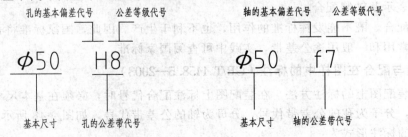

2. 配合

基本尺寸相同的、相互结合的孔和轴公差带之间的关系称为配合。国家标准将配合分为

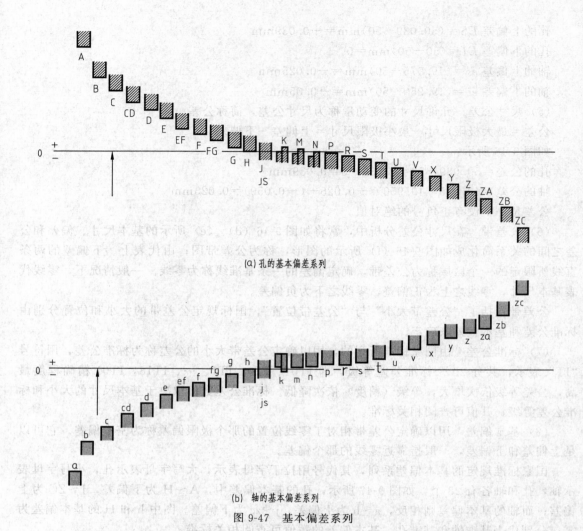

(a) 孔的基本偏差系列

(b) 轴的基本偏差系列

图 9-47 基本偏差系列

间隙配合、过盈配合和过渡配合三种。为了便于设计制造、降低成本，实现配合标准化，国标又规定了基孔制和基轴制两种基准制。

配合代号用孔、轴公差带代号的组合表示，写成分数形式。例如 $\phi 50 \mathrm{H8} / \mathrm{f7}$ 或 $\phi 50 \dfrac{\mathrm{H8}}{\mathrm{f7}}$，其中 $\phi 50$ 表示孔、轴基本尺寸，H8 表示孔的公差带代号，f7 表示轴的公差带代号，H8/f7 表示配合代号。在配合代号中，凡孔的基本偏差为 H 者，表示基孔制配合，凡轴的基本偏差为 h 者，表示基轴制配合。

过多的配合，既不能发挥标准的作用，也不利于生产。因此，国家标准将孔、轴公差带分为优先、常用和一般用途公差带，实践中可查阅国家标准。

3. 极限与配合在图样中的标注（GB/T 4458.5—2003）

（1）在装配图上的标注方法　在装配图上标注配合代号时，必须在基本尺寸的后面以分数形式注出，分子为孔的公差带代号，分母为轴的公差带代号，如图 9-48 所示。

基孔制的标注形式为：

$$\text{基本尺寸}\ \dfrac{\text{基准孔代号（H）公差等级}}{\text{轴的基本偏差代号公差等级}}$$

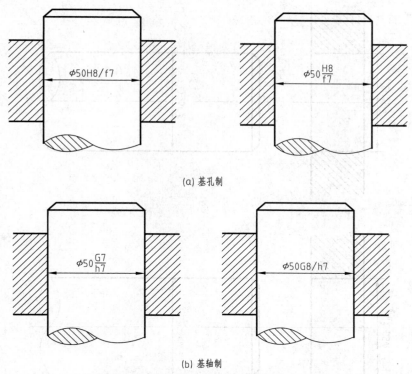

(a) 基孔制

(b) 基轴制

图 9-48 装配图上配合尺寸的标注方法

基轴制的标注方式为：

$$基本尺寸\ \frac{孔的基本偏差代号公差等级}{基准轴代号(h)公差等级}$$

（2）在零件图上的标注方法　在零件图上尺寸公差可按下面三种形式之一标注：只标注公差带代号，如图 9-49（a）所示；只标注极限偏差的数值，如图 9-49（b）所示；同时标注公差带代号和相应的极限偏差，且极限偏差应加上圆括号，如图 9-49（c）所示。

三、几何公差

经过加工的零件，除了会产生尺寸误差外，也会产生表面几何误差。如图 9-50（a）所示小轴的弯曲、如图 9-50（b）所示阶梯轴轴线不在同一水平位置的情况，如不加以控制，将会影响机器的质量。因此对零件上精度要求较高的部位，必须根据实际需要对零件加工提出相应的几何误差的允许范围，即必须限制零件几何误差的最大变动量（称为几何公差），并在图纸上标出几何公差。

1. 基本术语

（1）要素　工件上特定部位，如点、线或面。这些要素可以是组成要素（如圆柱体的外表面），也可以是导出要素（如中心线或中心面）。

（2）实际要素　零件上实际存在的要素，由无限个点组成，分为实际轮廓要素和实际中心要素。

（3）提取要素　按规定方法，从实际要素提取的有限数目的点所形成的实际组成要素的近似替代。

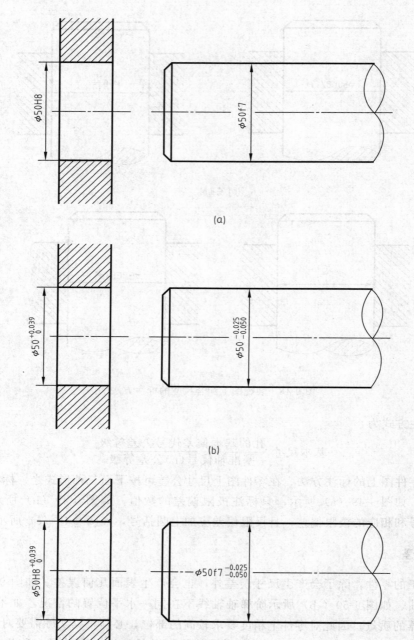

图 9-49　零件图上配合尺寸的标注方法

（4）被测要素　给出了几何公差要求的要素。

（5）基准要素　用来确定被测要素方向或（和）位置或（和）跳动的要素。

（6）单一要素　仅对要素本身给出几何公差的要素。

（7）关联要素　对其他要素有功能要求（方向、位置、跳动）的要素。

（8）形状公差　单一实际要素的形状所允许的变动全量。

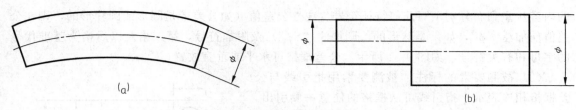

图 9-50　零件的几何公差

（9）方向公差　关联实际要素对基准在方向上允许的变动全量。

（10）位置公差　关联实际要素对基准在位置上允许的变动全量。

（11）跳动公差　关联实际要素绕基准回转一周或连续回转所允许的最大跳动量。

2. 几何公差的几何特征和符号

国家标准 GB/T 1182—2008 中几何公差如表 9-3 所示。

表 9-3　几何公差的几何特征和符号

公差类型	特征项目	符号	有无基准要求
形状公差	直线度	—	无
	平面度	▱	无
	圆度	○	无
	圆柱度	⌀	无
	线轮廓度	⌒	无
	面轮廓度	⌓	无
方向公差	平行度	//	有
	垂直度	⊥	有
	倾斜度	∠	有
	线轮廓度	⌒	有
	面轮廓度	⌓	有
位置公差	位置度	⊕	有或无
	同心度（对中心点）	◎	有
	同轴度（对轴线）	◎	有
	对称度	⚌	有
	线轮廓度	⌒	有
	面轮廓度	⌓	有
跳动公差	圆跳动	↗	有
	全跳动	↗↗	有

3. 形位公差的标注

图样上几何公差应含公差框格、被测要素和基准要素（对有基准要求的情况）三组内容，用细实线绘制。

（1）公差框格　几何公差要求在矩形公差框格中给出，该框由两格或多格组成。框格高度推荐为图内尺寸数字高度的 2 倍；框格宽度：左起第一格等于高度，第二、三格与框格中的内容从左到右分别填写几何特征符号、线性公差值（如公差带是圆形或圆柱形的，则在公差值前加注"ϕ"，如果是球形的，则加注"$S\phi$"）及附加符号，第三格及以后格为基准代号的字母和有关符号，如图 9-51 所示。公差框格可水平或垂直放置。

（2）被测要素的标注　被测要素用指引线与公差框格相连表示，指引线可从框格的任意一侧引出，终端带一箭头，如图 9-52 所示。

（3）基准要素的标注　与被测要素相关的基准用大写字母表示。字母标注在框格内，与一个涂黑的或空白的三角形相连以表示基准，如图 9-52 所示，涂黑的或空白的基准三角形含义相同。

零件图上形位公差标注实例如图 9-52 所示。

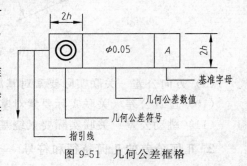

图 9-51　几何公差框格

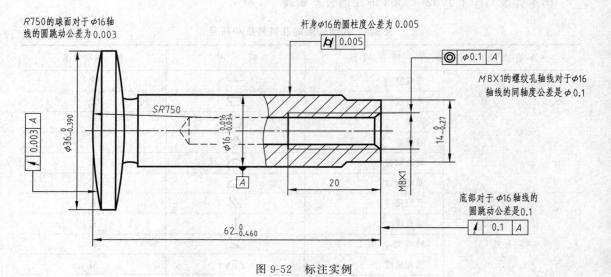

图 9-52　标注实例

四、材料及其表面处理和热处理

制造机械零件所用的材料很多，包括金属材料和非金属材料。常用的金属材料是钢和铸铁，其次是有色金属合金。非金属材料有塑料、橡胶等。设计机械零件时，选择合适的材料是一项复杂的技术经济问题，设计者应根据机械零件的用途、工作条件和材料的物理、化学、机械、工艺性能以及经济因素等进行全面考虑。各种材料的化学成分和力学性能可在相关国标、行标和机械设计手册中查得。

第六节　典型零件分析

每一部机器和部件都是由许多零件组成的。由于每一个零件在机器和部件中所起的作用各不相同，其结构形状也就多种多样。为便于研究，根据零件的作用和结构形状划分，大致将零件分为四类：轴套类、盘盖类、叉架类以及箱体类。

一、轴套类零件

轴套类零件如图 9-53 所示。

1. 用途

轴套类零件指的是轴、衬套等零件。轴一般是用于支承传动零件和传递动力。套一般是装在轴上，起轴向定位、传动或连接等作用。

2. 视图选择

① 轴套类零件的基本形状是同轴回转体，一般在车床上加工，应按形状特征和加工位置确定主视图，轴线水平放置；由于主要结构形状是回转体，所以一般只画一个主要视图，如图 9-53（a）、（b）所示主视图。

② 轴套类零件的其他结构形状，如键槽、螺纹退刀槽和螺纹孔等可以用剖视、断面、局部视图和局部放大图等加以补充，如图 9-53 所示局部放大图（2：1、10：1），A—A、D—D 剖视图等。

③ 实心轴没有剖开的必要，但轴上个别部分的内部结构形状可以采用局部剖视，如图 9-53（a）所示主视图中孔的局部剖视。

3. 尺寸标注

① 宽度方向和高度方向的主要基准是回转轴线，长度方向的主要基准是端面或台阶面，如图 9-53（a）所示。

② 主要形体如果是同轴回转体组成，可省略定位尺寸。

③ 功能尺寸必须直接标注出来，其余尺寸按加工顺序标注。

④ 为了清晰和便于测量，在剖视图上，内外结构形状的尺寸分开标注。

⑤ 零件上的标准结构（倒角、退刀槽、键槽等），应按标准规定标注。

4. 技术要求

① 有配合要求的表面，其表面结构参数值较小。无配合要求表面的表面结构参数值较大。

② 有配合要求的轴颈尺寸公差等级较高、公差较小。无配合要求的轴颈尺寸公差等级低、或不需标注。

③ 有配合要求的轴颈和重要的端面应有形位公差的要求。

二、盘盖类零件

盘盖类零件如图 9-54 所示。

1. 用途

盘盖类零件指的是齿轮、压盖、法兰盘一类的零件。轮一般用来传递动力和扭矩，盘主要起支承、轴向定位以及密封等作用。这类零件的主体多是由同轴回转体构成，其基本形状是扁平的盘状，且经常会带有各种形状的凸缘、均匀的圆孔和肋等结构，如图 9-54 所示。这类零件一般说来轴向尺寸较小，而径向尺寸较大，与轴套类零件正好相反。

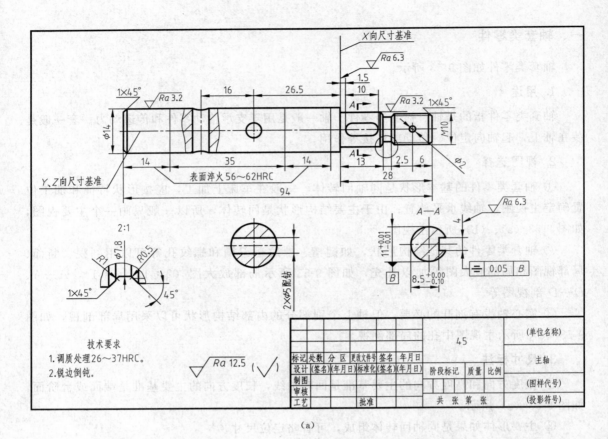

(a)

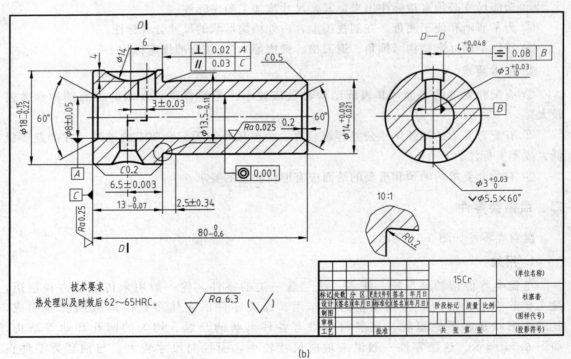

(b)

图 9-53 轴套类零件图

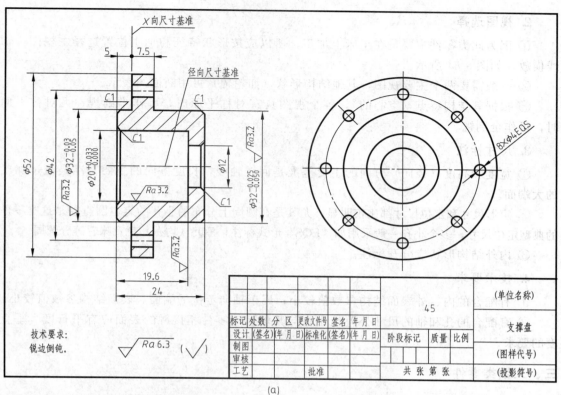

(a)

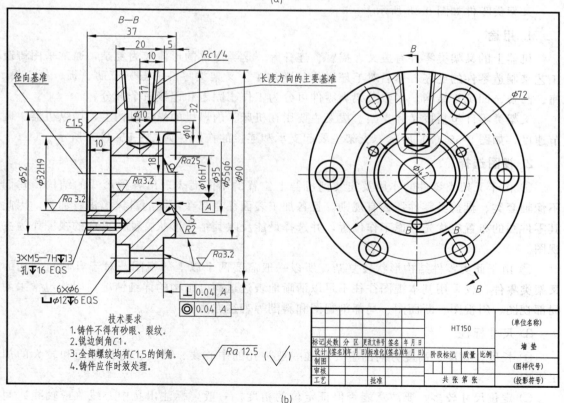

(b)

图 9-54 盘盖类零件图

2. 视图选择

① 因为此类零件主要是在车床上加工，所以应按形状特征和加工位置选择主视图，轴线横放，如图 9-54 所示。

② 一般需要两个主要视图，其他结构形状（如轮辐）可用断面图表示。

③ 根据其结构特点（空心的），各个视图具有对称平面时，可作半剖视；无对称平面时，可作全剖视。

3. 尺寸标注

① 宽度和高度（径向）方向的主要基准是回转轴线，长度方向的主要基准是经过加工的大端面。

② 定形尺寸和定位尺寸都比较明显，尤其是在圆周上分布的小孔的定位圆直径是这类零件的典型定位尺寸，多个小孔一般采用如 "EQS" 形式标注，EQS（均布）就意味着等分圆周。

③ 内外结构形状应分开标注。

4. 技术要求

① 有配合的内、外表面结构参数值较小；用于轴向定位的端面，表面结构参数值较小。

② 有配合的孔和轴的尺寸公差较小；与其他运动零件相接触的表面应有平行度、垂直度的要求。

三、叉架类零件

叉架类零件如图 9-55 所示。

1. 用途

机器上的叉架类零件有拨叉、摇臂、连杆等。这类零件的形体较为复杂，通常采用铸造工艺来制造零件的毛坯，然后对毛坯进行切削加工。叉架类零件一般具有肋、板、杆、筒、座、凸台、凹坑等结构。多数叉架类零件可分为工作、固定和连接三个部分。

叉架类零件包括拨叉和支架。拨叉主要用在机床、内燃机的操纵机构上，操纵机器、调节速度，如图 9-55（a）所示。支架主要起支承和连接的作用，如图 9-55（b）所示。

2. 视图选择

① 由于叉架类零件的作用及安装到机器上位置的不同而表现出各种形式的结构，它们不像轴套类、盘盖类零件那么有规则，且各加工表面往往都在不同的机床上进行加工，因此其零件图的布置应优先考虑工作位置，并选择最能反映其结构形状特征的方向的视图作为主视图。

② 由于此类零件结构形状较复杂，所以一般需要两个以上的视图。对于有倾斜结构的叉架类零件，仅采用基本视图往往不足以清晰地表达这部分结构的详细情况，因此也常采用局部视图、斜视图、断面图、局部剖视图和斜剖等表达方法。

3. 尺寸标注

① 长度、宽度、高度方向的主要基准一般为孔的中心线、轴线、对称平面和较大的加工平面。

② 定位尺寸较多，要注意能否保证定位的精度。一般要标注出孔中心线（或轴线）间的距离，或孔中心线（轴线）到平面的距离、平面到平面的距离。

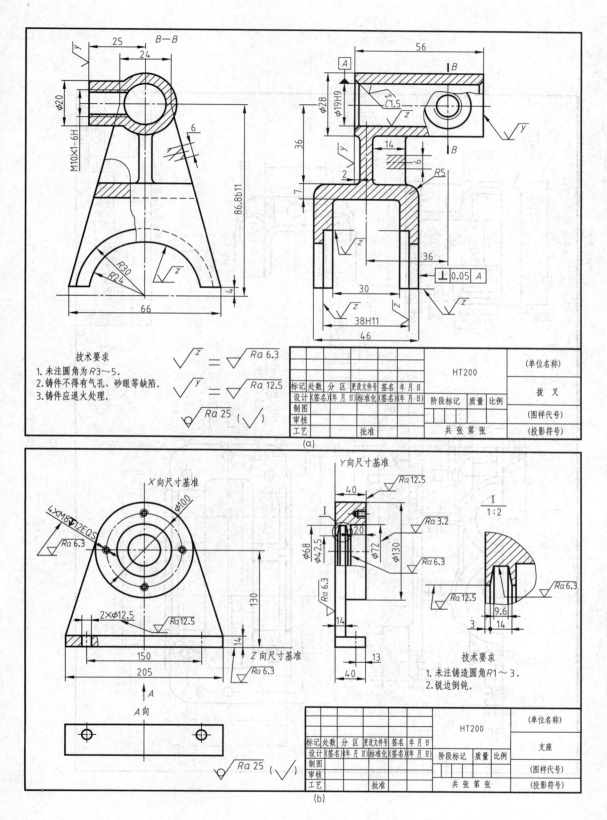

图 9-55 叉架类零件图

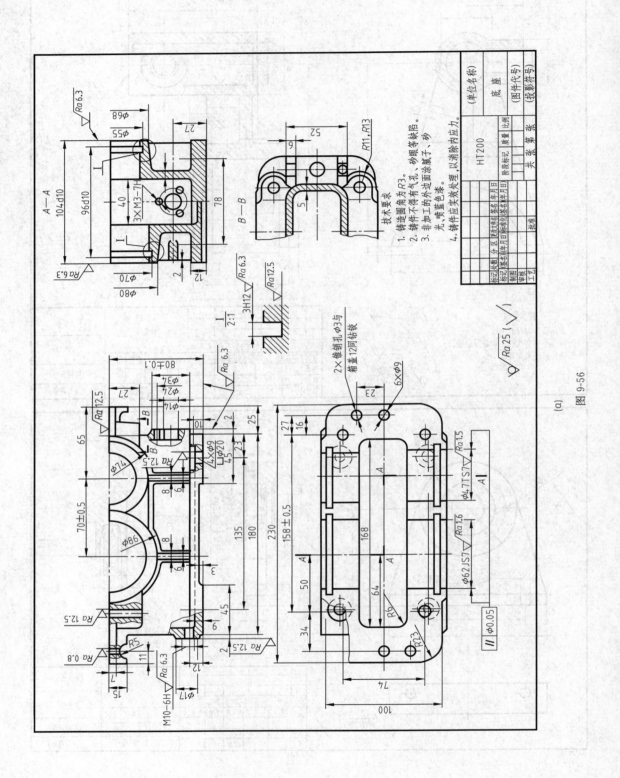

图 9-56

(a)

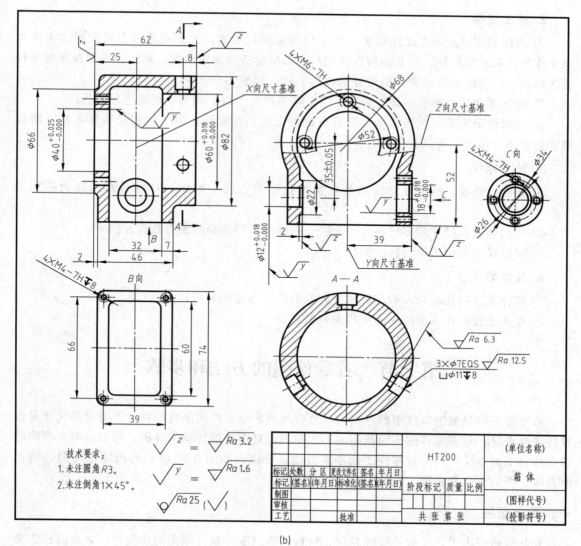

(b)

图 9-56　箱体类零件图

③ 定形尺寸一般采用形体分析法标注尺寸，便于制作模样。内、外结构形状要注意保持一致。起模斜度、圆角也要标注出来。

4. 技术要求

表面结构、尺寸公差和形位公差没有特殊的要求。

四、箱体类零件

箱体类零件如图 9-56 所示。

1. 用途

箱体类零件包括各种泵体、阀体、机箱、机壳等、这类零件是用来支承、包容、保护运动零件或其他零件的，因此均为中空的壳体，具有内腔和壁，此外，还具有轴孔、螺孔、轴承孔、凸台和肋等结构。这一类零件通常都是铸件。

2. 视图选择

① 箱体类零件的加工工序较多，加工位置的变化频繁。因此在选择主视图时，主要考虑工作位置和形状特征，而其他视图应根据实际情况适当采用剖视、断面、局部视图等多种表达形式，以清晰地表达零件的内外结构与形状，如图 9-56 所示。

② 此类零件结构形状一般较复杂，所以常需用三个以上的基本视图进行表达。

③ 视图投影关系一般较复杂，常会出现截交线和相贯线；由于它们是铸件毛坯，所以经常会遇到过渡线，要认真分析。

3. 尺寸标注

① 长度、宽度、高度方向的主要基准为孔的中心线、轴线、对称平面和较大的加工平面。

② 它们的定位尺寸较多，各孔中心线（或轴线）间的距离要直接标注出来。

③ 定形尺寸仍用形体分析法标注。

4. 技术要求

① 箱体重要的孔表面一般应有尺寸公差和形位公差的要求。

② 箱体重要的孔表面的表面结构参数值较小。

第七节　看零件图的方法和步骤

看零件图就是根据零件图的各视图，分析和想象该零件的结构形状，弄清全部尺寸及各项技术要求等，根据零件的作用及相关工艺知识，对零件进行结构分析，前面章节介绍的看组合体视图的方法，仍是看零件图的基本方法。下面以如图 9-57 所示的阀体零件图为例说明看零件图的方法和步骤。

一、看标题栏

先从标题栏入手，了解零件的名称、材料、质（重）量、画图的比例等，必要时还需要结合装配图或其他设计资料，结合典型零件的分类及已有的经验，弄清楚该零件是用在什么机器上。此零件为阀体，由 HT200 材料制成。

二、分析视图，读懂零件的形状结构

看懂零件的内、外结构和形状是看图的重点。先找出主视图，确定各视图间的关系，并找出剖视、断面图的剖切位置、投射方向等，然后研究各视图的表达重点。从基本视图看零件大体的内外形状，结合局部视图、斜视图以及断面图等表达方法，看清零件的局部或斜面的形状。从零件的加工要求，了解零件的一些工艺结构。此阀体由四个视图组成：由于零件前后基本对称，所以主视图采用全剖视图（A—A），剖切平面 A 的位置在左视图的前后对称面；左视图也是采用全剖视图（B—B），剖切平面 B 的位置在主视图中表示；俯视图采用全剖视图（C—C），剖切平面 C 的位置在主视图中表示；采用 D 向视图表达零件的外形，其上做了一个局部剖表达 ϕ10 的通孔，D 向视图的位置用箭头标注在主视图中。

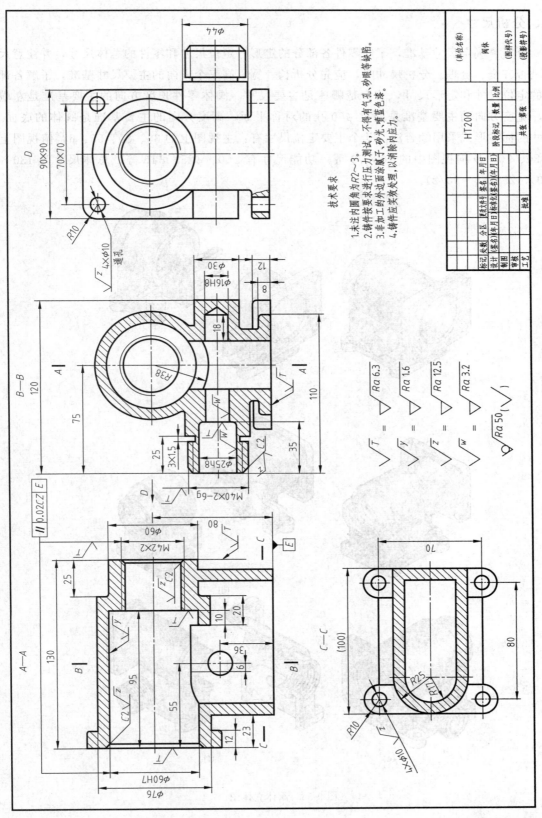

图 9-57 阀体

三、分析尺寸

分析、确定尺寸基准，了解零件各部分的定形、定位尺寸和零件的总体尺寸，并注意尺寸是否齐全、合理。分析尺寸时，应先分析长、宽、高三个方向的主要尺寸基准，了解各部分的定位尺寸和定形尺寸，分清楚哪些是主要尺寸。阀体零件长度方向的主要基准是左端面，宽度方向的主要基准是通过 $\phi60$ 孔的对称平面，高度方向的主要基准是阀体的底面。尺寸的标注形式采用综合法。几个主要定位尺寸有：主视图上的 36、80、55、6，俯视图上的 80、70，D 向视图中的 70×70 等。功能尺寸有 $\phi60$、$\phi25$、$\phi16$ 等。总体尺寸为 $130 \times 120 \times 125$（$80+90/2$）。

(a)　　　　　　　　　　(b)

(c)　　　　　　　　　　(d)

(e)　　　　　　　　　　(f)

图 9-58　阀体立体图

四、了解技术要求

技术要求包括尺寸公差及配合的种类、形位公差、表面粗糙度及热处理等其他技术要求。阀体有支承、容纳、配合、连接、安装和密封等功能。它是一个铸件，由毛坯经过车、铣、镗、钻等加工而成。其技术要求主要有：用去除材料的方法获得的表面结构，其 Ra 值为 $1.6\mu m$、$3.2\mu m$、$6.3\mu m$、$12.5\mu m$，用不去除材料的方法获得的表面结构；尺寸公差和形位公差，$\phi 60H7$、$\phi 25H8$、$\phi 16H8$，以及平行度等；此外还有用文字表达的"技术要求"，阀体材料为铸铁，为保证阀体加工后不致变形而影响工作，因此铸体应经时效处理，未注圆角 $R2\sim 3$ 等。

五、综合分析

将读懂的形状结构、尺寸标注以及技术要求等内容综合起来，就能掌握零件图中所包含的全部信息，如图 9-58 所示。对于比较复杂的零件图，有时还要结合装配图以及相关的零件图才能读懂。

第八节　零件测绘

零件测绘即根据零件画出图形，测量并标注出尺寸，制定出合理的技术要求等。零件测绘工作常常在现场进行。由于受时间和场所的限制，需要先徒手绘制零件草图，草图整理后，再根据零件草图画出零件图。在实际生产中，设计人员可由构思画出草图，然后再整理成零件图。在某些特殊的情况下，可将零件草图直接交付使用。

一、常用的测量工具及测量方法

1. 测量工具

测量尺寸常用的工具有：直尺、内径卡钳、外径卡钳，测量较精密的零件需用游标卡尺和千分尺等，如图 9-59 所示。

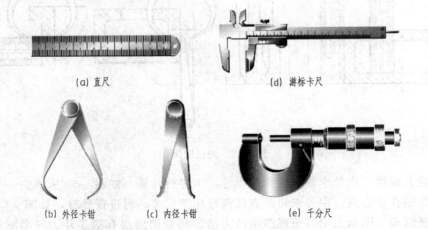

(a) 直尺　　　　　　　　　　　　　(d) 游标卡尺

(b) 外径卡钳　　　　(c) 内径卡钳　　　　(e) 千分尺

图 9-59　测量工具

图 9-60　测量长度

2. 常用的测量方法

（1）测量直线段尺寸　一般可用直尺直接测量，有时也可用三角板与直尺配合进行，如图 9-60 所示。若要求精确时，则用游标卡尺。

（2）测量回转体的内外径及孔深　测量外径用外卡钳，测量内径用内卡钳，测量时要将内、外卡钳上下、前后移动，量得的最大值为其内径或外径。用游标卡尺测量时的方法与用内、外卡钳时相同，如图 9-61 所示。

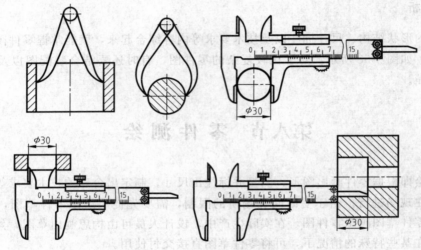

图 9-61　测量内外径及孔深

（3）测量壁厚　可用外卡钳与直尺配合使用，如图 9-62 所示。

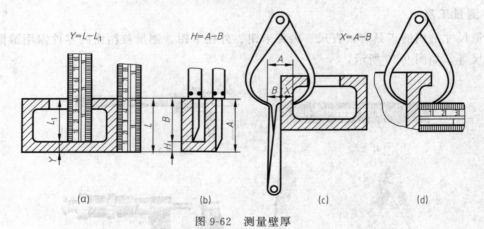

图 9-62　测量壁厚

（4）测量孔间距　用外卡钳测量相关尺寸，再进行计算，如图 9-63 所示。

（5）测量轴孔中心高　用外卡钳及直尺测量相关尺寸，再进行计算，如图 9-64 所示。

（6）测量圆角　图示为用圆角规测量的方法。每套圆角规有很多片，一半测量外圆角，一半测量内圆角，每片上均有圆角半径，测量圆角时只要在圆角规中找出与被测量部分完全

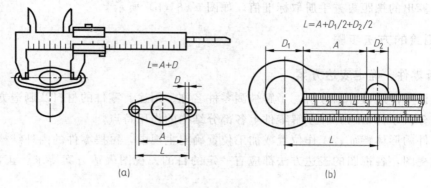

$$L=A+D_1/2+D_2/2$$

$$L=A+D$$

(a)

(b)

图 9-63　测量孔间距

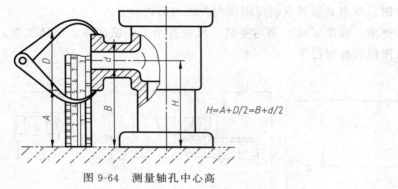

$$H=A+D/2=B+d/2$$

图 9-64　测量轴孔中心高

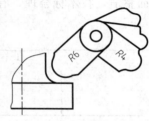

图 9-65　测量圆角

吻合的一片，则片上的读数即为圆角半径，如图 9-65 所示。铸造圆角一般目测估计其大小即可。若手头有工艺资料则应选取相应的数值而不必测量。

（7）测量螺纹　可用螺纹规或拓印法测量，测量螺纹要测出直径和螺距的数据。对于外螺纹，测大径和螺距；对于内螺纹，测小径和螺距，然后查手册取标准值。

螺纹规测量螺距：螺纹规由一组钢片组成，每一钢片的螺距大小均不相同，测量时只要某一钢片上的牙型与被测量的螺纹牙型完全吻合，则钢片上的读数即为其螺距大小，如图 9-66（a）所示。

拓印法测量：在没有螺纹规的情况下，则可以在纸上压出螺纹的印痕，然后算出螺距的

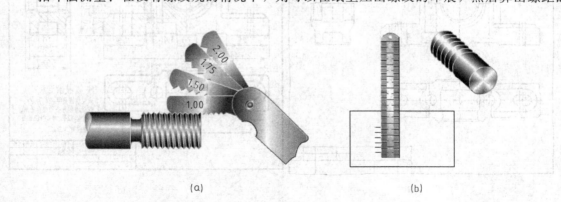

(a)

(b)

图 9-66　测量螺距

大小，根据算出的螺距再查手册取标准值，如图 9-66 （b）所示。

二、零件测绘的方法步骤

1. 分析零件，确定表达方案

首先对该零件进行详细分析，了解被测零件名称、用途、零件的材料及制造方法等，用形体分析法分析零件结构，并了解零件上各部分结构的作用特点。

根据零件的形体特征、工作位置或加工位置确定主视图，再按零件的内外结构特点选用必要的其他视图，各视图的表达方法都应有一定的目的。视图表达方案要求：正确、完整、清晰和简练。

2. 绘制零件草图

在现场经常需要绘制草图。草图必须具有正规图所包含的内部内容。

对视图要求：目测尺寸要准，视图正确，表达完整，尺寸齐全，图纸清晰，字体工整，图面整洁，技术标合理，有图框和标题栏等。

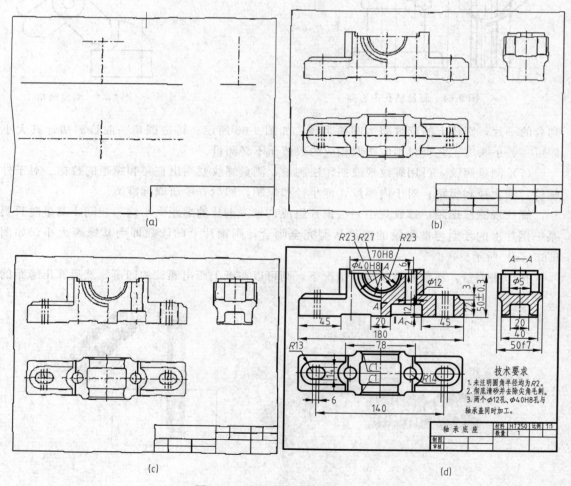

图 9-67　绘制零件草图的步骤

绘制零件草图的步骤：

① 根据零件的大小、视图的数量的多少，选择图纸幅面，布置各视图的位置。画出中心线、轴线及其他定位基准线，如图 9-67（a）所示。

② 按形体分析的方法，用细实线画出零件各视图的轮廓线，如图 9-67（b）所示。

③ 按形体分析的方法，画出零件的各视图的细节和各个局部结构，如图 9-67（c）所示。

④ 标注尺寸，画出剖面线，先画出全部尺寸线，再逐个测量尺寸并填写尺寸数字，切忌边画尺寸线边测量尺寸值。填写完尺寸数字再画剖面线，画剖面线时遇到尺寸数字应断开，避免剖面线于尺寸数字交叉。对于标准要素，如螺纹、键槽、销孔、倒角、退刀槽等，测量后要根据测量数据查阅有关标准，选取相近的标准数据，如图 9-67（d）所示。

⑤ 加深并填写技术要求和标题栏，在检查无误后再加深图形，并标注表面结构参数，注写其他的技术要求和标题栏，完成作图。

3. 由零件草图绘制零件工作图

画零件工作图之前，应对零件草图进行复检，检查零件的表达是否完整，尺寸有无遗漏、重复，相关尺寸是否恰当、合理等，从而对草图进行修改、调整和补充，然后选择适当的比例和图幅，按草图所注尺寸完成零件工作图的绘制。

第十章 装 配 图

由若干个零件按一定的装配要求和技术要求装配成机器或部件，表达这个机器或部件工作原理和装配关系的图样，称为装配图。

装配图分为总装配图和部件装配图。例如一辆汽车是一部完整的机器，其发动机、变速箱、离合器、车身等都是组成部件。表达整辆汽车的图样叫总装配图，表达发动机、变速箱等组成部分的图样叫部件装配图。

第一节 装配图的作用和内容

一、装配图的作用

装配图是生产中重要的技术文件，反映设计者的设计意图和设计思想。它表示机器或部件的结构形状、装配关系、工作原理和技术要求，是安装、调试、操作和检修机器或部件的重要参考资料。

装配图的作用主要体现在以下几方面：

① 在机器设计过程中，通常要先根据机器的功能要求，确定机器或部件的工作原理、结构形式和主要零件的结构特征，画出它们的装配图。然后再根据装配图进一步设计零件并画出零件图。

② 在机器制造过程中，装配图是制定装配工艺规程、进行装配和检验的技术依据。

③ 在安装调试、使用和维修机器时，装配图也是了解机器结构和性能的重要技术文件。

二、装配图的主要内容

球阀是用于启闭和调节管道系统中的流体流量的部件。其装配示意如图 10-1（a）所示，分解后各零件如图 10-1（b）所示。

球阀的工作原理是：扳手的方孔套进阀杆上部的四棱柱，当扳手处于图示位置时，阀门全开，管道畅通；当扳手按顺时针方向旋转时，通道不断变小，至 90°时，阀门全部关闭，管道断流。

如图 10-2 所示为球阀的装配图，从中可以看出装配图主要内容。

（1）一组视图　装配图由一组视图构成（包括外形视图、剖视图、断面图、局部放大图等），用以表达各组成零件的相互位置和装配关系，机器或部件的工作原理和结构特点。

（2）必要的尺寸　在装配图中只需标注出如下的几类尺寸：机器或部件的规格（性能）尺寸、零件之间的配合尺寸、外形尺寸、安装尺寸和其他重要尺寸等。

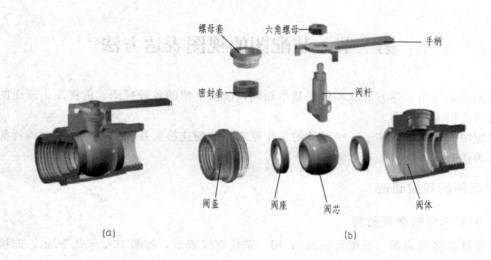

图 10-1　球阀

（3）技术要求　在装配图中应用文字简明地表示出机器或部件的装配、安装、检验和运转过程中的一些技术要求。

（4）零件序号、明细栏和标题栏　在装配图的标题栏中应对装配体的每一个不同的零件编写序号，并在明细表中依次填写各零件的序号、名称、数量、材料和备注等内容。此外，还应填写装配体的名称、规格、比例、图号以及设计、制图、校核人员的签名等。

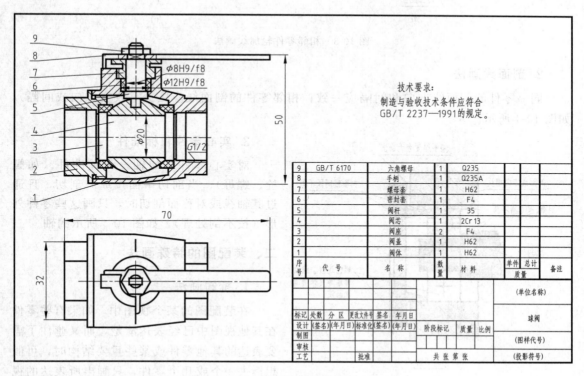

图 10-2　球阀装配图

第二节　装配图的视图表达方法

装配图的视图表达方法和零件图基本相同，前面介绍的各种视图、剖视图、断面图等表达方法均适用于装配图。

装配图表达的重点在于反映部件的工作原理、装配连接关系和主要零件的结构特征，所以装配图还有一些特殊的表达方法。

一、装配图的规定画法

1. 相邻零件轮廓线画法

两零件的接触表面（或配合表面），用一条轮廓线表示，如图 10-3（a）所示；非接触表面用两条轮廓线表示，如图 10-3（b）所示。

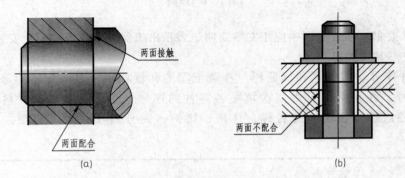

图 10-3　相邻零件轮廓线画法

2. 剖面线画法

同一零件的剖面线方向和间隔应一致；相邻零件的剖面线应区分（改变方向或间隔），如图 10-4 所示。

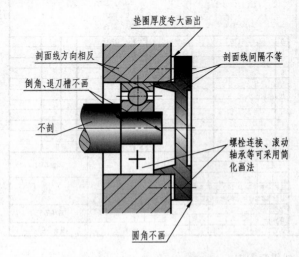

图 10-4　装配图的画法

3. 实心零件和标准件

对实心零件（如轴）和标准件（如螺栓、螺母），当剖切平面按纵向剖切，且通过其轴线或对称面剖切时，只画这些零件外形（按不剖处理），如图 10-4 所示的轴。

二、装配图的特殊画法

1. 拆卸画法

在装配图的某个视图中，如果有些零件在其他视图中已经表达清楚，而又遮住了需要表达的其他零件或某些重要结构时，可假想拆去一个或几个零件，只画出所表达的视图，以表达装配体内部零件间的装配情况，

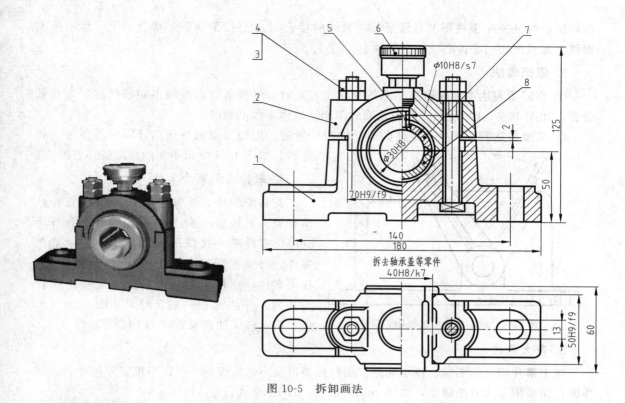

图 10-5　拆卸画法

这种画法称为拆卸画法，拆卸画法应在视图上方加注"拆去××等"。如图 10-5 所示的滑动轴承装配图中的俯视图的右半部分就是拆去了轴承盖、上轴衬、螺栓、螺母和油杯后画出的。

2. 沿结合面剖切画法

为了表达内部结构，假想沿某些零件的结合面剖切，绘出其图形，以表达装配体内部零件间的装配情况，这种画法称为沿结合面剖切画法。如图 10-6 所示的转子油泵，如图 10-6

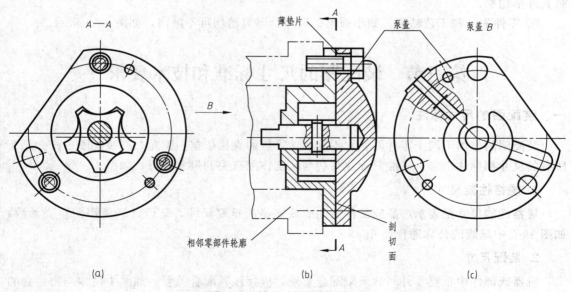

图 10-6　转子油泵的特殊画法

（a）所示的 A—A 剖视图就是沿泵盖与泵体的接合面 A 进行剖切的，接合面上一般不画剖面线，而被剖切的零件必须画剖面线。

3. 假想画法

① 当需要表达本装配件与其他件的安装关系时，用细双点画线画出相邻件的部分相关轮廓，如图 10-6（b）所示。假想轮廓的剖面区域内不画剖面线。

② 需要表达装配图中某零件的运动极限位置时，用细双点画线画出该零件的极限位置轮廓，如图 10-7 所示手柄的极限工作位置。

4. 单独表示某个零件

在装配图中，当某个零件的形状未表达清楚而又对理解装配关系有影响时，另外单独画出零件某一视图的方法。单独表示某个零件时必须在所画视图上方标注出该零件的视图名称，在相应的视图附近用箭头指明投射方向，并注写相同的字母，如图 10-6（c）所示表示转子油泵泵盖的 B 向视图。

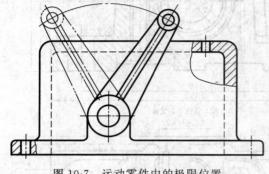

图 10-7　运动零件中的极限位置

5. 夸大画法

对于薄片零件的断面、微小间隙、细丝弹簧以及小的锥度等，可以不按实际尺寸和比例作图，而采用夸大方法画出，如图 10-6（b）所示的薄垫片。

6. 简化画法

① 多个相同规格的紧固组件，如螺栓、螺母、垫片组件，同一规格只需画出一组的装配关系，其余可用点画线表示其安装位置，如图 10-4、图 10-6（b）所示的紧固组件。

② 装配图的滚动轴承可以采用如图 10-4 所示的简化画法。

③ 外购成品件或另有装配图表达的组件，虽剖切平面通过其对称中心也可以简化为只画其外形轮廓。

④ 零件的一些工艺结构，如小圆角、倒角、退刀槽均可不画出，如图 10-4 所示。

第三节　装配图的尺寸标准和技术要求

一、装配图的尺寸标注

装配图的作用不同于零件图，它不是制造零件的直接依据。因此，在装配图中没必要把所有的尺寸都标注出来，一般只标注某些与装配作用有关的尺寸即可，如图 10-2 所示。

1. 规格性能尺寸

规格性能尺寸是表示产品或部件的性能或规格的重要尺寸，是设计和使用的重要参数；如图 10-2 中球阀的公称通径尺寸 $\phi 20$。

2. 装配尺寸

机器或部件中重要零件间的极限配合要求，应标注其配合关系。如图中阀体与密封套的配合关系 $\phi 12H9/f8$；以及阀杆与密封套的配合为 $\phi 8H9/f8$ 等。此外，装配时需要保证一定间隙的尺寸，可标注调整尺寸。

3. 安装（接口）尺寸

机器或部件安装时涉及的尺寸应在装配图中标出，供安装时使用，如图中球阀与管道的安装连接尺寸 G1/2。

4. 外形尺寸

标注出部件或机器的外形轮廓尺寸，如球阀的总高 50，总长为 70，为部件的包装和安装所占空间的大小提供数据。

5. 其他重要尺寸

其他重要尺寸是在设计中经过计算确定或选定的，但又未包括在上述几类尺寸中的重要尺寸。如运动零件的极限尺寸等。

必须指出：不是每一张装配图都具有以上几种尺寸，有时某些尺寸兼有几种意义。

二、装配图的技术要求

在装配图中，用简明文字逐条说明在装配过程中应达到的技术要求，应予保证调整间隙的方法或要求，产品执行的技术标准和试验、验收技术规范，产品外观如油漆、包装等要求。

当装配图中需用文字说明的技术要求，可写在标题栏的上方或左边，如图 10-2 所示。技术要求应根据实际需要注写，其内容有：

（1）装配要求　包括机器或部件中零件的相对位置、装配方法、装配加工及工作状态等。

（2）检验要求　包括对机器或部件基本性能的检验方法和测试条件等。

（3）使用要求　包括对机器或部件的使用条件、维修、保养的要求以及操作说明等。

（4）其他要求　不便用符号或尺寸标注的性能规格参数等，也可用文字注写在技术要求中。

第四节　装配图的零件部件序号及明细栏

为了便于读图、图样管理和生产准备工作，装配图中的零件或部件应进行编号，这种编号称为零件的序号。零件的序号、名称、数量、材料等自下而上填写在标题栏上方的明细栏中，表达由较多零件和部件组装成的一台机器的装配图，必要时可为装配图另附按 A4 幅面专门绘制的明细栏。装配图中零件或部件序号以及编排方法应符合 GB/T 4458.2—2003 规定。

一、零件序号

1. 一般规定

① 装配图中所有的零件、组件都必须编写序号，且同一零件、部件只编一个序号。

② 图中的序号应与明细栏中的序号一致。

③ 序号沿水平或垂直方向按顺时针或逆时针顺序排列整齐，同一张装配图中的编号形式应一致。

2. 序号的编排方法

① 编注零（部）件序号常用三种方法，其中序号的标注由圆点、指引线（细实线）、水平线（细实线）或圆（细实线）及序号数字组成，如图10-8（a）所示。

② 序号应注写在水平线上，如图10-8（b）所示，或注写在圆圈内，如图10-8（c）所示，数字字号应比图中尺寸数字大一号或二号。不画水平线或圆时，序号字高应比图中的尺寸数字高度大两号，如图10-8（d）所示。

③ 对很薄的零件或涂黑的剖面可用箭头代替标注序号的圆点，箭头画在指向该件的指引线的起始处，如图10-8（e）所示零件5的指引线。

④ 指引线用细实线绘制，应自所指部分的可见轮廓内引出，指引线彼此不得相交。指引线通过剖面区域时，不应与剖面线平行，必要时可画成折线但只允许曲折一次，如图10-8（f）所示。

⑤ 对紧固组件装配关系清楚的零件组，可以采用公共指引线进行编号，如图10-8（e）所示螺栓组件的几种编号形式，其他公共线形式如图10-8（g）所示。

⑥ 装配图中的标准化组件或成品件，如电动机、滚动轴承、油杯等，可视为一件只编一个序号。

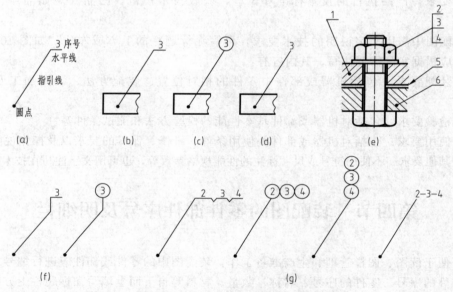

图 10-8　零（部件）序号编写方法

二、明细栏

明细栏是装配体全部零件或部件的详细目录，位于标题栏的上方，并和标题栏紧连在一起，如图1-3所示。其序号填写的顺序由下而上，当位置不够时，可紧靠在标题栏的左边自下而上续写，如图10-2所示。

当装配图图面位置不够时，明细栏可作为装配图的续页按A4幅面单独绘制，其顺序应由上而下延伸，也可以连续加页，但应在明细栏的下方配置标题栏。

在明细栏中，要填写一般来讲的序号、图号、名称、数量、材料等，齿轮等常用件还需要填写齿数和模数等备注要求，标准件没有图号，但要填写标准号、规格和热处理要求等。

第五节　常见的装配结构

为了保证部件的装配质量和便于零件的装、拆，应使零件的装配结构合理。

一、两零件的接触面数量

在同一方向只宜有一对接触面，如图 10-9 所示。这样既保证了零件接触良好，又便于加工和装配。

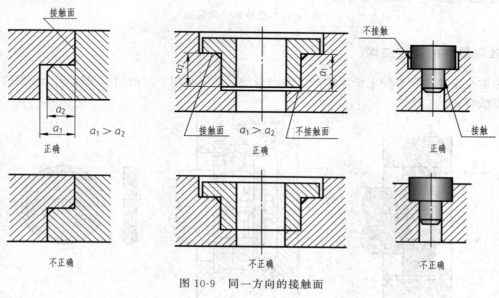

图 10-9　同一方向的接触面

二、接触面拐角处结构

孔与轴配合时，若轴肩和孔的端面需要接触，则孔应倒角或轴的根部应切槽，如图 10-10 所示。

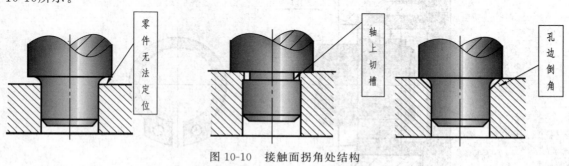

图 10-10　接触面拐角处结构

三、机械加工接触面

为保证接触良好，接触面需经机械加工，如图 10-11 所示。合理的减少加工面积，可降低加工费用、改善接触情况。

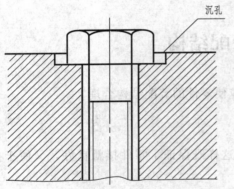
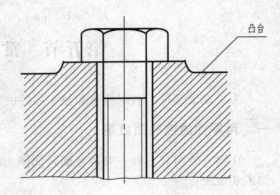

图 10-11　机械加工接触面

四、轴向零件的固定结构

为防止滚动轴承等轴上的零件产生轴向窜动，必须采用一定的结构来固定。常用的固定结构方法有：

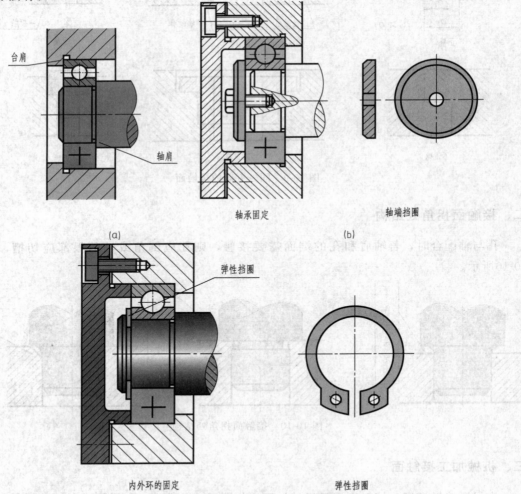

(a)

轴承固定　　　　　　轴端挡圈

(b)

内外环的固定　　　　　　弹性挡圈

(c)

图 10-12

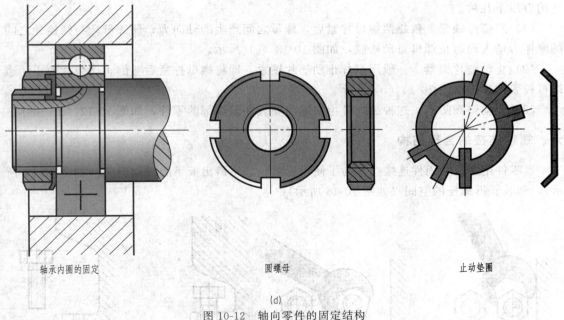

| 轴承内圈的固定 | 圆螺母 | 止动垫圈 |

(d)

图 10-12　轴向零件的固定结构

① 用轴肩固定轴承内、外圈，如图 10-12（a）所示；

② 用轴端挡圈固定轴承内圈，如图 10-12（b）所示；

③ 用弹性挡圈固定轴承内、外圈，如图 10-12（c）所示；

④ 用圆螺母及止动垫圈固定，如图 10-12（d）所示。

五、防松的结构

由于受到振动或冲击，螺纹连接间可能发生松动，在某些机构中需要防松。常用的防松

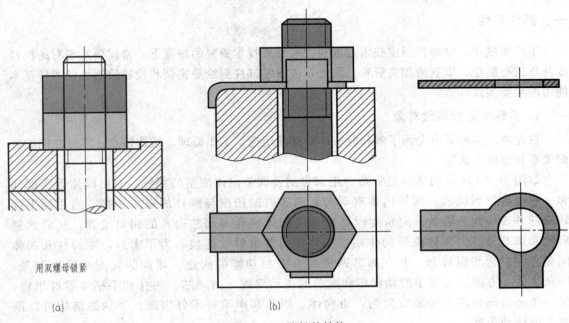

用双螺母锁紧

(a)　　　　　　　　　　　　　(b)

图 10-13　防松的结构

结构有以下几种。

（1）双螺母锁紧　依靠两螺母拧紧后，螺母之间产生的轴向力，使螺母牙与螺栓牙之间的摩擦力增大而防止螺母自动松脱，如图 10-13（a）所示。

（2）止动垫片锁紧　一般用双耳止动垫片锁紧，即将螺母拧紧后弯倒止动垫片的止动边即可锁紧螺母，如图 10-13（b）所示。

（3）止动垫圈防松　这种装置常用来固定安装在轴端部的零件，如图 10-12（d）所示。

六、螺纹连接的合理结构

当零件用螺纹紧固件连接时，为了便于拆装，必须留出扳手的活动空间（如图 10-14 所示），和装、拆螺栓的空间（如图 10-15 所示）。

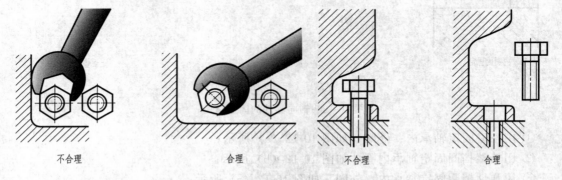

图 10-14　要留出扳手空间　　　图 10-15　要留出螺钉拆卸空间

第六节　部件测绘及装配图的画法

一、部件测绘

生产实践中，维修机器或技术改造在没有现成技术资料的情况下，常需要对现有的机器或部件进行测绘，以获得相关资料。因此，进行零部件测绘是实训和检验绘制机械图样基本能力的重要实践环节。

1. 了解和分析测绘对象

首先通过多种渠道全面了解和分析测绘部件用途、工作原理、结构特点、零件之间的装配关系和连接方式等。

如图 10-16 所示的球阀是管路中用来启闭及调节流体流量的部件，它由阀体等零部件和一些标准件所组成。阀体内装有阀芯，阀芯内的凹槽与阀杆的扁头相接，当用扳手旋转阀杆并带动阀芯转动一定角度时即可改变阀体通孔与阀芯通孔的相对位置，从而起到启闭和调节管路内流体流量的作用。阀体和阀盖由螺纹连接。为了密封，在阀杆和阀体间装有密封套和螺母套，并在阀芯两侧装有密封功能的阀座。球阀的装配干线有两条，一条为垂直方向，是扳手的动作传到阀芯的传动路线，由阀芯、阀杆和手柄等零件组成；另一条是沿阀孔的水平轴线方向，由阀体、阀芯和阀盖等零件组成。手柄的结构可以限制手柄转动角度。

2. 拆卸部件并画装配示意图

拆卸部件的目的是进一步了解部件的内部结构和工作原理等，为测绘零部件做准备。但为了拆卸后重装，并作为装配图的参考，应先画出装配示意图，如图 10-16 所示。

装配示意图是用简图或符号画出机器或部件中零件的大致轮廓，以表示其装配位置、装配关系和工作原理等。GB/T 4460—2013 中规定了一些基本符号和可用符号，画图时优先选用基本符号，必要时选用可用符号。

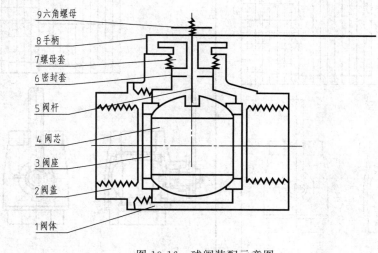

图 10-16　球阀装配示意图

拆卸时注意以下几点：

① 周密制定拆卸顺序，划分部件的组成部分，以便按组成部分分类、分组列零件清单。

② 合理选用拆卸工具和拆卸方法，按一定顺序拆卸，严防乱敲乱打、硬撬硬拉，避免损坏零件。

③ 对精度要求较高的配合，在不影响画图和确定尺寸、技术要求等的前提下，尽量不拆或少拆，以免降低精度或损伤零件。

④ 拆下的零件应有专人负责保管，并进行编号登记，列出零件序号、名称、类别、数量、材料等，标准件应及时测量主要尺寸、查阅有关标准规定，标记并注明国标号。

⑤ 记录拆卸顺序，以便按相反顺序重装。

⑥ 拆卸中要认真研究每个零件的作用、结构特点以及零件间的装配关系或连接关系，正确识别配合性质、尺寸精度和加工要求等。

3. 测绘零件并绘制零件草图

测绘零件通常受时间和工作场地的限制，因此，必须徒手画出零件草图，根据零件草图和装配示意图再绘制装配图，再由装配图拆画零件图。零件草图的内容和要求见第九章。

二、装配图的画法

装配图表达的重点是部件的总体结构，特别要把部件所属零件的相对位置、连接方法、装配关系表达清楚，以便分析其传动路线、工作原理、操作方式等。

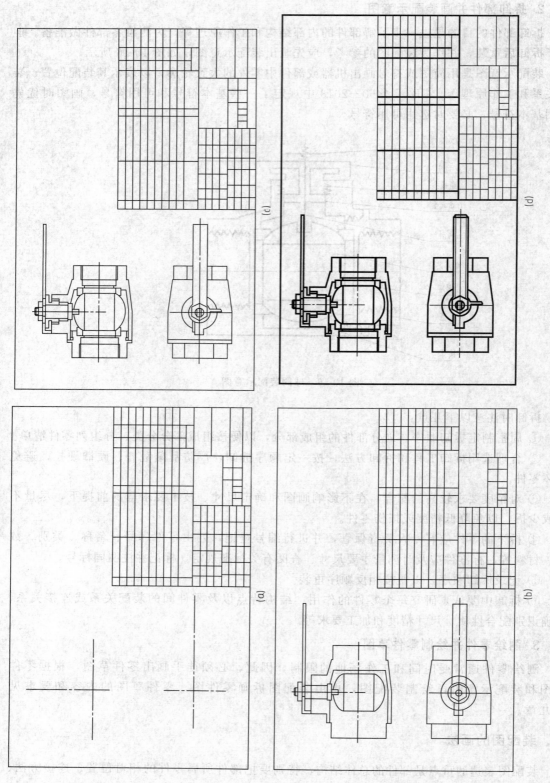

图 10-17　画球阀装配图步骤

1. 确定表达方案

通过前面的分析对所画的机器或部件有了全面的了解，运用装配图的表达方法，选择一组恰当的视图，清楚地表达机器或部件的工作原理、零件间的装配关系和主要零件的结构形状。在确定表达方案时，首先要合理选择主视图，再选择其他视图。

（1）主视图的选择　机器或部件的放置位置应尽量与工作位置一致，尽可能反映机器或部件的结构特点、工作原理和装配关系，主视图通常采用剖视图以表达零件的装配干线。

如球阀选择如图 10-16 装配示意图的放置位置和投射方向作主视图并采用全剖视图表达球阀的两条装配干线。

（2）其他视图　根据确定的主视图，选取能反映尚未表达清楚的其他装配关系、外形及局部结构的视图，并采用适当的剖视表达各零件的内在联系。根据机器或部件的结构特点，在选用各种方案时，应同时确定视图数量，以完整、清晰地表达机器或部件的装配关系和全部结构为前提，尽量采用最少的视图。

球阀全剖视的主视图虽然清楚地表达了两条主要装配干线，反映了球阀的工作原理，但球阀的外形结构及其他一些装配关系并未表达清楚。所以，还需俯视图和左视图，俯视图采用假想画法表达扳手零件的极限位置，本例省略了左视图。

2. 画装配图

根据确定的视图数目、复杂程度、图形大小，确定绘图比例，并考虑标注尺寸、编注零件序号、书写技术要求、画标题栏和明细栏的位置，选定图幅并进行布局。

以球阀装配图为例，主要步骤如下所述。

① 布置视图，画出各视图的主要中心线、轴线、对称线及基准线等。在布局时，应间距适当，要留出标注尺寸、编写零件序号、书写技术要求、标题栏和明细栏的位置，如图 10-17（a）所示。

② 画出各视图主要部分的底稿。一般遵循"先主后次、先大后小、先内后外、先定形后定位、先粗后细"等原则，通常先从主视图开始，几个视图按照投影关系同时配合进行。如图 10-17（b）所示。

③ 画其他零件及各部分的细节，如图 10-17（c）所示。

④ 检查核对底稿后，加深图线，如图 10-17（d）所示。

⑤ 画剖面线并标注必要的尺寸，编注零件序号，填写标题栏和明细栏，填写技术要求等，最后复核全图并签名，完成装配图，如图 10-2 所示。

第七节　读装配图和拆画零件图

机器或部件的设计、制造、安装、调试、使用和维护的技术交流中，都需要阅读装配图。因此，对工程技术人员来说，具备较为熟练的阅读装配图的能力是很重要的。

一、读装配图

1. 读装配图的要求

① 了解机器或部件的性能、功能、工作原理。

② 明确机器或部件的结构，包括：由哪些零件组成，各零件如何定位、固定，零件间的装配关系。

③ 明确各零件的作用，部件的功用、性能和工作原理。

④ 弄清各零件的结构形状、作用功能及拆、装顺序和方法。

2. 读装配图的方法和步骤

现以如图 10-18 所示机用虎钳装配图为例来说明看装配图的方法和步骤。

（1）概括了解装配图的内容

① 从标题栏中可以了解装配体的名称、大致用途和比例等。

② 从零件序号及明细栏中可以了解各组成零件的名称、数量及在装配体中的位置。

在如图 10-18 所示的标题栏中，注明了该装配体是机用虎钳，它是一种供机械钳工进行基本操作的夹持工具，共由 11 种 15 个零件组成，其中 4 种标准件，图的比例为 1∶1。对照零件序号和明细栏可以找出零件的位置。

（2）分析视图，了解各视图、剖视图、断面图等相互间的投影关系及表达意图　在装配图中，主视图从前后对称线剖开，采用全剖视图表达了机用虎钳的主要装配关系。俯视图是机用虎钳俯视方向的外形视图，为表达护口板 8 和固定钳座 9 之间的装配关系，采用了局部剖视。左视图沿活动钳身等零件的轴线剖开，因虎钳前后结构形状对称，故此采用了半剖的表达方法，进一步表达了固定钳座 9、活动钳口 5、方块螺母 7、螺杆 4 等主要零件的装配关系，以及固定钳座的安装孔的形状。

（3）分析工作原理以及传动关系

① 分析装配体的工作原理。一般应从装配关系入手，分析视图及参考说明书进行了解。本例的机用虎钳靠固定钳座 9（带有护口板 8）和活动钳口 5（带有护口板 8）之间的距离夹紧工件。当扳手套在螺杆 4 右端的方形部位转动时，螺杆上的梯形螺纹带动方块螺母 7，方块螺母 7 带动活动钳口 5 沿杆身左右移动，由此改变了固定钳座 9 和活动钳口 5 之间的距离，放入需夹紧的工件后，反向转动扳手，即可夹紧工件。

② 分析零件间的装配关系以及装配体的结构。这是读懂装配图的深入阶段，需要把零件间的装配关系和装配体结构搞清楚。机用虎钳有三条装配线，第一条是螺杆系统，它由螺杆 4 安装在固定钳座 9 上，右端靠垫圈 10，左端靠垫圈 3、螺母 2、销 1 进行轴向定位；第二条是方块螺母 7 固定在活动钳口 5 上；第三条是护口板 8 被螺钉 11 分别固定在活动钳口 5 和固定钳座 9 上，左右各一，形成装夹工件的活动钳口，护口板在磨损后也易于更换。

③ 其他情况分析。

连接和固定方式：零件在装配中的连接固定方式通常有螺栓连接、螺钉连接、销连接、键连接、铆接、焊接、过盈、台阶轴肩等。在机用虎钳中，螺杆 4 是靠垫圈 10 和销 1 固定，方块螺母 7 靠螺钉 6 固定在活动钳口 5 的阶梯孔内，两块护口板 8 分别靠螺钉 11 固定在活动钳口 5 和固定钳座 9 上。

配合关系：凡是相互配合的零件，都要弄清楚配合的制式、配合种类、公差等级等，可由图上标注的极限与配合代号来判别。如螺杆 4 两端和固定钳座 9 的配合分别为 $\phi 12\mathrm{H8}/\mathrm{f7}$、$\phi 18\mathrm{H8}/\mathrm{f7}$，活动钳口 5 与方块螺母 7 的配合为 $\phi 20\mathrm{H8}/\mathrm{f7}$，它们都是基孔制优先的间隙配合，都可以在相应的孔中转动。

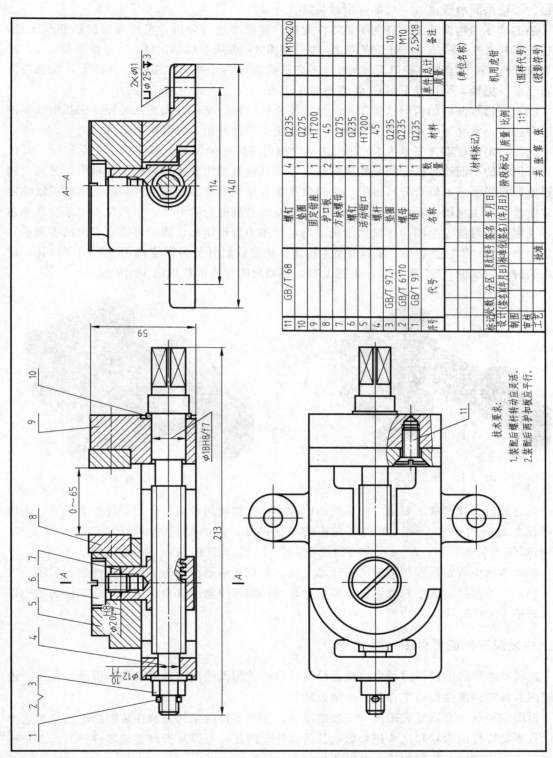

图 10-18 机用虎钳装配图

密封装置：泵、阀之类的部件，为了防止液体或气体泄漏以及灰尘杂质等进入内部，或者是为了提供润滑通道，一般都有密封装置。

装配体在结构设计上应有利于各零件能按一定顺序进行装拆：机用虎钳的拆卸顺序是，先拔出螺杆 4 左端的销 1，松开螺母 2，取出垫圈 3，再从右端抽出螺杆 4；拧下螺钉 6，松开方块螺母 7；至于两块护口板 8，可以不必从活动钳口 5 和固定钳座 9 上卸下，如果需要重新装配或更换，可以拧下螺钉 11 后再装上即可。

（4）分析零件的结构形状和作用　分析零件的结构形状，首先要从装配图中找出该零件的所有投影，常称为分离零件。分析时一般从主要零件开始，再看次要零件。

例如固定钳座零件序号为 9，在俯视图中找出零件 9 的投影，根据投影关系和同一零件在各视图中的剖面线方向、间隔相同的规定，从其他视图中找出相应的全部投影，分离出固定钳座的投影。然后综合分析各投影，想象出主要结构形状。根据主视图的剖面线可以确定固定钳座 9 的主视图包括左右两部分，并且呈左低右高的台阶形状，中间仅有两条线联系左右，说明中间可能是空的，再根据俯视图确定钳座为方形结构，前后可能有突出的半圆形耳板，中间为倒"T"形空腔，左后对照左视图，确定前后耳板为固定机用虎钳的螺栓孔，钳座中间为台阶状倒"T"形空腔，下宽上窄，想象出的钳座形状如图 10-19 所示。

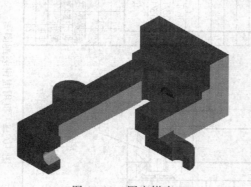

图 10-19　固定钳座

图 10-20　机用虎钳

（5）分析尺寸和技术要求　按装配图中标注尺寸的功用分类，分析了解各类尺寸。两块护口板 8 之间的尺寸 0～65 为机用虎钳的规格尺寸；前面提到的 $\phi12H8/f7$、$\phi18H8/f7$、$\phi20H8/f7$ 为装配尺寸；$2\times\phi11$ 和 114 为安装尺寸；213、59、140 为总体尺寸。

技术要求中规定了螺杆装配后应转动灵活。护口板应平行是为了装夹工件稳定牢靠。

（6）归纳总结　逐个想象出每个零件后，可以综合想象出整个机用虎钳装配体的结构形状，如图 10-20 所示。

二、由装配图拆画零件图

在机器或部件的设计过程中，根据已设计出的装配图绘制零件图简称为拆画零件图。由装配图拆画零件图是设计工作的一个重要环节。

拆图前必须认真读懂装配图。一般情况下，主要零件的结构形状在装配图上已经表达清楚，且主要零件的形状和尺寸还会影响其他零件，因此，可以从拆画主要零件开始。对于标准件，只需要确定其规定标记，可以不拆画零件图。

在拆画零件的过程中，应该注意一下几个问题。

1. 分离零件后应补充部分结构

在读装配图时分离零件的投影，需补齐装配图中被遮挡的轮廓线和投影线，分析想象出零件的结构形状后，对装配图中未表达清楚的结构进行补充设计，分析零件的加工工艺，补充被省略简化了的工艺结构。

2. 再确定表达方案

零件在装配图中的位置是由装配关系确定的，不一定符合零件表达的要求。在拆画零件图时，应根据零件图视图选择的原则，重新选择合适的表达方案。

3. 重新标注零件图尺寸

零件图上需注出制造、检验所需的全部尺寸。

① 装配图中已给定的相关尺寸应直接抄注在零件图上。

② 装配图中标注的配合尺寸，需查标准后注出尺寸的上、下偏差值。

③ 根据明细栏中给出的参数算出有关尺寸，如齿轮的分度圆直径、齿顶圆直径等。

④ 对零件上的工艺结构，查出有关国家标准后注出或按工艺常规选用。

⑤ 次要部位的尺寸，按比例在装配图上量取，数值经过圆整后标注。

4. 确定技术要求

零件各表面的粗糙度等级及其他技术要求，应根据零件的作用和装配要求来确定。要恰当地确定技术要求，应具有足够的工程知识和经验。有时也可以根据零件加工工艺，查阅有关设计手册，或参考同类型产品加以比较确定。

如图 10-21 所示是根据如图 10-18 所示拆画的钳座零件图。

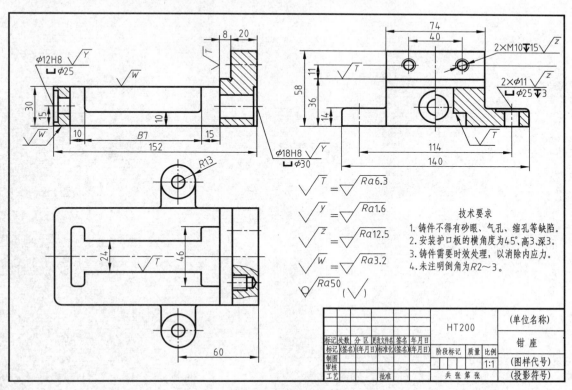

图 10-21　钳座零件图

参 考 文 献

[1] 国家质量技术监督局. 中华人民共和国国家标准技术制图与机械制图等. 北京：中国标准局出版社，1996－1999.

[2] 周佳新主编. 画法几何学习题及解答. 北京：化学工业出版社，2015.

[3] 赵大兴主编. 工程制图习题集. 北京：高等教育出版社，2009.

[4] Giesecke Mitchell Spencer Hill Loving Dygdon Novak. 工程图学. 第 8 版改编版. 北京：高等教育出版社，2012.

[5] 程可主编. 机械制图习题集. 北京：化学工业出版社，2015.

[6] 大连理工大学工程画教研室. 机械制图习题集. 第 6 版. 北京：高等教育出版社，2014.

[7] 杨惠英等. 机械制图习题集. 第 3 版. 北京：高等教育出版社，2012.

[8] 王成刚等. 工程图学简明教程习题集. 武汉：武汉理工大学出版社，2003.

[9] 周佳新主编. 土建工程制图习题及解答. 北京：中国电力出版社，2016.

[10] 许睦旬等主编. 画法几何及工程制图习题集. 第 3 版. 北京：高等教育出版社，2002.